現代農業の深層を探る〈1〉

WTO体制下の日本農業

「環境と貿易」の在り方を探る

矢口芳生

日本経済評論社

はしがき――本書の目的と課題

本書は、「農業国際化」と「環境保護」を手がかりに、わが国はじめ各国の農業が持続性をもって営まれ、生活者が安心・安定して暮らせる農業・食料環境の実現のための課題と展望を示すことを目的としている。

本書では、五つの章の検討をとおして、食料の安定供給と環境保護の重要性、そのために必要な農業の持続と食料の安全性確保の重要性が明らかとなろう。また、農業の持続と安全性の確保に必要な国際環境・規律、政策、技術等の確立、食料・農業に対する農民および生活者の意識改革と取り組み強化等の重要性も明らかになるであろう。食料・農業への取り組みにおいて、各国の個性だけでなく、各国内における地域の個性を大切にするところから始まることの重要性も明らかとなろう。

本書は、総じて食料農業分野における「貿易と環境」の在り方を探ることになろう。理想論はともかく、農業市場が成熟すればするほど農業の持続性を確保するためには、「環境・生態系を配慮した（持続可能な農業を基礎とした）世界的な農業生産シェアリング」を行い、したがって、貿易も「正常な農業生産活動（持続可能な農業）のもとでの農産物のみを貿易の対象とする」貿易原則の確立が必要である、というのが私の結論である。その実をとるために、生産者団体や消費者団体は、具体的な計画を立てて行動を開始すべきである。

本書は、第一章で農政の国際的枠組み、すなわち農業におけるＷＴＯ体制の内容を明らかにしつつ、そのもとでのわが国農業・農政の方向性を提示する。その方向性に最も大きな影響を与えると思われるのがＷＴＯ農業協定、なかでも「非貿易的関心事項」の今後の取り扱いであり、第二章でその検討を行う。

第三章では、こうした国際的枠組みを踏まえて成立した新基本法、基本計画の大きな論点である「食料自給率の向上」について検討する。また、第四章では、もう一つの大きな論点である「農村地域振興の在り方」について検討する。

これらを踏まえて、第五章において、わが国および農民・生活者にとって必要なものは何かを検討する。食料主権・消費者主権、そして持続可能な農業、安全な食料をどのように確保するかにかかっていることを明らかにする。

各章の具体的検討課題は以下のようになる。

第一章の課題は、WTO農業協定の発効、先進国における農政の大転換、わが国農業・農村の現状、地域資源管理の状況等を踏まえ、わが国農政の展開方向を示すことにある。次の手順で課題に接近する。

第一に、WTO農業協定の性格はどのようなものか、第二に、WTO農業協定のもと先進国農政やわが国農政をどのように特徴づけることができるかを考える。これらを踏まえつつ第三に、わが国農業・農村の現状からみて、農政の改革方向、また所得補償政策の考え方と展開方向を提示する。

第二章の課題は、WTO農業交渉の再開に際して考慮に入れることが約束されている「非貿易的関心事項」、すなわち「食糧安全保障、環境保護の必要その他」に関し、農業協定やOECDレポート等に基づきながら批判的に検討し、農業交渉における取り扱いについて展望することである。

「非貿易的関心事項」の取り扱い次第で、わが国農政・農業展開の方向に制約が生じることも予想される。それだけに、十分な吟味が必要である。

第三章の課題は、「食料・農業・農村基本法」、またそれに基づく「食料・農業・農村基本計画」の内容を検討し、その評価と論点、課題を明らかにすることである。とりわけ、「食料自給率目標四五%」の実現可能性を重点的に吟味する。

食料自給率の向上は、食料の安定的供給に貢献するだけでなく、正常な農業生産を前提にすれば、環境保護など多面的機能の向上にも貢献することができる。そのための具体策、構造・経営政策についても検討する。

第四章の課題は、「食料自給率の向上」と並んで注目される新基本法のもう一つの論点、すなわち、「農村地域・中山間地域振興」の現状や在り方について考察し、その基本方向を提示することである。

具体的には政策、公共事業、主体的取り組みの三つの側面から考察する。二〇〇〇年度より実施されている直接支払い制度の在り方、国民的批判に応えうる農業・農村公共事業の在り方、必要所得の実現とシビルミニマム・アメニティミニマムの実現の在り方、これら三つの側面の基本方向について考える。

第五章の課題は、以上の内外の諸問題を踏まえつつ、わが国はじめ各国の食料主権や「持続可能な農業」の確保の条件を明らかにすることである。

近年の食品への消費者ニーズは安全性にある。その安全性への信頼が揺らいでいる。それだけに、ますます消費者ニーズが世界の農業生産や流通の在り方を変えつつある。消費者主権、生活者主権ともいえるこのような動きに注目し、今後の国際規律と農業の在り方、すなわち食料農業分野における「貿易と環境」を考える。

目　次

索引

第一章　農政の国際的枠組みと日本農業

1　農政の国際的枠組み

(1)　WTO農業協定の意義と評価

一九九五年一月に発効した世界貿易機関（WTO）農業協定は、表1-1のとおり、市場アクセス、国内政策、輸出補助金の三つの分野にわたり合意された。この協定をどのように理解するかが課題である。すなわち、協定の意義と評価であり、わが国農政の展開にとって留意すべきは何か、である。すでにいくつかの論評があるが、(1) ここでは将来のわが国農業への影響という観点から、次の四点を指摘しておこう。

第一に、WTO農業協定が示すとおり、農業や農業貿易の特殊性の内容を後退させ、自由貿易の原則を推し進めて工業等と同様のルールに近づけたことである。

まず、輸出補助金についてみれば、GATT第一六条4は、一次産品以外の産品の「いかなる輸出補助金も……、許与することを終止するものとする」と義務付けているのに対し、一次産品については、同条3で「輸出補助金の許与を避けるように努めなければならない」との規定に留まっていた。これがウルグアイ・ラウンド

表 1-1　WTO 農業協定の概要

農業貿易改革の約束分野		削減内容（実施期間 1995～2000 年）
輸出入機会の改善	関税化と関税引き下げ（国境措置）	すべての非関税国境措置品目について，その内外価格差を関税化．全品目の単純平均で 6 年間に 36%，1 品目最低 15% の削減を約束．（日本のコメは特例措置を設けたが，99 年 4 月関税化）
	最低輸入機会の提供（ミニマム・アクセス）[1]	初年度：国内消費の 3%，最終年度：5% の輸入機会を提供．ただし，関税化の特例措置を適用する品目は，初年度：国内消費の 4%，最終年度：8% の輸入機会を提供．
	現行輸入機会の提供（カレント・アクセス）	基準年の輸入量がミニマム・アクセスを上回っている場合は，その輸入水準を維持．
国内保護の削減		生産を刺激する政策と貿易を阻害する政策に関する合計助成額（AMS）[2] を 6 年間で 20% 削減．
輸出補助金の削減		金額（財政支出）で 6 年間に 36%，数量で 21% を削減．新規の輸出品目と新たな市場に対する輸出補助金は禁止．
実施期間の終了時点（2000 年 12 月 31 日）の対応		改めて終了日の 1 年前に農産物貿易を阻害する保護の削減に関する交渉を開始（特例措置の継続適用なども含む）．

注：1)　日本のコメなど公的機関が貿易を行っている場合には義務となる．
　　2)　AMS＝Aggregate Measurement of Support　公的備蓄，所得補償等，緑の政策・青の政策を除く農業助成金（〔直接支払い〕＋〔間接補助〕）と価格支持作物の〔内外価格差〕×〔生産量〕の合計額．

（URと略）農業交渉の結果、輸出補助金は削減することになり、自由貿易の観点からは一歩前進した。しかし、廃止したわけではなく不徹底なものとなった（WTO農業協定第八条、第九条）。輸出国は引き続きダンピング輸出が可能となり、有利な状態を保つことができた。

市場アクセス（国境措置）については、GATT第一一条1は、締約国間の産品の輸入について「関税その他の課徴金以外のいかなる禁止又は制限も新設も、又は維持してはならない」とあるが、同条2では、農産品については一定の条件のもとに輸入制限を認めていた。しかし、交渉の結果、「農産品の輸入に際してとられる通常の関税以外の措置を原則としてすべて通常の関税に転換し（いわゆる関税化）、すべての関税を譲許し引き下げるという約束を各国が行った[2]」。これにより、形式的には関税化された（協定第三条、第四条）。

しかし、内実はそうではない。日本のコメに代表されるように特例措置が認められたこと（同附属書

5)、また、関税も事実上内外価格差を用いた関税相当量が高い輸入制限効果をもつこと（同附属書5の付録）、そのためにミニマム・アクセスという輸入枠を決めたこと、発動容易な特別セーフガード、など市場アクセス上従来とほとんど変わらない内容となっている。

しかし、ここで決定的に重要なことは、「原則関税化」が決まったことである。次にくるものはその引き下げである。自然的社会経済的な農業基礎条件が不利な状況にあるわが国農業・農村への影響が心配されるし、後述のとおり、すでにその兆候がみられる。市場アクセスの問題についても、輸出国有利、輸入国不利の状況が一層拡大したことは間違いない。

第二に指摘しなければならないことは、市場を歪めるような国内農業助成を削減する一方で、削減除外の助成も認めたことである。

表1-2に示したとおり、削減除外された政策は、「緑の政策」、「デミニミス政策」、「青の政策」がある。「緑の政策」については後述する。

「デミニミス政策」は、わが国では果実、野菜、鶏卵などへの助成措置がこれに当たる。「青の政策」は、九二年一一月のブレアハウス合意により設けられたもので、表1-2の(a)と(c)［協定六条5項(a)(i)(iii)］はEUの価格引き下げに対する直接所得補償制度を、(b)［同(ii)］はアメリカの不足払い制度を指す。[3] なお、わが国の減反助成金は「緑の政策」の(b)⑤「環境対策」に分類される。今期交渉では、これら政策の精査が進むであろう。

第三に、輸出国の輸出禁止・制限が引き続き可能なことである。

GATT第一一条2(a)では、輸出国の重要産品の危機的な不足の防止や緩和のための一時的な輸出禁止および制限を認めている。UR交渉の結果では、第一二条で、輸入国の食料安全保障を考慮して、輸出国が輸出禁止・制限を実施する場合事前協議・通報等が義務付けられた。この点はわが国の主張が一定認められたもので評価で

表 1-2　WTO 農業協定における削減対象外の国内政策とわが国の適用状況

区　分	政策および要件	わが国の適用状況
緑の政策 (農業協定 附属書 2)	貿易歪曲効果または生産に対する影響が全くないか最小限のもので，公的な資金による政府の計画を通じて行われるもの（消費者からの移転を伴わないもの）であり，生産者に対する価格支持効果を有しないもの．	
	(a)　政府が提供するサービス	
	①　研究，普及，教育，検査，農村・農業基盤，市場等の整備等の一般的サービス	→研究開発，動植物防疫，普及事業，農業団体の指導，農業農村の基盤整備，卸売市場整備など
	②　食料安全保障目的の備蓄	→コメ，コムギ，ダイズ，飼料穀物の備蓄
	③　国内食料援助	→学校給食対策
	(b)　生産者に対する直接支払い（デカップリング政策）	
	①　生産と直接関連しない所得支持（支払額は基準期間後の生産形態・量，価格，生産要素に関連または基づかず，いかなる生産活動も要求されない） ②　所得の大幅減少に対する補償（①の要件のほか，損失額の 70% 以下の補償，③との補償合計は損失額の 100% 以下）	経営所得安定対策（検討中）
	③　自然災害に関連する補償（収入及び生産要素の損失補填費用の 100% 以下，②との補償額合計は損失額の 100% 以下）	→農業災害補償（生産減が平均生産量の 30% を超える場合に支払われるもの），災害金融
	④　構造調整援助（生産者引退，農地転用及び投資援助などで，基本的に①の要件を満たすもの）	→農業者年金事業，農業金融
	⑤　環境対策（追加の費用または収入の喪失に限定）	→転作助成
	⑥　地域援助対策（基本的には①の要件をもとに，条件不利な地域に適用）	→中山間地域等への直接支払い（2000 年～）
デミニミス政策 (微少額 免除政策) (農業協定 6 条 4 項)	削減対象政策であっても，	
	(a)　産品特定的な政策であって，AMS（農業保護相当額）合計が当該農産物生産額の 5% 以内（途上国は 10% 以内）のもの	→野菜，鶏卵等の価格安定対策
	(b)　産品特定的でない政策であって，AMS 合計が総農業生産額の 5% 以内（途上国は 10% 以内）のもの	→農業災害補償（生産減が平均生産量の 30% 以下である場合に支払われるもの）
青の政策 (農業協定 6 条 5 項)	生産制限計画に基づく直接支払いであって，次のいずれかに該当するもの．	
	(a)　一定の面積及び生産（収量）に基づく直接支払い	→稲作経営安定対策（1998 年～）
	(b)　基準となる生産水準の 85% 以下の生産について行われる直接支払い	
	(c)　一定の頭数について行われる家畜にかかわる直接支払い	

きるが、同時に、同条で輸出禁止・制限を完全に否定しているわけではなく、輸入国にとっては注意を要する。同盟国であろうと、背に腹は替えられないのであって、危機対応は国内優先が歴史の教訓である。事前協議が義務づけられたことをもって、「輸出規制に対する強化が規律された」[4]と評価するのはあまりに一面的にすぎる。わが国における食料供給基盤の後退を併せて考えれば、安全保障の総合的な対策の必要性が益々高まったといえる。

第四に、以上のわが国にとってのマイナスの協定内容は、固定・不変のものではないということである。農業協定では、「根本的改革をもたらすように助成及び保護を実質的かつ漸進的に削減するという長期目標が進行中の過程であることを認識し」、実施期間終了の一年前に交渉を再開することを規定し、また、環境や食料安全保障など「非貿易的関心事項」等も考慮に入れることも一つの課題にもなっている（第二〇条）。「非貿易的関心事項」については、第二章で詳しく検討する。

二〇〇一年から始まっている再交渉の決着内容は、再びわが国農政の方向を新たに決定づけるという点で、重要な意味をもつ。わが国や東アジアにとっては、欧米乾燥型畑作農業だけでなく、アジアモンスーン型水田農業（北海道は欧米型とアジア型の二つの顔をもつ）を視野に入れた農業の在り方、また輸入国不利の状況等を改善する作業等が残されている。具体的にどのような政策として実現できるか、残された課題は重く大きい。

(2) デカップリング政策の現代的意義

わが国農業への影響という観点から四点指摘したが、一言でいえば、農業協定は農業の特殊性、各国の事情を完全に否定しきれなかったということであろう。

UR農業交渉は、各国の農業への介入を可能な限り減らし、市場指向型農業システムの形成・確立を目指した。

この交渉が従来のラウンドと異なるのは、関税引き下げなど貿易政策だけでなく、国内農業政策にまで立ち入って調整をしようとした点にあり、したがって、各国の農業哲学の対立にまで発展せざるを得ない面をもったことである。

少数精鋭的な農企業とこれと一体となった穀物メジャーが担うアメリカのビジネス型農業、一方農業保護がEU統合の基盤となり、社会政策的意味をもつほど多数存在するEUの家族型農業、さらにわが国の超零細家族型農業などの違いから、受け入れ可能な貿易自由化の程度、農政改革のスケジュール、政府の農業介入の程度など、統一し難い課題が生じた。

URはこうしたことを踏まえざるを得なかったのである。そのため、UR合意は各国の農業・農村事情、農業の特殊性を完全には否定できなかった。関税化は特例を認め、輸出補助金も撤廃されず、国内政策の削減対象除外措置も設定したのである。

以上の点を考慮すれば、UR合意内容=農業協定に対し、過小評価も過大評価も危険である。「原則関税化」や輸出禁止措置の存続など、自由貿易の原則を推し進めて輸入国に不利な内容にしたことを過小評価するわけではないが、同時に敗北主義的な過大評価にも問題がある。とりわけ輸入国に重要なことは、政府の対応次第で様々な国内政策の展開が可能な、輸入抑制的な関税相当量やその水準、国内政策の削減対象外の政策等が認められたことである。

「関税相当量」の問題と同じくらいに考慮すべきは、表1-2の削減対象外の「緑の政策」である。「緑の政策」は貿易や生産に影響がないか、あっても最小限のもので、政府の財政支出により行われ、生産者への価格支持効果のないもので、広い意味でデカップリング政策である。

大きく二つに分類できる。一つは、(a)「政府が提供するサービス」であり、もう一つが(b)「生産者に対する直接支払い」で、いわゆるデカップリング政策である。

デカップリングとは、農業政策がもつ農民への所得支持と市場歪曲効果（生産・消費・貿易・資源配分等への影響）とを断ち切ることである。(5) この手法の政策目的は、市場に対する農業政策の中立性を確保することにある。農業政策の中立性を確保しようとすれば、場合によっては、農民の所得に重大な影響が生じるため、市場歪曲的な価格支持に代わる所得支持策が必要となる。

この所得支持の在り方も、間接的ではなく直接的な所得支持が望ましいとされる。表1-2にそっていえば、「緑の政策」も(a)よりも(b)が望ましいということである。UR農業協定でも、これを踏まえて「附属書2」で明らかにした。

以上を踏まえれば、デカップリング政策とは、農業政策がもつ市場歪曲効果を断ち切ることにより、市場条件を反映した農産物価格を実現しつつ、農民の所得を直接支持する政策である。政策・行政当局の「直接支払い政策」は、支持の在り方として農民所得の一部を直接補償するので、「直接所得補償政策」とも表現できる。ただ、この政策が現実に完全なデカップリングになるかどうかという問題は残る。現実には完全なデカップリングは不可能というべきで、現実のデカップリング政策は相対的な性格をもっているといえる。つまり、デカップリングの度合いが高いとされるのが「緑の政策」(b)である。「緑の政策」も個々具体的施策となると、デカップリング度は様々である。

わが国では、表1-2の(b)①や⑥がデカップリング政策と理解されているが、農業協定では(b)の六種類が例示されている。公的資金によるもの（納税者負担）で、生産者への価格支持効果のないという(a)(b)共通の要件を満たし、さらに(b)①~⑥それぞれの明確な適格基準（収入・生産水準、土地所有、生産方法、地域性など）に基づくものをデカップリング政策としている。

基本的には四つの要件があり、その要件とは、支払額が基準期間後の生産形態・量、価格、生産要素に関連または基づかないもので、そしてこの支払いを受け取るためにはいかなる生産も要求されないことである。もう少し立ち入っていえば、収入や農地面積に基づいて対象者や支払額を決めるが、決定後は支払額も支払いも四つの要件の変動に無関係に固定して支払われ、決定前の実績を保障するものである。

(b)①は最低所得支持を行う社会福祉支払い、②はいわゆる収入保険、③は作物保険であり、②と③は所得安定化支払いに分類される。④は離農などへの構造調整支払いである。⑤は環境保全型農業などへ、⑥は条件不利な補正や地域社会維持のために支払われる、公共性の高いものへの援助であり、⑤⑥ともに公共財支払いに分類できる。

「デカップリング」という用語は、一九八五年アメリカ農業法の議論の際、ボシュビッツ、ボーレン両上院議員の提案の過程で登場したとされる。[6] 以来、「デカップリング政策」に対する認識が一致しなかった状況からすれば、農業協定で明らかにされた意義は大きい。

ただ、デカップリング政策は、洋の東西を問わずこれまでにも実施されてきたものが多く、新しいというほどのものではない。にもかかわらず、従来に増してデカップリング政策が今日注目される理由と新しい意義は次の点にある。[7]

第一に、市場歪曲的な農業保護を削減し、また農業保護制度を見直し、一層の市場指向型農業を目指し、それによる経済的インパクトを緩和するための重要な手法になってきたことである。たとえば、価格政策がもつ価格安定機能と所得保証機能を切り離し、後者については生産刺激的でない方法で別途行うというものである。

第二に、農民の所得支持のように社会福祉や地域格差是正というだけでなく、公共財の供給にも役立てる、つまり公共財的な環境や資源の保全にも十分に配慮して行うための重要な手法になってきたことである。具体的には、環境保全要件を満たす場合の環境支払いなど、公共財支払いがそれである。

したがって第三に、公共財供給の担い手の確定、確定された担い手へのハンディキャップと所得不足の是正、担い手の自己責任の明確化、補助の透明化と簡素化等、構造調整のための重要な手法になってきたことである。この場合、「公共財供給の担い手」への支払いという点が重要である。

2　WTO体制下の先進国農政の特徴

(1)　先進国農政の現代的特徴

農業協定の内容、またその農業交渉の過程、さらに欧米の現実の政策対応からみれば、欧米の農政は、以下のような特徴をもって展開しているとみていいであろう。

第一に、これまでの農業保護の増大から削減へ、規制緩和を含む規制改革や財政負担軽減など、農業への国家介入を削減する方向に大きく変わったことである。

国際的な相互依存関係が深化しているために、国際的な協調行動を前提に、一九三〇年代に形成され七〇年代までに確立して八〇年代後半まで展開してきた農業政策（国内政策から国境措置、輸出補助金まで）を全般的総合的にその保護を削減することにより、一層の市場指向型農業を目指している。表1-3、表1-4に示したとおり、農業政策による農民への所得移転は確実かつ着実に減少している。

このような全般的総合的な農業保護の削減は、農政史上初めての大転換である。(8) 農業諸分野への国家介入によって、農業の不利性や不安定性を緩和して社会・経済の危機回避と安定を図る農業保護政策の画期となる時期は、歴史的には三つあったとされる。(9)

表 1-3　日米欧の農業予算の推移

年	アメリカ 農務省予算 (85年＝100) (億ドル)	アメリカ 対総支出 (%)	EU 農業関係予算 (85年＝100) (億 ECU)	EU 対総予算 (%)	日本 農業関係予算 (85年＝100) (億円)	日本 対総予算 (%)
1985	555	5.9	207	73.7	27,174	5.1
1986	587 (106)	5.9	230 (111)	66.0	25,898 (95)	4.8
1987	504 (91)	5.0	240 (116)	67.7	27,925 (103)	4.8
1988	440 (97)	4.1	290 (140)	70.5	27,166 (100)	4.4
1989	483 (87)	4.2	276 (133)	67.4	26,891 (99)	4.1
1990	460 (83)	3.7	291 (141)	65.6	25,188 (93)	3.6
1991	541 (97)	4.1	352 (170)	65.4	25,716 (95)	3.6
1992	564 (102)	4.1	395 (191)	64.6	27,798 (102)	3.9
1993	631 (114)	4.5	382 (185)	58.6	33,614 (124)	4.3
1994	608 (110)	4.2	357 (172)	59.6	30,357 (112)	4.1
1995	567 (102)	3.7	373 (180)	55.9	34,230 (126)	4.4
1996	543 (98)	3.5	449 (217)	54.8	34,251 (126)	4.4

資料：『国際農林水産統計』，各国予算書，等による．アメリカは実績，日本は補正後．

表 1-4　主要先進国における農業保護の削減

(単位：%)

	GDP に占める所得移転の割合 86〜88年	93〜95	95 (暫定)	96 (推定)	PSE 86〜88年	93〜95	95 (暫定)	96 (推定)
オーストラリア	0.6	0.5(16.7)	0.5	0.4	10	10	9	9
カナダ	1.7	1.1(35.3)	1.0	0.8	42	26	23	22
EU	2.5	1.5(40.0)	1.3	1.1	48	49	49	43
日本	2.6	1.9(26.9)	2.0	1.7	73	75	77	71
スイス	3.4	2.6(23.5)	2.4	2.3	79	81	80	78
アメリカ	1.5	1.1(26.7)	0.9	0.9	30	18	13	16
OECD 諸国	2.2	1.6(27.3)	1.5	1.3	45	41	40	36

注：PSE＝Producer Subsidy Equivalent.　緑の政策・青の政策を含む農業助成（〔直接支払い〕＋〔間接補助〕）と価格支持作物の〔内外価格差〕×〔生産量〕の合計額.

資料：OECD, *Agricultural Policies in OECD Countries, Measurement of Support and Background Information*, 1997, p. 49（右），p. 31（左）．93〜95年のカッコ内は，対86〜88年の減少率.

すなわち、長期農業不況を背景として歴史上初めて登場した一九世紀末、第二期がやはり農業大不況のもと戦後農政の原型を作り上げた一九三〇年代、第三期が戦後から今日までである。

しかし、筆者の考えでは一九八〇年代後半以降の保護削減の内容は、戦後世界の農政が形成・確立した五〇年代後半から七〇年代前半までの保護強化期（第三期）とは明らかに異なる。ここでは、八〇年代後半以降（まだ確定はできないが「九〇年代後半まで」としておく）を第四期と区分しておきたい。

そして第二に、この第四期の農業保護削減のもと、農業保護の在り方もウェイトも、次のように大きく変わりつつあるということである。

消費者から納税者負担へ

農業協定にも明らかなとおり、公的な資金による政策に比べて、消費者負担の政策を削減するわけで、保護費用の負担を消費者から納税者に移したといえる。表1‐5でも明らかなように、そうした傾向を読み取ることができる。

「消費者負担から納税者負担へ」の意味するところは、たとえば農産物に内外価格差がある場合、その価格差を縮小して消費者の負担を減らし、その分消費者の生活水準を向上させ、他方、累進的な税のもと富裕な人々からより多く徴収した税の一部（政府財政の一部）から、消費者負担軽減相当に近い額を生産者に支払って所得補塡を行うという点にある。(10)

価格支持から直接所得支持へ

農業協定は、生産者への価格支持効果のある政策を削減対象とした。表1‐6のとおり、価格支持政策から直接支払いへの流れは明らかである。

消費者価格を高める価格支持、市場への出荷量を制限・調整することにより市場価格を引き上げる供給制限、価格を下げることなく生産コストを下げる生産補助金、また、農業基盤整備・研究・普及のような農業部門全体に支出される公的資金を通じた施策等、これらは間接的に農民の所得を支持するものである。(11)

表 1-5　農業政策による所得移転

（単位：10 億各国通貨単位）

年	納税者からの所得移転①				消費者からの所得移転②			
	86～88	93～95	95（暫定）	96（推定）	86～88	93～95	95（暫定）	96（推定）
					%	%		%
オーストラリア（ドル）	1.2	1.5	1.6	1.6	0.6(33.3)	0.6(28.6)	0.6	0.5(23.8)
カナダ（ドル）	5.9	5.2	5.5	4.1	3.8(39.2)	3.2(38.1)	2.4	2.6(38.8)
EU（ECU）	35.0	47.1	48.2	56.2	69.1(66.4)	61.9(56.8)	58.3	38.7(40.8)
日本（円）	2,493	3,267	3,180	2,433	8,030(76.3)	7,678(70.2)	7,650	7,293(75.0)
スイス（フラン）	2.6	3.5	3.4	3.7	7.1(73.2)	6.3(64.3)	5.9	5.1(58.0)
アメリカ（ドル）	52.6	59.6	52.1	53.5	15.9(23.2)	14.7(19.8)	10.5	15.5(22.5)

注：資料は表 1-4 に同じ．p. 46．表右の 86～88，93～95，96 年のカッコ内の数値は両負担の相対比（②/(①+②)）．

表 1-6　農業支持内容の割合

（単位：%）

	市場価格支持			直接支払い			その他		
	86～88 年	93～95	96	86～88 年	93～95	96	86～88 年	93～95	96
オーストラリア	31	35	34	6	4	5	62	61	61
カナダ	40	44	37	28	17	23	32	39	41
EU	79	64	50	8	23	33	13	13	16
日本	84	83	85	7	6	6	9	11	10
スイス	81	73	65	9	19	27	9	8	8
アメリカ	40	48	47	36	19	20	24	34	33
OECD 諸国	66	66	59	18	18	23	17	15	18

資料：表 1-4 に同じ．p. 39．端数切り捨てのため，割合は 100% にはならない場合がある．

　このような間接所得支持ではなく、一九八七年の経済協力開発機構（ＯＥＣＤ）閣僚理事会でも確認されたように、直接所得支持がより望ましいとされる。その理由は次の点にある。直接所得支持は、所得移転すべき農民を特定するため、農業部門以外に漏れることもなく、政策目的にそって、援助を必要とする農民に効率よく意図された所得が移転されるからである(12)。

　しかし、メリットばかりではない。生産者は自己責任が問われる。たとえば、政策意図からはずれて適正な生産や地域資源管理から逸脱すれば、直ちに納税者の目に明らかとなり、助成金打ち切りの原因ともなり、生産者にとっては厳しい。が、社会は税金の効率的で透明な、そして簡素な使用を求めている。

市場歪曲から市場中立へ

市場を歪曲せずに納税者負担による直接所得支持への転換、この転換を図ろうというのがデカップリングの考え方であり、右のとおり、その目的は市場からの中立である。しかし、「青の政策」は必ずしもそうではない。

アメリカの不足払い制度は、納税者負担による直接支払いであっても、市場動向にリンクした減反が義務づけられ、支払額は特定の農産物生産や市場価格動向にリンクし、輸出補助金の性格もあり、「緑の政策」(b)のような、いわゆるデカップリング政策ではない。また、ＥＵの価格引き下げに対する直接所得補償制度も、支払額が市場価格動向からデカップルされている点を除けば、不足払い制度に近い。

両制度とも農政の根幹であるため、これらを当面「青」としたが、アメリカは九六年農業法でこれを廃止して定額漸減の固定支払いに切り替え、価格下落リスク緩和のために収入保険制度を拡充した。ＥＵは「アジェンダ２０００」で介入価格（価格支持）を国際価格水準にまで引き下げるとともに、環境・農村政策へのシフトを明らかにしている。

小農保護から公共財保護へ

政策の意図する効果も大きく変わろうとしている。農民が貧しくかつ社会・経済のなかで重要なウェイトを占めた時代には、国内農産物価格の安定、農民所得の保証、農業生産力発展の確保（幼稚産業保護）等への効果が期待された。

しかし、社会そして農民も金銭的に相当豊かになると、豊かさの内容の向上とその持続性を確保するために、食料安全保障の確立、地域社会の維持・発展、自然環境や国土の保全等がより重要視される。前者のようにすべての農民を対象とする保護から、後者のように公共財の保護にウェイトを移し、公共財の保全を担い得る人々に絞り込むものになりつつある。

以上のような八〇年代後半以降における農業保護削減、保護内容のウェイト変更の背景には、冷戦の終結という政治経済の質的変化、農産物の過剰と財政負担の激増のほかに、社会全体の個人所得の向上、農民の農外所得の増大（兼業化）に伴う生活レベルの向上、農業経営の大規模化・多角化や経営安定制度の充実等による農業の不利性の改善、さらに農業生産額の相対的減少および農業就業人口の激減等による社会・経済における農業・農民の政治的経済的比重の低下、等が指摘できよう。

兼業化による農外所得の増大に関しては、わが国はその典型的位置にある。社会・経済における比重の低下に関しては、ほぼすべての先進国に共通している。

(2) わが国農政の特徴

以上のような特徴をもつ先進国の農政をわが国農政と比較してみると、わが国のそれはあまりにもかけ離れた内容になっている。

確かに、わが国の自然的社会経済的条件を踏まえれば、農業・農政の在り方は欧米乾燥型畑作農業・農政とは異なるのが自然である。しかし、世界の農業と農政の在り方が、UR農業協定に一応集約され、それをわが国も認めて国会で批准した。協定が経過的な意味合いがあり、内容の変更がまったく不可能ではないにしても、その方向は止められない歴史的流れであろう。とすれば、わが国農政の特徴をその流れのなかに相対化し、評価しつつも問題点も明らかにする必要がある。

まず第一に、国際的にはわが国は保護削減の優等生であるが、同時に必要な保護まで削減していないかということである。

表1-3にみるとおり、わが国の農業予算は、八五年に一般会計予算の五・一%を占めていたが、九〇年には

三・六%にまで減少し、実額でも七%減少した。九三年以降は景気刺激策、九五年以降はUR対策などにより若干の増額がみられるが、対総予算比はUR協定の基準年八六〜八八年時より少ない。

また、表1-4のGDPに占める農業への所得移転の割合でみても、八六〜八八年と九三〜九五年の対比で、OECD諸国が二七・三%の減少であるのに対し、わが国は二六・九%の減少で遜色ない。九三〜九五年のPSEが上昇したのは、円高による内外価格差の拡大による側面が強く、それでも九六年に減少がみられることは、必要な保護まで削減しているとの心配がある。

第二に、保護費用の負担が依然として消費者負担型であり、先進国のどの国よりもそのウェイトが高いことである。

表1-5のとおり、消費者と納税者の負担の相対比（消費者負担率）はわが国を含め減少しているが、わが国のそれはどこの国よりも高い。わが国と同様に高いEU、スイスにしても、九六年にスイスは相対比をさらに減少させ（五八・〇%）、EUは相対比が逆転した（四〇・八%）。

わが国は、八六〜八八年の七六・三%から九六年の七五・〇%と、相対比に大きな変化はない。国際化が進んだ現状で、わが国の消費者はいつまで内外価格差の大きな開きに耐えられるであろうか。その意味では、不徹底な構造政策から実質のあるものに転換しつつ、内外価格差の縮小に努力して消費者の理解を得なければならない。

第三に、政策の実施方法の点でも、わが国はいまだに直接支払いのウェイトが極めて低く、かつ大きな変化はみられないことである。

表1-6のとおり、市場価格支持は農業保護全体の八四%程度を占め、直接支払いは僅か六%程度である。スイス、EUが、九〇年代に入り直接支払いのウェイトを高めてきているのとは対照的である。ただ、わが国の高い価格支持の大半は内外価格差で、為替レートの問題も考慮する必要があり一面的な評価はできない。ここでは

これ以上述べない。

第四に、農業・農村整備事業に代表される公共事業偏重の農政から、わが国は何ら脱却していないことである。この点は、やや立ち入って述べておこう。

確かに、この政策は国際的に認められた公的資金による価格支持効果をもたない「緑の政策」であり、そのこと自体に問題はない。しかし、間接的に農民に所得を移転するもので、直接所得支持とは明らかに政策メカニズムが異なる。間接所得支持は、直接所得支持とは違って、保護や援助を必要ではないかもしれない農民に余分な援助を与えてしまったり、農業部門以外にも漏れる可能性がある。基盤整備事業が「土建業保護」などと、現場の農民から批判されることが、そのもっともいい例である。

また、公共事業は予算執行上不透明で非効率ともいわれ、政策効果の検証もなく、農業予算の過半を占めて支出構造にもほとんど変化がない等、様々な問題点が指摘されている。様々な整備事業が、農村のアメニティを破壊したケースも少なくない。兼業農家の増大が、農業の先行き不安と相まって、圃場整備事業の必要性を著しく減退させ、整備事業そのものの否定材料となっている場合もある。

確かに、シビルミニマムに達しない農村の生活環境整備、条件のある地域での競争力強化のための圃場整備など、今日の農業・農村の状況からいえばそれらの基盤整備は必要である。問題は、公共事業費の分量と使われ方、事業の決定過程や内容の不透明性、投資・波及効果の水準等である。

整備事業の有効性を確保していくためには、事業内容を精査し、不透明、非効率などの問題を克服すべきであるし、事業の工夫も必要である。たとえば、圃場整備や生活環境整備、農地流動化などの事業を統合し、農業基盤の強化を図って食料の供給力を安定させ、同時に農村のシビルミニマムとアメニティミニマムを確保することである(13)。

農業・農村の基盤には、農地・圃場のほかに、道路や水路、生活インフラストラクチャー（下水道など）、そして田園景観等がある。これらが一体的に整備されることが、農村・都市住民の保健・休養、レクリエーション等のニーズにも応えることになる。何よりも専業農家や兼業農家、そして都市住民にも便益を供給する公共事業こそ必要である（第四章三参照）。

3　わが国農業・農村の現状と課題

(1)　農業の現状と課題

ここでは、農業と農村の現状を、農業センサスの結果、またそれに基づく分析・論評の文献等に依拠しながら要約的に整理しておこう。

農業の現状として、まず第一に指摘しておくべきことは、農家の急激な減少である。センサス結果により農家数の五年毎の増減率をみると、表1-7のとおり、九五年は二桁の一〇・二％で、これまでにない急激な減少となった。七〇年に五四〇万戸あった農家は、九〇年に三八四万戸、九五年には三四四万戸に、そして二〇〇〇年には三一二万戸にまで減少した。

こうした減少で興味深いことは、六五～七五年農業センサスまでは、専業・第一種兼業農家が減少し、第二種兼業農家が増加する兼業深化の過程を示していたが、八〇～八五年センサスでは、専業農家はほとんど変化せずに第一種兼業農家が大幅に減少し、第二種兼業農家も減少に転じ、九〇年センサス以降はこれが一層明瞭となり、九五年には二種兼業農家が急減したことである。[14] 第二種兼業農家の減少率は、平均の一〇・二％を上回る一二・三％を示した。

表 1-7　農家及び農業人口の増減率（総農家）と土地持ち非農家の推移

（単位：%，戸，ha）

	総農家数	専業	第一種	第二種	農家人口	就農人口	基幹的従事者
1965 年	−6.5	−41.4	2.2	21.8	−12.6	−20.8	−23.9
1970	−4.6	−30.7	−12.8	16.0	−12.6	−11.0	−21.2
1975	−8.3	−27.0	−30.6	12.2	−12.8	−23.6	−31.2
1980	−5.9	1.1	−20.4	−1.4	−7.9	−11.8	−15.6
1985	−6.1	0.5	−22.6	−2.0	−7.1	−8.7	−10.5
1990	−12.4	−5.5	−31.5	−8.8	−10.4	−9.4	−15.0
1995	−10.2	−6.9	−3.2	−12.3	−12.8	−13.3	−11.2
2000	−9.4				−10.8		

	土地持ち非農家	所有耕地			耕作放棄地		
		世帯数	面積	（対経営耕地）	世帯数	面積	（対耕作放棄地）
1985	442,892	371,380	134,364	(2.8)	178,498	38,063	(39.3)
1990	775,016	690,336	220,677	(4.8)	286,789	66,130	(30.5)
1995	906,176	798,824	302,220	(7.0)	327,953	82,543	(33.2)
2000	1,099,064	905,109	341,078	(8.2)	518,316	133,026	(62.5)

注：土地持ち非農家とは，耕地及び耕作放棄地を 5a 以上所有している世帯数．
資料：各年農業センサス．2000 年は速報値．

これは、滞留的兼業あるいは構造的兼業から「経過的兼業」へと、これまでの兼業深化の過程を一歩踏み込んだ構造変化とも理解できる。七五年センサスの分析をとおして、高度経済成長のもとで、「後継ぎ（夫婦）の非農業就業によって形成される兼業農家の中で帰農メカニズムをもたない[15]」兼業を「経過的兼業」とする指摘があった。「高度経済成長下の兼業化の性格は、滞留した兼業構造というよりは、農業離脱への通路をもった経過的な性格であった[16]」かどうかは議論があるとしても、九五年および二〇〇〇年センサスが示した結果は、第二種兼業農家の離農が加速する「経過的兼業」の姿であった。

最近の農家世帯員の若年齢者は、もはや農業の手伝いはしなくなり、壮年層も他産業を中心に就業し、高齢者の農業就業割合を益々高める結果となっている[17]。ただ、最近の青年・壮年層の就農への前向きな動きがみられる点は注目しておいていい[18]。

表 1-8　農業地域類型別の農地の減少状況

（単位：%）

	経営耕地減少率	減少耕地の用途別旧市町村数割合				
		住宅敷地	公共施設用地	商工業用地	山林（植林）	未利用・荒地
全国	−5.5	51.7	12.4	6.4	5.7	23.7
都府県	−6.9	52.1	12.4	6.3	5.8	23.5
都市的地域	−9.9	78.4	6.6	6.6	0.3	8.2
平地	−4.9	60.3	14.7	10.6	1.4	13.0
中間地域	−7.8	37.0	13.8	4.3	8.2	36.7
山間地域	−8.8	27.9	14.1	2.1	16.2	39.7

注：1995 年農業センサス．四捨五入のため 100% にはならない．

第二に指摘すべきことは、農地の急速な減少である。

自給を食料供給の基軸に据えて農業生産の持続性を保つには、農家あるいは労働力の確保と併せて、農業そのものの展開の場となる農地の量的確保とその合理的利用が必要である。しかし、わが国の農地面積は、一九六一年の六一四万ヘクタールをピークに、この三五年間に実に一〇〇万ヘクタール以上減少し、九五年には五〇四万ヘクタール、九六年には四九九万ヘクタールにまで減少した（『耕地及び作付面積統計』）。九六年に閣議決定された第三次国土利用計画では、二〇〇五年の農地確保の目標を四九〇万ヘクタールとしたが、これまでの減少傾向をみる限り、この目標をさらに下回る可能性がある。

九五年センサス結果では、農基法の優等生である北海道ですら経営耕地は一・二%の減少に転じ、都府県では九〇年比マイナス六・九%にも及び（全国マイナス五・五%）、なかでも樹園地の減少が著しい（マイナス一二・五%）。関東・東山、中・四国の中山間地域に多数存在した桑園やみかん園を中心とした樹園地が、耕作放棄・廃園化したものとされる[19]。二〇〇〇年も、二〇〇〇年センサス速報値であるが、農家の経営耕地は九五年センサスとほぼ同様の減少を示した。

さらに、九五年センサスで農業地域類型別に都府県をみると、表1-8のとおり、経営耕地減少率が高いのは、山間農業地域八・八%、中間農業地域七・八%であり、この減少要因の多くが「未利用・荒地」となっており、耕

表 1-9　耕作放棄地の状況

（単位：%）

	全耕作放棄地率	耕作放棄に伴う被害別旧市町村数（複数回答）割合							
		鳥獣害	病虫害	土砂崩れ	圃場の荒廃	水害	土壌汚染	水質汚染	回答総数
全国	5.6	25.4	32.4	7.5	27.4	6.3	0.4	0.7	1,912
都府県	6.9	25.4	32.4	7.5	27.4	6.2	0.4	0.7	1,907
都市的地域	7.5	17.5	35.9	2.9	36.2	5.0	0.6	2.0	343
平地	4.2	13.4	38.3	7.7	31.7	8.0	0.3	0.6	350
中間地域	9.5	25.9	32.2	9.8	24.8	6.5	0.5	0.3	742
山間地域	10.7	39.2	25.8	7.0	21.8	5.5	—	0.6	472

注：資料は表 1-8 に同じ．四捨五入のため 100% にはならない．

表 1-10　経営耕地面積の規模別シェア

（単位：%）

年次	都府県					北海道				
	1ha 未満	1〜2	2〜3	3〜5	5ha 以上	5ha 未満	5〜10	10〜20	20〜30	30ha 以上
1965	42.6	42.4	11.6	3.4		36.1	38.5	23.4	2.4	
1970	40.1	41.2	13.4	4.6	0.8	23.5	32.1	30.6	10.2	3.8
1975	39.9	37.9	14.3	6.2	1.6	17.0	24.9	25.3	17.0	15.8
1980	38.2	36.1	15.2	7.9	2.6	12.8	21.5	23.0	17.2	25.6
1985	36.8	34.2	15.6	9.5	3.9	10.1	18.6	21.8	17.2	32.8
1990	34.9	32.3	15.9	10.9	5.9	7.4	15.3	21.4	17.5	38.3
1995	33.4	30.2	15.5	12.0	8.9	5.6	11.9	20.2	17.0	45.4

注：資料は表 1-8 に同じ．四捨五入のため 100% にはならない．

作放棄につながっている。また、所有面積に占める耕作放棄地の割合も、農家・非農家を合わせると、表1-9のとおり、山間地域一〇・七%、中間農業地域九・四%と高くなっている。耕作放棄地の増大が、食料供給上だけでなく国土保全上にも大きな問題を生み出している（後述）。

農家・農地の減少のなかで、注目すべき第三の点は、大規模階層が農地を集積しながら増大していることである。

都府県では五ヘクタール以上層が、北海道では三〇ヘクタール以上層が増加し、規模が大きいほど増加率も高く、表1-10によれば、借地や作業受託により耕地の集積も進んでいることを推測させる。農産物販売金額別（販売農家）でみても、七〇〇万円以上層で増加し、とくに一〇〇〇万円以上の増加率が著しく、着実に企業的経営が成長している。

この点では、「農業経営そのものが資本と賃労働を問題とする段階に到達した」[20]といえるかもしれない。しかし、経営数が僅かであること、経営内容が「効率的で安定的」とはいいきれない面もあることなどの問題がある。[21]以上の農業の現状をみただけでも、わが国の食料の安定供給に課題を残す。食料安全保障政策は、有事の具体的なプログラムはもちろん、平時の自給、備蓄、貿易（輸入）をどのような基準と判断のもとにどのような水準でどう確保するか、その上で自給のための農地、担い手、技術をどのような水準でどう確保するか等、論拠と手立てを明らかにする必要がある。[22]食料（安全保障）政策が不透明なままでは、それを前提に設計される農業政策も農村政策も実質のないスローガンに終わる。三つの政策の独自性と連結性を明らかにすべきである。

(2) 農村の現状と課題

第一に指摘すべきことは、農業・農村のもつ多面的で公益的な機能の保全や農村社会の持続性を困難にしていることである。何よりもこの点が深刻である。

このような背景には、農業や地域の担い手である農家の減少、老齢化、また農地の減少と荒廃化・耕作放棄など、前述の状況の進行のほかに、計画性に乏しい住宅地開発や民間事業開発、無秩序な観光開発、多投入型農業などの問題もある。さらに、成長率が非常に低いか停滞し、雇用機会も少なく、公共サービスや施設の水準が低い、地域規模が小さいためにサービスコストが高くつく等、定住を妨げている問題もある。

農業の展開の場であり、生活の場である農村は、農民の長い営みのなかで貴重な財産・資源をつくり出してきた。その貴重な財産・資源は、都市住民へのレクリエーション機会の提供等にも役立ち公共性が高い。[23]

貴重な財産・資源とは、①社会的文化的には、より緊密なコミュニティライフ、犯罪及び混雑の少なさ、豊富

表 1-11　地域活性化の取り組み状況

	交流事業						地元農林水産物の加工・販売事業			
	事業のある旧市町村		タイプ別旧市町村数割合（%）				事業のある旧市町村		該当1市町村当たり事業所（実数）	1事業所当たり従業員数（実数）
	実数	（%）	農林漁業体験・学習	産地直送	農山漁村留学	伝統芸能・工芸	実数	（%）		
全国	2,376	(26.8)	56.6	56.1	9.2	21.0	2,651	(29.9)	2.3	16.6
平地	695	(20.3)	55.3	60.9	7.2	17.6	821	(23.9)	2.0	20.9
中間地域	949	(27.9)	56.5	53.6	9.0	19.9	983	(28.9)	2.4	17.6
山間地域	732	(36.0)	57.9	54.9	11.3	25.8	847	(41.6)	2.5	12.2
都府県	2,240	(26.0)	56.0	56.7	8.8	21.0				

注：資料は表 1-8 に同じ.

な自然のレクリエーション空間といった特別な便益を提供するものであり、②物質的には寺、古い建物、考古学的遺産だけでなく、美しいブドウ畑、数世紀にわたって築かれ保存される棚田や段々畑、野生生物種の豊富な原生林や湿地、農林ビオトープ、絵に描いたような漁村・鉱山・街並みなどがある。都会では稀少となった自然の美しさ、歴史的価値、生物多様性、独特の景観などのアメニティが農村にはある。

第二に、なかでも、人口減少の著しい中山間地域が深刻になっていることである[24]。

中山間地域（農業地域類型上の中間農業地域と山間農業地域）は、総世帯数の一二・四%、総人口の一三・九%を占めるにすぎない。しかし、他方では農家数の四二・四%、農家人口の三九・九%、土地面積の七二・八%、農地面積の三八・三%、森林の八六・四%、農業粗生産額の三六・八%を占め、農林業生産および環境・国土保全のうえで大きな役割を果たしている（九五年）。

中山間地域は、表1-11のとおり、自然景観を生かした交流事業などリゾート適地としての利点、また気温の日較差を利用した農業生産やその素材を生かした加工・販売事業などが盛んである。しかし、このような有利な側面を考慮してもなお埋め切れない地理的・生産的条件の不利や社会資本整備の遅れが存在する。たとえば、傾斜一〇〇分の一以上の水田は中間

表 1-12　地域の全体的活力の 10 年前との変化

（単位：％）

	全国	都市的地域	平地	中間地域	山間地域
上昇	46.0	64.4	57.5	38.2	28.6
変化なし	28.8	24.5	29.9	32.0	26.5
低下	25.2	11.1	12.6	29.8	44.9

	北海道	東北	北陸	関東・東山	東海	近畿	中国	四国	九州	沖縄
上昇	38.5	52.3	47.4	56.2	52.4	44.9	31.6	28.2	41.8	75.0
変化なし	28.5	24.2	34.4	30.0	29.5	29.6	28.1	28.2	29.0	19.4
低下	33.0	23.6	18.2	13.8	18.1	25.5	40.2	43.7	29.2	5.6

注：農水省大臣官房調査課『地域農業の展開方向等に関する調査』（1993 年 8 月）による．

地域で五一・〇％、山間地域では五八・八％にも達する。労働および土地生産性は平地の六割程度で収益も低く、また上下水道の普及率も低い。

こうしたことを背景に、中山間地域では八〜九割の市町村が人口の減少となり、また死亡数が出生数を上回る人口自然減少市町村も五割を超え、なかでも山間地域はこれが七割以上で、「赤子や子供の声のない沈黙のむら」となりつつある。農業就業人口でも、六五歳以上の割合が中山間地域で高く老齢化が進み、前述のように耕作放棄地率も高い。

耕作放棄地は、土地や水資源の管理が十分に行われないために、表1-9のとおり、圃場の荒廃、土砂崩れや水害が発生し、景観保全上、国土保全上に支障をきたす。また、鳥獣害や病虫害も発生し、周辺の農業生産、景観保全、そして既存の生態系・二次的自然の保全の上でも問題がある。

中山間地域を中心に、農林業のみならず地域社会全体の活力が低下しつつある。このまま推移すれば、農村・中山間地域の果たすべき役割に重大な支障を生じかねない。表1-12のとおり、一〇年前と比べて地域全体の活力が「上昇」しているとする市町村は全国で四六・〇％、「低下」が二五・二％である。中山間地域、また四国、中国、北海道では、「低下」したと答える市町村が多く、なかでも中山間地域、四国、中国が四割を超えている。

第三に、新しい問題としてのゴミ問題が浮上し、都市と農村の新たな対立も生まれてきたことである。

農村は緑・生活・文化の空間であり、アメニティをもった「心のオアシス」「都市住民のオアシス」でもある。しかし、これとは対照的に、人目のつかない山間部や離島など、ゴミや建設残土の捨て場になっている農村がある。たとえば、産業廃棄処分の問題では岐阜県御嵩《みたけ》町、香川県土庄《とのしょう》町・豊島《てしま》、また建設残土の問題では千葉県富里町、埼玉県岩槻市などの事例は話題性の高いものである。(25)

オアシスであるはずの農村がゴミ捨て場と化し、そこから漏れた汚水が河川や地下水に流れ込み、地域住民はもとより水の供給を受けている都市住民にも、ブーメランのようにそのつけがまわってくる。一種の水源税を支払う神奈川県のような動きとは対照的な状況は、地域環境の保全、農村と都市との交流、地域間協同、地域の自立など、中山間地域等のシビルミニマムとアメニティミニマムの実現にとって多くの問題を提起している。

4　日本型デカップリング政策の展開方位

(1)　デカップリング政策の前提

以上の農政の国際的な動向や国内の諸問題を踏まえれば、新しい基本法では、予想される厳しい食料事情、新たな公共性の追究（公共財の保護）、WTO下の新たな情勢等に対応できるように、食料安全保障条項、環境条項、地域政策条項、多面的公益的機能の維持向上の条項、国際化対応条項等の充実が必要である。関連法を整備し、将来にわたる農業・農村の持続性を確保し、国民および農業者の福利の向上に努めることである。(26)執行機関としての行政府が責任をもって遂行できる明確な指針となり、かつ効力のある基本法が求められる。

一つの政策の方向づけを提示すれば、平時における自給、備蓄、輸入の適正な水準を確保する手立てを確立し、全階層・全地域を対象とした市場歪曲的な価格支持政策と農業財政の過半を占める公共事業偏重の政策から、デ

図 1-1　土地利用型農業における政策的助成の概念図

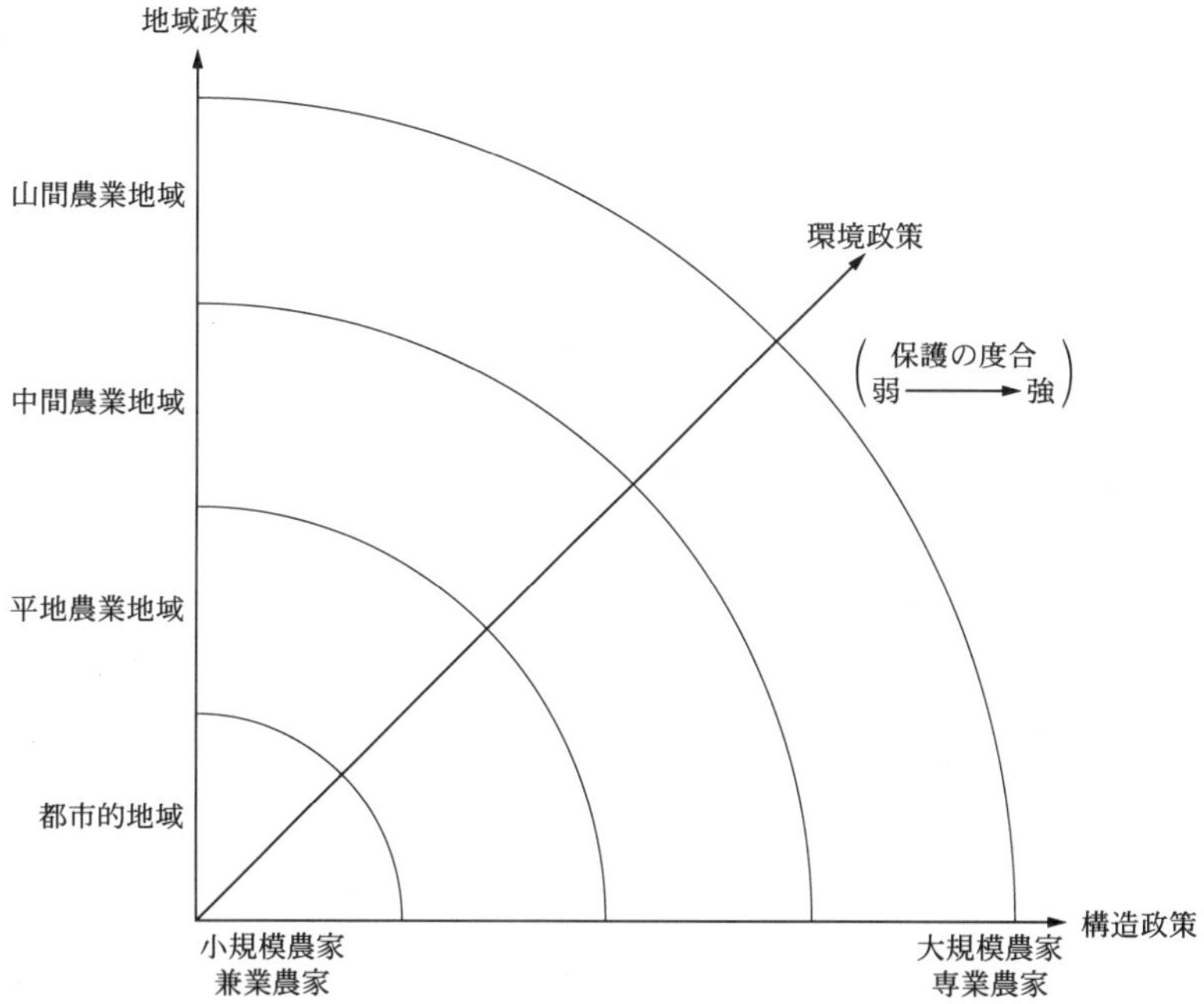

注：小規模，兼業農家であっても，農業資源管理や環境保全の行為，また農用地利用改善への協力等に対しては，政策的助成の対象となる．というのは公共財供給の役割を担うからである．

カップリングにより、公共財供給の担い手・条件不利地域を対象として環境政策も統合した構造政策と地域政策へ軸足を移すことである。(27) 土地利用型農業におけるデカップリング政策の展開方向の概念図を示せば図1-1のとおりである。

すなわち、優良農地・労働力の確保、農業技術の向上、そしてこれらの合理的利用を促す政策により農業生産条件を改善し、適当量かつ適切な公共事業等のほかに資源の適正な保全を促す政策により農村生活条件の改善を図ることである。具体的な施策を例示すれば、表1-13のようになる。

デカップリングの政策手法をとるにあたっては、わが国に適合的な以下のような要件を明確にする必要がある。

第一に、農業保護の理由を明らかに

表 1-13　日本型デカップリング政策の一例

構造政策への具体化	①　経営体への投資助成 認定経営体または農業から総所得の50％以上を得る農家を助成の対象とし，観光・工芸活動・特産物の生産販売・農産加工等の経営の多角化，生産費削減やエネルギー節約のための経営改善，生活・労働条件の改善，環境の保護及び改善等の投資に対し，助成上限額や地域別助成率を明確にして助成（農地取得は含まない）. ②　若年者就農助成 職業上必要な技能をもち，農業を主業としてまた経営主として就農する40歳未満の者を対象とし，奨励金の交付，あるいは就農に必要な借入金に対する利子補給金として奨励金相当額を交付．交付額の水準は，EUが1つの参考水準（山間地域へ夫婦2人で参入の場合600万円程度）. ③　早期引退助成 10年以上農業を営んだ農家が離農し，農地は認定農家あるいはそれに相当する経営体に売却あるいは10年以上貸し付ける場合，離農経営主に対して助成金を交付．また農地以外の農機具等の生産手段は，時価評価額で買い取る． ④　負債利子補給 負債総額5,000万円以上を抱えた大規模経営体に対し，負債残高の利子部分を一部補塡.
地域政策への具体化	①　中山間地域助成（農業・農村活性化交付金） 「特定農山村地域活性化法」等に基づき指定された市町村に対し，人口，面積，地目構成，財政状況等に応じて，平均1億円の農業及び農村活性化交付金を交付．交付金の使用は，原則として各市町村の自由. たとえば，農家の所得の直接補償，耕作放棄地や森林の管理のための第三セクターの設立費や運営費助成，特産物の維持奨励の助成，有機農業への転換までの助成，千枚田や棚田・農村景観・町並みの整備及び維持等のグリーンツーリズムに必要な事業への助成等，が考えられる． ②　環境保全地域助成 旧村単位あるいは市町村レベルの範囲で地域を指定し，ビオトープ（農林生態系）の保護，田園景観の維持，平地林・屋敷林の維持等に必要な経費の一部あるいは減少所得の補償として交付.
環境政策を統合した具体化	①　環境保全型農業への助成 環境及び自然資源の保護，農村景観の維持に効果をもつ農法を導入し，最低でも5年以上これを継続する農家及び経営体を対象に交付．効果ある農法とは，具体的には，輪作（集団的対応の場合にはカサ上げする），休耕及び休耕地の管理（生産調整と連動），有機農業への転換，農地管理規程に基づく農業，農薬や化学肥料の投入の削減，市民農園，農業公園，等である． ②　農業資源維持への助成 耕作放棄地の復田及びその管理，環境保全上及び輪作上地域になくてはならない特産農産物等に対して，環境保全と食料自給力維持の観点から交付.

することである。

農業を保護する理由は、何よりも農林業資源という公共財の保全と合理的で適正な利用のためである。私的な営農行為によって供給される食料、また、営農行為によって供給される多面的で公益的な機能（食料安全保障、アメニティの創造・保全、二次的自然環境・国土の保全、伝統・文化の維持・継承等）、この二つの機能の維持と保全のために、供給者への支払いは受益者負担原則（Beneficiary Pays Principle）が適用できない場合、供給者補償原則（Provider Gets Principle）が適切である。表1-2のデカップリング政策は、農業分野の供給者補償原則の具体策でもある。

公共財とは、私的財とは違って、非排除性（ある人が対価を支払って消費しても、他の人の消費を排除できない）、非競合性（ある人が消費しても、他の人も競合することなく同時に等量を消費できる）をもつものである。前述のアメニティなど農村の財産・資源は、天然資源とは違った多面的な価値をもつ公共財的な性格があり、人間が絶えず管理しなければその有用性と形態は保全できない。この管理・保全コストは、農業者が生活あるいは生産過程のなかで負担し、多くの場合生産物価格に転嫁されず、農業者は無償の資源管理をしてきた。

しかし、その資源管理が困難になってきた。なかでも条件不利地域、中山間地域が厳しい。農業者の著しい減少、老齢化のなかで、最低必要資源量に減少したにもかかわらず、これを保全するにはあまりにも莫大な量となってしまった。現在の資源量を確保するには、担い手を確保し、保全コストの補塡が必要である。

その場合、たとえば農村アメニティを受益したものがその対価を負担し、アメニティ保全に役立てることは困難である。一部区画に限定され、入場料の徴収が可能な閉鎖系の公園などとは違って、農村は誰にでも開放されており、アメニティを受益した人を特定できない。だから、アメニティ保全に必要な適正な対価を納税者から還元＝補償せざるを得ない[28]。アメニティの創造・保全以外の機能の維持・保全についても同様である。

このような公共財支払い（条件不利地域・環境支払い）の場合の支払い水準は、保全コスト水準の計測（たとえば多面的機能の価格づけ）がなかなか困難なため、便宜的に、その地域の人々の定住や集落の維持が可能となる水準とするのも一つの考えである。つまり、人がいなければ維持・保全できないのであるから、生活維持費代替評価による水準の補償という考え方である。

支払い額が、評価水準の一〇〇％なのか五〇％なのかなどの具体的現実的支払い水準は、その時代の納税者の農業・農村への理解度、財政状態、生産者の生活水準等が決めることになろう。

一方、農村資源を構成する食料供給資源を利用するに当たっては、農業者・消費者双方にリーズナブルな価格で安全な食料を安定供給できる正常な農業活動の継続が望ましい。そのためには、わが国の場合、合理的・効率的な土地利用＝零細農耕の打破と農業者の安定的な生活の保障が必要である。

やや具体的にいえば、団地化された大区画圃場（〇・五〜一ヘクタール）のもとで、当時代の科学技術を踏まえたリーズナブル・インプットの輪作構造をもった農業生産様式＝資源管理型農場制農業の形成が必要であろう(29)。このような環境保全的合理的農業形成の促進と経営の安定にも補償支払いが必要である。

この補償支払いの根拠は、食料生産と多面的公益的価値生産がデカップルできない一体的性格をもつ農業の特性に基づく。農業活動によって生産される食料は、その受益者を特定できる私的財であるが、正常な農業活動を前提に生み出される多面的公益的価値は、受益者を特定できない公共財である。

後者の財を保全しようとすれば、前者の正常な活動を促すことが必要である。前者が受益者負担可能な私的財であっても、前者の正常な活動を促して後者を保全するには、一定の規制的手段のほかに、社会全体（納税者）の経済的負担が必要である。

このような環境・経営安定・構造調整支払いの場合の支払い水準は、右のように後者の保全コストの計測が困難であるとすれば、正常な農業活動が可能となる水準を支払い水準とする考えも成り立つ。言い換えれば、正常な農業生産維持費代替評価による水準の補償という考え方である。具体的現実的支払い水準は、前述と同様その時々の条件が決めることになろう。

以上のような理論を背景に、具体的な補償水準を決め、地域環境空間の保全と利用、地域格差の是正、食料自給力の維持、農業の効率化などに必要な手段として位置づけることであろう。

明確にすべき要件の第二は、受給資格である。政策支援の対象地域や対象者の範囲を明確にすることによって、受給資格をもつすべての個人における職業選択上の自由度と選別性を、地域における資源保全のインセンティブを高め、そして経済的ハンディキャップを少なくすることができる。

第三に、保護水準、助成内容の明確化・透明化である。支払いの基礎（何に基づいて支払うか、たとえば生産要素・費用、価格、それらのカバー範囲、期間など前述の要件）、支払い方法（一括か定期か、前払いか後払いか、現金か現物か税軽減か、定額か漸増か漸減か）、支払い継続期間（無期限か一定期間か一時期か）、支払い管理内容（財政上限の明確化、透明性の確保、支払いの簡素化）などを明らかにすることである。

以上の点を明らかにしてデカップリング政策へ移行しても、わが国の場合、自給率向上と市場歪曲（なかでも生産刺激）との関係の問題が残る。つまり、「両者は両立しないのではないか」との懸念である。しかし、次の点も考慮すべきである。

第一に、現実には、完全なデカップリングばかりではないということである。アメリカの定額漸減支払いは、不足払いとは違って生産量、価格からデカップルしているが、支払いの受給権は契約農地に結合し、この農地の取得や譲渡による増減に応じて契約生産者の受給額が増減し、生産要素にリンクしている。

第二に、デカップリングの要件を満たしていても、結果として生産量が増大することもあり得るということである。デカップリングの要件を満たし、供給者補償原則による環境対策（環境財の保護）として輪作を導入した場合、結果としてその作物の生産量・自給率は向上する。わが国の減反助成金がその例である。

第三に、デカップリング政策ではないが、作物の調整で熱量自給率を上げなくとも、たとえば野菜や果樹など（デミニミス政策で削減除外）の生産量の増大は可能だということである。また、コメ単独ではなく、穀物セクターとしての対応など、いくつか考慮すべき課題がある。

これらにより、UR協定の基準年である八六～八八年時点水準程度のアグリ・ミニマムは確保したい。すでに地方自治体レベルで実施されている助成措置を考慮しつつ[30]、国レベルの措置の早急な充実が望まれる。

(2) 農業・農村資源保全政策の展開方位

以上を踏まえて、やや具体的にわが国の農業・農村資源保全政策の展開方向を考えてみたい。一つは国内コメ政策の改革問題、もう一つは条件不利地域対策についてである。

新しいコメ政策では、生産調整、全国とも補償制度、下落米価の八割を補塡する経営安定対策、備蓄米の政府保有などが実施される。

経営安定対策は、カナダやアメリカで実施されている収入保険制度導入への布石とされている。これは表1-2の「緑の政策」(b)②であり、有効な政策の一つではある。しかし、輸入国であるわが国に単純には適用できないであろう（第三章4(2)参照）。

輸出国は、世界市場の価格変動がそのまま国内生産に影響するため、作物保険と同様に、価格保険は所得および経営の安定に貢献する。ところが、わが国は輸入国であり、輸入の恒常化による過剰圧力の継続は、国内価格の変動以上に下落の恒常化を生み、そのため基準価格も改定のたびに引き下げられ、他方物財費は上昇ないし停滞傾向にある。このもとでの収入保険は、国内価格及び農業収入の下落の安定化を保証するものでしかない。

収入保険は不足払いではないため、損失額をすべて補塡するものではない。UR農業協定では、損失額の七割以下としていることに注意すべきである。しかも、収入保険算定の基準価格水準の在り方や基準年のとり方によっては、基準価格の水準がまったく違ったものになり、減反参加者に何のメリットも与えない。価格の恒常的下落や暴落、さらなる減反の増加は、育成すべき大規模経営の形成や規模拡大の阻害要因となる。減反参加者に十分なメリットを与え、何よりもこの矛盾を解消できるシステムに転換すべきである。

コメを中心とした麦・大豆など主要食糧の政策の一つの方向を示せば、次のようなものである(31)。

過剰が生じた場合には、緊急措置として日本版ＰＩＫ計画と過剰分の食糧の市場隔離を実施し、翌年度以降は、新食糧法の精神に沿いながら、減反助成金（将来的には輪作助成金に移行）の環境対策としての性格を明確にし（条件不利地域には割増し）、備蓄食糧の棚上げなど適正運用を制度化し、そして収入保険で補完する。これらの運用の前提となる基準価格は、単なる市場価格の平均ではなく、アメリカのローンレート、ＥＵの介入価格などのように、最低水準ないし一定水準を明示することが大切である。

農村資源保全政策についていえば、農業の環境への過剰な負荷を減らす農業者の努力、各地域の自助努力(32)、そしてデカップリング政策の実施も必要であろう。農村、とりわけ条件不利地域の生活環境の向上や資源の保全のために、わが国にあった政策の創造が求められる。

公共事業は必要であるが、前述のとおり様々な問題があり、改善も必要である。さらに中山間地域等の公共事業は、補助のかさ上げがあるとはいえ財政負担せざるを得ず、それでなくとも苦しい条件不利地域の財政を圧迫する。

一方、二〇〇〇年度より中山間地域への直接支払いが始まったが、それだけで条件不利地域の社会が維持できるとも思えない。森林・水田が多く、小規模で耕作放棄が進行しているわが国の状況を考慮すれば、EUのように個別にではなく、集落単位に補助金が交付される今回の措置は適切な面が多い。この点の分析と評価は第四章で述べるとして、ここでは市町村単位に、地域の自主性を活かせる次の「農業・農村活性化交付金」を提案しておこう（表1-13参照）。

「特定農山村地域活性化法」等、明確な要件に基づいて指定された市町村に対し、人口、面積、地目構成、財政状況等に応じて、平均一億円を交付する。交付金の使用は、地域のマスタープランに基づく農業及び農村活性化計画（「特定農山村法」の地域計画）に基づけば、原則として自由である。「ふるさと創生」事業の農業・農村版と考えていい。

農家の所得を直接補償することも、また耕作放棄地や森林の管理のために、第三セクターの設立費や運営費に当てることもできる。特産物の維持奨励の助成、有機農業への転換までの助成、千枚田や棚田・農村景観・町並みの整備および維持のグリーンツーリズムに必要な事業への助成等、市町村の裁量で個別にも集団にも、また市町村自身で使っても、計画に沿っていれば原則自由である。

この「交付金」は、第一に各市町村が地域資源を十分に把握し、管理に責任をもち、あくまでも地域自身で地域資源の最適な管理の実現を目指すことに主眼が置かれる。第二に、各地域立法の統合の実現で政策効果がさらに期待できる性格の「交付金」である。ただし、使途についてはその明確化と透明化を確保しなければならない。

この施策は、中山間地域に限らず、日本版ＣＴＥ（「経営に関する国土契約」制度）として応用できる。ＣＴＥとは、一九九九年七月にフランスで成立した新農業基本法において、農業のもつ経済的・環境的・社会的機能

を考慮して、農業経営体と国（具体的には国の代表者としての県知事）との契約による国土の維持・保全を目的にする。(33)

契約の内容は、①高品質生産の推進、雇用の維持創出など社会・経済的な部分と、②浸食防止、景観維持など環境・国土にかかわる部分がある。諸規則を守っているなどの有資格農業経営体が契約手続きに基づき契約を結べば、所得の損失・追加費用への補塡など財政的助成が受けられる。契約期間は五年である。

ともかく、中山間地域等条件不利地域の問題は、単に農業の不利に帰する問題ではない。シビルミニマムとアメニティミニマムの実現が必要である。そのためには、「特定農山村地域活性化法」のほかに、「過疎特別措置法」「山村振興法」「雪寒法」「離島振興法」「半島振興法」などの地域立法の統合、場合によっては使途を明確にした現在の地方交付税への統合など、一体的総合的体系的な対策が必要である。またこれと並行して、農業・農村関係業務を統合、一体化した「農村開発センター」（仮称）の設置も必要であろう。

これにより、縦割り行政の弊害を廃し、政策の簡素化と効率化が可能となろう。補助事業等を生かそうにも、内容が複雑で分かりにくく、画一的であるため、ほんとうに必要な事業を導入してないことも少なくない。公共事業にしろ直接支払いにしろ、納税者の貴重な税金である。地域の発想に立脚した政策効果の高い執行が求められる。

注

（1）矢口芳生『食料と環境の政策構想』農林統計協会、一九九五年、『農業と経済』（「ウルグアイ・ラウンド決着と二〇〇一年への展望」）第六〇巻第八号、一九九四年・臨増、『ガット・UR農業交渉』（日本農業年報四一）農林統計協会、一九九五年、国際農業・食料・貿易政策協議会編『ウルグアイ・ラウンド――その国際的評価』（吉岡裕監訳）農林統計協会、一九九五年、今村奈良臣・服部信二・加賀爪優・矢口芳生・菅沼圭輔『WTO体制下の食料農業戦略』農文協、一九

九七年、佐伯尚美「WTO農業協定と農産物貿易（上・下）」『貿易と関税』一九九七年八・九月、堀口健二「WTO体制と世界農産物市場の再編」『土地制度史学』第一五五号、一九九七年四月、等。

(2) 外務省経済局国際機関第一課『解説・WTO協定』日本国際問題研究所、一九九六年、一一四ページ。

(3) 同右、一二一ページ、是永東彦・津谷好人・福士正博『ECの農政改革に学ぶ』農文協、一九九四年、一一三〜一一九ページ。

(4) 注2文献、一二五ページ。

(5) 矢口、前掲『食料と環境の政策構想』、四四〜五六ページ、ウィリアム・M・マイナー／デイル・E・ハザウェイ編『世界農業貿易とデカップリング』（逸見謙三監訳）日本経済新聞社、一九八八年、『のびゆく農業』第七七一号、『欧米における農業・食料政策の新たな展開に関する調査・報告書』食料・農業政策研究センター、一九八九年、John Marsh, et al., *The Changing Role of the Common Agricultural Policy*, 1991, pp. 93–101, 等。

(6) 『のびゆく農業』第七七一号。

(7) 矢口、前掲『食料と環境の政策構想』、四五ページ。

(8) 同右、六一〜六七ページ、同『地球は世界を養えるのか』集英社、一九九八年、一二九〜一三八ページ。

(9) ミカエル・トレイシー『西欧の農業』（阿曽村邦昭・瀬崎克己訳）農林水産業生産性向上会議、一九六六年、紙谷貢・是永東彦編『農業保護と農産物貿易』（農総研刊行物第四三一号）一九八五年、一一一〜七一ページ、持田恵三『世界経済と農業問題』白桃書房、一九九六、等。

(10) G・S・シェファード『農産物価格政策と農業所得政策』（川野重任監修）農林水産業生産性向上会議、一九五九年、二七八〜二八二ページ。

(11) アール・O・ヘディ『経済発展と農業政策』（本岡武・山本修・藤谷築次・杉崎真一訳）農政調査委員会、一九六七年、五七二〜五七九ページ、OECD『OECD諸国の農業政策』（谷野陽・是永東彦・山崎皓一・本橋馨・米田浩史訳）農政調査委員会、一九六八年、九〇〜九九ページ、グラハム・ハレット『農業政策の経済学』（三沢嶽郎監修、田代洋一訳）農政調査委員会、一九七二年、一八七〜二一二ページ、OECD編『世界の農業補助政策』（農業問題研究グループ訳）日本経済新聞社、一九八九年、一一一〜一四五ページ、等。

(12) OECD, *The OECD Observer*, No. 185 (Dec. 1993), No. 196 (Oct. 1995), OECD, *Agricultural Policy Reform ; New Approaches*, 1994, 『のびゆく農業』第八〇二〜八〇三号。

(13) 矢口芳生編著『資源管理型農場制農業への挑戦』農林統計協会、一九九五年、『農業と経済』(特集・農村整備のあり方を問う) 第六三巻第一〇号、一九九七年九月。

(14) 『日本農業の展開構造(農業構造の動向分析に関する結果報告)』(座長・宇佐美繁) 農林統計協会、一九九七年、七五~八六ページ。

(15) 中安定子『農業の生産組織』家の光協会、一九七八年、五三ページ。

(16) 同右、六三ページ。

(17) 注14文献、一〇四~一〇九ページ。

(18) 一九九六年度農業白書、二三二~二三五ページ。

(19) 注14文献、二五~二八、二五〇~二五二ページ、小野直達『現代蚕糸業と養蚕経営』農林統計協会、一九九六年。

(20) 同右、六九ページ。

(21) 後藤光蔵「『総自由化体制』下の日本農業」『土地制度史学』第一五五号、一九九七年四月、田畑保「新食糧法下における農業構造の動向と展望」『農業経済研究』第六九巻第二号、一九九七年九月、等。

(22) 矢口芳生『食糧はいかにして武器となったか』日本経済評論社、一九八六年、二七二~二七八ページ、同『食料戦略と地球環境』日本経済評論社、一九九〇年、二三六~二六三ページ。

(23) 矢口、前掲『食料と環境の政策構想』、二七二~二八二ページ。永田恵十郎『地域資源の国民的利用』農文協、一九八八年、桜井卓治編『環境保全型農業論』農林統計協会、一九九七年、酒井淳一『農業資源管理論』農林統計協会、一九九七年、嘉田良平「農業の外部経済効果と政策的含意」『農業経済研究』第六八巻第二号、一九九七年九月、等。

(24) 中山間地域に関する文献は多数ある。たとえば、『中山間地域対策』(日本農業年報四〇) 農林統計協会、一九九三年、今村奈良臣監修『中山間地域問題』農林統計協会、一九九二年、小田切徳美『日本農政の中山間地帯問題』農林統計協会、一九九四年、柏雅之『現代中山間地域農業論』御茶の水書房、一九九四年、『農業および園芸』(特集・中山間地域農業の問題点を探る) 第七〇巻第一号、一九九五年一月、等。

(25) 矢口芳生「新農業基本法と『環境問題』」『新農基法への視座』(日本農業年報四四) 農林統計協会、一九九七年。

(26) 矢口芳生「農業基本法見直しの視点」『レファレンス』(国立国会図書館調査及び立法考査局) 一九九六年六月、同「新農業基本法の枠組みを考える」『農林統計調査』一九九七年一月、『農林金融』(特集・農業基本法見直しと農業再編) 第五〇巻第一〇号、一九九七年七月、『農業と経済』(「歩みだした新農業基本法への道」) 第六三巻第三号、一九九七年・臨

増、梶井功『国際化農政期の農業問題』家の光協会、一九九七年、等。

(27) 矢口、前掲『食料と環境の政策構想』、一七九～一九四ページ。デカップリング政策の具体化については、同書二一九～二三二ページ、等参照。

(28)『ルーラルアメニティ』日本農業土木総合研究所、一九九五年、ＯＥＣＤ環境委員会『地球環境のための市場経済革命』（環境庁地球環境部監修）ダイヤモンド社、一九九二年、横川洋「農業環境政策の国際比較考察」『農業経済研究』第六八巻第二号、一九九七年九月、OECD, *The Contribution of Amenities to Rural Development*, 1994, OECD, *Amenities for Rural Development : Policy Example*, 1996.

(29) 矢口、前掲『食料戦略と地球環境』、二八四～二九四ページ、同『食料と環境の政策構想』、一八八～一九四ページ、参照。

(30)『地方自治体における中山間施策の現状と課題』農政調査委員会、一九九七年。

(31) 矢口芳生「農業基本法見直しの論点」『月刊ＮＯＳＡＩ』第五〇巻第一号、一九九八年一月。

(32) 矢口芳生『カントリービジネス』農林統計協会、一九九七年。

(33)『のびゆく農業』第八九八号、等参照。

第二章　「非貿易的関心事項」の批判的考察

1　WTO農業交渉と「非貿易的関心事項」

本章では、WTO農業協定における非貿易的関心事項である「食糧安全保障」と「環境保護」の位置を概観するとともに、UR（ウルグアイ・ラウンド）合意後のそれをめぐる論議を検討しながら、二〇〇〇年以降の新たな農業交渉における非貿易的関心事項の取り扱いについて展望する。

WTO農業協定において、「非貿易的関心事項」は次のように取り扱うことになっている。すなわち、「根本的改革をもたらすように助成及び保護を実質的かつ漸進的に削減するという長期目標が進行中の過程であることを認識し」、「非貿易的関心事項」等を「考慮に入れて」、「実施期間の終了の一年前にその過程を継続するための交渉を開始する」ことになっている（農業協定第二〇条）。

「非貿易的関心事項」とは、「食糧安全保障、環境保護の必要その他」のことであり（前文）、わが国の主張が一定程度反映されたものである。新交渉はこれを「考慮に入れて」始まった。

わが国がそこで新たに提案している「多面的機能」の内容は、図2-1のとおり、WTO農業協定前文の「非

図2-1　非貿易的関心事項と多面的機能

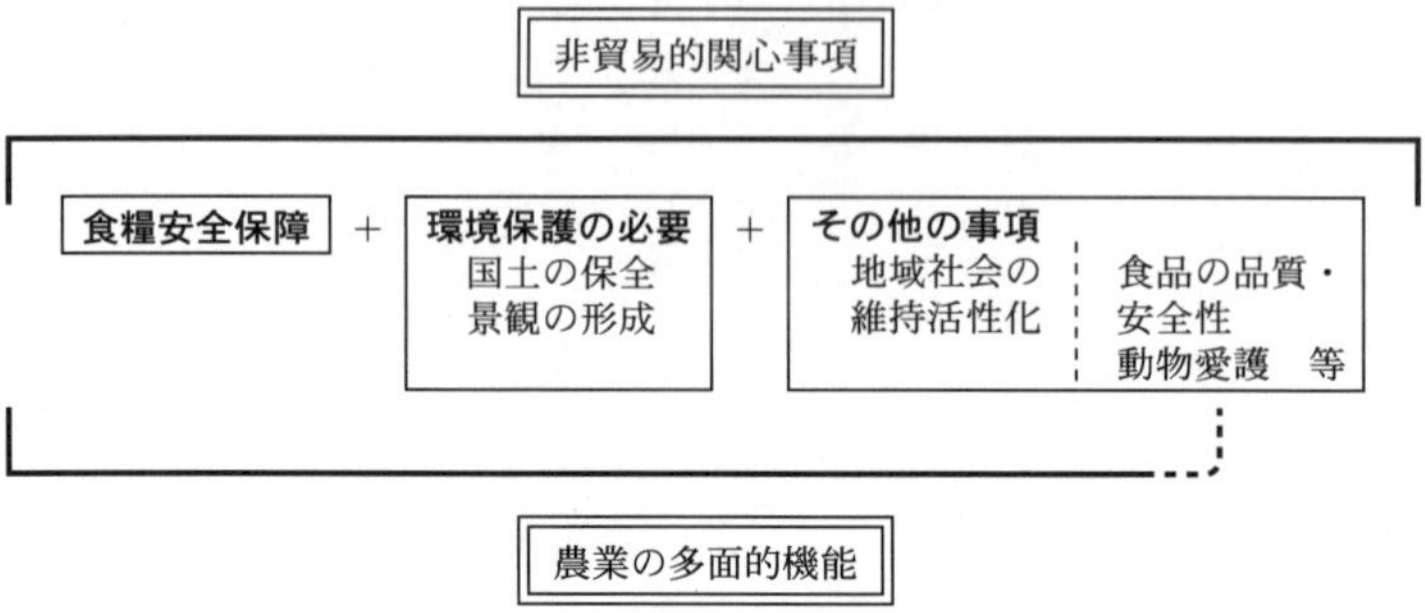

注：農水省資料による.

貿易的関心事項」と重なる。[1] すなわち、「食糧安全保障」のほかに、「環境保護」については、国土の保全・景観の形成・水源の涵養・自然環境の保全など、「その他の事項」としては地域社会の維持活性化（文化の伝承・保健休養などを含む）が、多面的機能に該当する。

ＥＵなどがとくに主張している食品の品質・安全性や動物愛護などの「消費者の関心」事項について、わが国は「新たな課題への対応」として、多面的機能とは別に配慮すべき事項として、一つの柱を立てて整理している。非貿易的関心事項の一つではあるが、多面的機能とは切り離して交渉に臨む方針である。

わが国では、この「非貿易的関心事項」の配慮・考慮に高い関心がある。なぜかといえば、食料自給率が先進国では最低という異状のもとで、農業貿易自由化論議に深く関わっているからである。

その論議には二つの見方がある。一つは、右記の「非貿易的関心事項」の協定への書き込みをもって、二〇〇〇年以降の農業交渉における貿易自由化論議に一定の反論材料を確保したとの見方であり、もう一つは、反対に幻想にすぎないとの見方である。双方とも、判断のつきにくい問題となっている。

確かに、交渉は何を与え何を得るかであり、わが国における食料の安定供給や多面的価値の持続的供給を考えたとき、「非貿易的関心事項」の実は得るべき重要事項の一つではある。しかし、「根本的改革をもたらすように助成及び保護を実質的かつ漸進的に削減するという長期目標」を「達成するために更にいかなる約束が必要であるか」についても、二〇〇〇年以降の交渉では「考慮」されることになっており（第二〇条）、わが国の思惑どおりに事が進みそうにないのも確かである。

以下に、食料安全保障、環境保護の順に検討してみよう。

2 「食糧安全保障」論議の動向と展望

(1) 農業協定における「食糧安全保障」の位置

WTO農業協定には、「食糧安全保障」の定義の明示的な記述がない。食糧援助を扱った第一〇条の4では国連食糧農業機関（FAO）の「余剰処理原則」を援用していることを考慮すれば、「食糧安全保障」についてもFAOに準拠していると思われる。

FAOが主催した一九九六年一一月の世界食料サミットにおける「行動計画」文書では、次のようになっている。食料安全保障とは、「すべての人々が、いかなる時にも、彼らの活動的で健康な生活のために必要な食生活の必要と嗜好に合致した、十分で、安全で、栄養のある食料を物理的、経済的に手に入れること」である。[2] また、次のようにも指摘されている。[3]

食料安全保障とは、すべての家庭が家族全員のために十分な食料を物理的かつ経済的に入手することができ、また各家庭が入手機会を失う危険がない状況と定義されている。この定義には、三つの面、供給力、安定性及び入手機会が含まれている。十分な食料供給とは、平均して消費需要を充たすのに十分な食料供給が得られることを意味する。安定性とは、逼迫した年又は季節であっても食料消費が消費需要を下回る可能性を最小限にすることを指す。入手機会とは、供給がいかに豊富であっても、なお多くの人は必要とする食料を生産又は購入する資源を持たないために飢えることになるという事実に注意を喚起するものである。なお、食料需要が、更新できない天然資源の収奪又は環境の悪化によって充足される場合には、長期的には、食料安全保障は保証されないことになる。

なお、これらの理解からすれば、「食糧」は「食料」とすべきであろうが、農業協定に関わる部分は協定邦訳の「食糧」に従う。

さて、このような食料安全保障は、農業協定においてどのような位置づけが与えられているか、協定における「食糧安全保障」の記述から、まず整理してみよう。

農業協定では、前述の①第二〇条の記述のほかに次の規定がある。

②前文において、「改革計画の下における約束が、食糧安全保障、環境保護の必要その他の非貿易的関心事項に配慮しつつ」、「すべての加盟国の間で衡平な方法によって行われるべきことに留意して」、農業の協定をするとある。

③第一二条において、「輸出の禁止又は制限を新設する加盟国は、当該禁止又は制限が輸入加盟国の食糧安全保障に及ぼす影響に十分な配慮を払う」とともに、禁止又は制限に関する情報の提供と協議を行うものとされている。

④附属書2の3において、「食糧安全保障のための公的備蓄」が位置づけられ、「国内法令で定める食糧安全保障に係る施策の不可分の一部を成す産品の備蓄の形成及びその保有に関する出費」は、市場歪曲度のないあるいは低い削減除外の「緑の政策」としている。

⑤附属書5のAの1では、「食糧安全保障、環境保護その他の非貿易的関心事項の要素を反映する特例措置の

対象として」指定されるなど、一定の条件を満たす農産品（具体的にはコメ）については、関税化を行わないことが規定されている。

このような農業協定における五つの記述は、二つの内容に整理することができる。

第一に、①および②のように、農業協定全体に関わるものである。「食糧安全保障」等も「配慮」して協定が結ばれ、協定の改定に当たってもその事項が「考慮」される。確かに、③や④、⑤に「配慮」のあとがみられる。このほか、輸入制限効果をもつ関税相当量（内外価格差を用いて算定）、発動容易な特別セーフガード、削減対象外の「緑の政策」などの措置も、「食糧安全保障」等に「配慮」し、「すべての加盟国の間で衡平な方法によって行われるべきことに留意」（前文）した結果かもしれない。

なかでも「食糧安全保障」は、わが国が「非貿易的関心事項」として、UR交渉の過程（一九八九年一一月）で主張した「基礎的食料」論の成果の一つであり、次のようなものであった[4]。わが国が主張した「非貿易的関心事項」とは、

一、ガット規則・規律に盛り込まれるべき事項

(1)食糧安全保障の配慮の観点から、基礎的食料については、ガット一一条（数量制限の一般的廃止）の規定にかかわらず、国境措置を講じ得るものとする。

(2)基礎的食料の定義

①国民の主たる栄養源で、通常の食生活においてカロリー摂取割合の重要な要素を構成するもの。

②通常時は安定的かつ十分な国内生産が確保され、食糧の欠乏時は優先的に国内生産・供給が進められるべく、所要の措置が講じられているもの。

(3)国境調整措置適用のための条件

①基礎的食料について維持すべき所要の国内生産水準を明示すること。
②国権の最高機関による、国境調整措置支持の表明が存在すること。
③基礎的食料に以下の規律が適用されるべく、政策に明示されていること。
(a)当該農産物について、計画的生産及び生産性向上のための施策が適切に運用されていること。
(b)真正な援助の場合を除き、当該農産物の過剰生産物の処分のための輸出を行わないこと。

(4)関係国との討議

(1)の措置を適用する締約国は、基礎的食料及び国境調整措置の内容を締約国団に報告し、要請ある場合は当該措置について要請締約国と討議する。

二、国境調整措置の適用は、当該締約国における当該農産物についての他の締約国との交渉に基づくガット上の約束内容に影響を及ぼすものではない。

わが国が主張したこのような「非貿易的関心事項」は、塩飽元農水審議官（当時の農業交渉の当事者）によれば、「日本はその（アメリカの―引用者）関税化の思想をとにかくうち消すための反論のひとつとして基礎的食料論を展開した」し、『『国内自給率一〇〇%が実現できるような国境措置を是認する』というようなルールを一項新たに設ける」という狙いをもつものであった。(5)

このようなわが国の狙いが一〇〇%実現したわけではないが、一〇〇%否定されたわけでもない。現に、農業協定に「非貿易的関心事項」が盛り込まれた。そして、後述の世界食料サミットや経済協力開発機構（OECD）農業大臣会合等の文書からみても、この「配慮」は改定に当たっても「考慮」されるであろう。

しかし、反対に、市場指向型の貿易体制を確立し、保護削減への拘束力のある具体的な約束（前文）を前提にした「配慮」であると理解すれば、「配慮」は市場指向型の貿易体制や保護の削減を曖昧にせず確実に実施するためのものである。この意味では、基本的に輸出国にとって有利となる「配慮」であり、したがって改定に当たっても「考慮」されることになろう。

第二に、③や④、⑤のように、「食糧安全保障」に直接関わるものである。

これらの条項は「食糧安全保障」を「配慮」しているとは言いきれない。端的に現れているのが③である。輸入国への事前の情報提供と協議が義務づけられているが、輸出禁止および抑制が合法的に行えるようになっている。言い換えれば、輸出国の供給責任が明確でない。食料輸入国や食糧不足国にとっては、「食糧安全保障」が確実に達成できるよう規律されていないといわざるをえない。

前述のFAOの定義でも明らかであるが、食料安全保障の達成には次の四つの要因が必要だとされる(6)。第一に、毎日必要とするエネルギーおよび栄養必要量を充足できる十分な食料が確保されること、第二に、購入または生産により各人へ十分な食料が入手できること、第三に、激しい変動を減らし安定して食料が供給または入手できること、第四に、宗教的文化的な違いにも適応して供給または入手できること、である。

また、⑤のように特例で関税化されなくとも、事実上、必要以上のミニマム・アクセスが義務づけられ、輸入禁止・抑制ができない。輸出国には輸出禁止・抑制が認められているにもかかわらずである。わが国が主張した内容は、形式的には「非貿易的関心事項」として協定に盛り込まれたが、実質的にはミニマム・アクセスの拡大(三~五%を四~八%に)=国内生産の縮小という特例を手にすることになった。国内生産の縮小は、③のもとでは輸出国への依存を強めることになり、食料安全保障の達成の要因を十分に満たしたとはいいがたく、「食糧安全保障」に「配慮」した結果とはいいきれない。

国内生産の縮小は、別の角度からみれば、現実には耕作放棄や生産・資源管理意欲の減退を生み、他方反対に輸出国の生産の拡大は、農地開発や化学肥料・農薬など化学物質の投入の増大を生む。この状態を、前述のFA

Oの定義に照らせば、「食料需要が、更新できない天然資源の収奪又は環境の悪化によって充足される場合には、長期的には、食料安全保障は保証されないことになる」のである。

また、④は、その国で必要であれば備蓄等への公的支出を否定しないというものである。つまり、当事国の責任において短期的対策を講ずべきということである。

以上、「食糧安全保障」に関する二つの内容を勘案すれば、農業協定における「食糧安全保障」は、農業貿易の自由化に反するどころか、農業貿易が確実・着実に進展するように組み立てられており、必要あれば国内対策によって対処すべきものとの意味合いが強いといえる。また、輸出禁止・抑制が合法的に行える点は、「衡平な方法によって行われる」とはいいきれず、輸出国に有利に働くことは明らかである。

(2) 食料安全保障論をめぐる動向

一九八八年以降、とりわけUR農業交渉合意（一九九三年一二月）後、食料安全保障への国際的関心が高まった。というのは、世界の穀物需給はこれまでとは対照的な引き締まりの傾向を見せ始めたからである。

アメリカ農務省の資料によれば、九五／九六年度の穀物全体の在庫水準は一四・二%とされ、九六／九七年度も一五・七%とほぼ二〇年ぶりの低水準となった（表2-1）。それは、人口や所得の増大を背景に、中国はじめアジア地域の穀物需要が大幅に増加し、世界全体として穀物の消費量が緩やかに増加してきたが、他方、アメリカやEUなどを中心とした生産調整、世界的な気象異常により不作が続き、生産量が停滞傾向で推移してきたためであった[7]。

九五年半ばから九六年にかけて、在庫はFAOが目安とする在庫の最低安全水準を下回り、そのためアメリカでは輸出禁止がささやかれ、EUも輸出税をかけて輸出の抑制を図るなど、WTO農業協定第一二条に基づく輸出抑制が現実味をもち、輸入国にとっては心配な状況となった。過剰下にあったUR農業交渉時とは違って、食料安全保障の重要性が高まった。

このような穀物需給の世界的な逼迫状況の最中に行われたのが、一九九六年一一月のFAO主催の世界食料サミットであった。このサミットで採択された食料安全保障に関する主な事項をあげれば、次のようなものであった(8)。

表 2-1　世界の穀物等在庫率の推移

(単位：%)

年　度	全穀物	小麦	飼料穀物	コメ	大豆
1970/71	18.2	**24.4**	**14.6**	**13.7**	
71/72	20.2	26.6	16.6	**12.9**	
72/73	**16.2**	**21.3**	**13.3**	**11.2**	**7.6**
73/74	**15.9**	**23.1**	**12.1**	**12.9**	**16.0**
74/75	**17.6**	**22.8**	**14.6**	**12.3**	**19.5**
83/84	21.1	31.3	**14.7**	15.8	17.6
84/85	24.6	34.0	18.6	18.0	20.8
85/86	30.2	34.8	27.3	17.1	25.0
86/87	31.6	34.7	29.5	15.9	**19.3**
87/88	26.9	28.0	26.2	**14.0**	21.3
92/93	22.1	26.3	19.4	15.3	21.5
93/94	18.9	**25.1**	**14.8**	**14.4**	**18.4**
94/95	18.1	**21.7**	15.8	**13.4**	22.3
95/96	**14.2**	**19.2**	**11.3**	**13.5**	**13.3**
96/97	**15.7**	**19.2**	**14.4**	**13.4**	**9.5**
97/98	**17.9**	**23.8**	15.6	**14.3**	**14.6**
98/99	19.9	**23.1**	19.6	15.5	**16.4**
99/00	19.0	**21.2**	18.7	16.2	**14.8**
00/01	**16.6**	**18.4**	15.8	15.6	**13.9**
最低安全水準	17～18	25～26	15	14～15	15～20

注：太字は最低安全水準の範囲内またはそれ以下を示す.
　　在庫率＝期末在庫÷消費量
資料：USDA, *World Agricultural Supply and Demand Estimates* 等による.

「世界食料安全保障のためのローマ宣言」

二〇一五年までに栄養不足人口を半減することを目指す。(パラグラフ2)

食料安全保障の達成のためには、貧困緩和による食料入手機会の改善、紛争・テロ・腐敗及び環境劣化の解決、主食を含む食料の増産、都市への人口移動の是正が必要である。(パラ5)

食料を政治的経済的圧力に利用すべきではなく、また食

料安全保障を危うくする一方的措置の採用を抑制する必要性と国際的な協力及び団結の重要性を再確認する。（パラ7）

「世界食料サミット行動計画」

食料供給を確保するには、持続可能な天然資源の管理を通じた世界の食料増産、食料生産の増加・食料輸入・備蓄及び国際貿易の効率的組み合わせ、食料援助が重要である。（前文パラグラフ5）

我々は、農業の多面的機能を考慮し、生産力の高い地域及び低い地域において、家庭、国、地域及び地球レベルで十分かつ信頼できる食料供給と病害虫、旱魃及び砂漠化と戦うために不可欠な、参加型で持続的な食料、農業、漁業、林業及び農村開発政策と行動を追求する。（誓約3）

我々は、公正で市場指向型の世界貿易体制を通じて、すべての人の食料安全保障を促進するような食料、農産物貿易及び全般的貿易政策を確保するよう努める。（誓約4）

八億を超える人々が栄養不足の状態におかれ、しかも後述のような食料需給の不安定さが存在するもとで、これらの宣言および行動計画が採択され、国際的に確認されたことの意義は大きい。同時に、法的拘束力をもたないがゆえに、各国の政治的意思、世論などに頼らざるを得ない弱点があるのも事実である。そして重要なことは、国境措置を講じて食料の増産を行うという合意ではなく、食料増産と貿易促進が併記されたことである。

また、一九九八年三月にはＯＥＣＤ農業大臣会合が開かれた。そのコミュニケでは以下のような「食糧安全保障」に関する記述が随所にみられる。

閣僚は、農業協定第二〇条の条件及び同条に含まれるすべての要素に従い、根本的改革への助成及び保護の実質的漸進的削減という長期目標に向けた進行中の過程を継続するため、さらなる貿易交渉が行われることになっていることに留意した。（パラグラフ2）

閣僚は、農業貿易政策と国内農業政策措置とは密接に関連しているが、これらの改革が相互に矛盾しないようにすべきで、さらに非貿易的関心事項にも正当な考慮が必要であることに留意した。（パラ6）

ＯＥＣＤ加盟国地域は、世界の食糧安全保障に貢献すべき責任をも有しており、閣僚は、合意された地球規模の食糧安全保障に関する一九九六年の世界食料サミット宣言及び行動計画の重要性を強調した。食糧安全保障は、国内的、国際的な努力を伴う多様な取り組み、すなわち、貧困の撲滅、十分な食料の生産、公正で市場指向型貿易システムの確保等を必要とする。（パラ9）

各国レベル及び世界レベルで食糧安全保障に貢献すること、等の課題を確実にするための適切な枠組みを提供すべきとのコンセンサスがあった。（パラ12）

食品の安全性、食糧安全保障、環境保護、及び農村地域の存続に関して高まっている関心に、便益を最大化し、費用効果的で、生産及び貿易歪曲回避的方法を確保するなどの一連の政策手段及びアプローチを用いることである。（パラ13）

共通の目標の実現に向けて、閣僚は、一九九六年の世界食料サミット宣言及び行動計画で合意された行動をとおして、世界の食糧安全保障を強化すること、等の政策原則を採択した。（パラ15）

さらに、以上のことを実現するために、次のような運用基準に合致すべきとしている。

政策目的、費用や便益などの透明性、デカップリング化、必要以上の所得移転の禁止、政策適用の柔軟性、セクター間、農民間及び地域間における支持の衡平性、である。（パラ16）

パラ2のように「農業協定第二〇条の要素に従って保護の削減」、また、パラ9のように世界食料サミットから引用した「十分な食料の生産」といった「食糧安全保障」にとって重要な部分がある。同時に、パラ13やパラ16でも明らかであるが、それらの措置・政策は貿易歪曲的な国境措置としてではなく、デカップリングされた国内措置として行うべきことが強調されている。

3　わが国における食料安全保障政策の再検討

(1)　「自給・備蓄・輸入の適切な組み合わせ」の根拠

わが国の論議に目を転じれば、以上のような論議とはかなり異なっている。わが国政府は、一貫して「自給・備蓄・輸入の適切な組み合わせ」によって食料安全保障が確保される、との認識を示してきた。あまりに低い食料自給率のために、表現上は「自給」に重きを置いたものになってはいるが、現実には自給率の向上には至っていない。形ばかりではあるが、この「自給重視」は農業貿易の一層の進展と対立せざるを得ない。

初めてわが国の食料安全保障について言及した『八〇年代の農政の基本方向』（一九八〇年）では、「不測の事態の発生に備え、平素から、輸入の安定確保や備蓄とあわせて、農業生産の担い手の育成を中心として、優良農地、水資源の確保、農業技術の向上を含め総合的な食料自給力の維持強化を図っておくことが必要である[9]」とした。

また、UR農業交渉の最中に発表された『新しい食料・農業・農村政策の方向』（一九九二年）でも、「わが国の食料供給は、国内生産、輸入及び備蓄を適切に組み合わせていかざるを得ない」とし、「食料政策は、可能な限り効率的な生産を行い、……まず、自らの国土資源を有効に利用することによって食料を安定供給するとともに、消費者の視点に立って安全な食料を供給することを基本としなければならない[10]」。

UR交渉合意後直ちに発表された『新たな国際環境に対応した農政の展開方向』（一九九四年）では、「国内で極力資源の有効活用を図るとしても、これらの輸入食料を国土資源に制約があるわが国ですべて生産することは非現実的であり、食料の安定供給を確保していくためには、国内生産に加えて輸入及び備蓄を適切に組み合わせていくことが不可欠である」[11]とした。

いずれの文書も、国内生産を基本とした記述になっている。とりわけ、コメについては、前述の「基礎的食料」論のとおり、国境措置を設けることも主張してきた。というのも、極端に低い自給率（力）のままでは、長期的にみて次に述べるような不安定な食料需給や短期的・突発的に起こり得る危機に対処できないからである。

世界の食料をめぐる環境は楽観できるものではない。現在もまた将来においても、次のような食料調達上の不安定さが存在し、いまでも地域的に過剰と不足、飽食と飢餓が存在している。不安定さは容易に解消しそうにない[12]。

①開発途上国において爆発的な人口増加が予想され、他方、世界的に食料消費水準の高度化による飼料穀物の需要増加など、穀物需要の増加が見込まれる。

②中国・インドなどの人口超大国や東欧・旧ソ連の国々における食料需給上の不安定が予想され、見通しも不透明である。また、インドネシアなど食糧自給を達成したアジアの国々は、気象・生産や政治などの条件で、再び輸入国になるかもしれないという不安定さが存在する。

③地球の温暖化、砂漠化、熱帯林の減少などの地球環境問題から生じる生産制約、また、趨勢からみれば耕地拡大の困難などの問題が考えられ、これまでと同様の生産増加が可能とはいいきれない。

④穀物などの国際的な需給調整機関がないなかで、食料調達は基本的に各国に任されているが、その基礎となる自給力あるいは資金の確保が途上国において不安定である。

これらの長期的な側面の不安定さが悪化、顕在化したとき、いわゆる食料危機となる。この場合は、「マルサス的危機」と呼ばれるもので、世界の食料生産が人口増加に追い付かないために生じるものである。技術革新が

表 2-2　主な港湾ストライキ等の事例

国　名	内　容	ストライキ期間等
カナダ	鉄道ストライキ	1995 年 3 月（9 日間）
アメリカ	ミシシッピー河洪水	1993 年 6～8 月（60 日間）
カナダ	港湾ストライキ	1991 年 9～10 月（15 日間）
ブラジル	港湾ストライキ	1991 年 2 月（21 日間）
ブラジル	港湾ストライキ	1990 年 10 月（22 日間）
アメリカ	米国ウェランド運河船舶事故	1985 年 10 月（20 日間）
オーストラリア	港湾ストライキ	1979 年 7～8 月（32 日間）

注：平成 10 年度『農業白書』105 ページによる．

これを解決するとの見解もあるが、技術革新さえ困難なアフリカなどの途上国では、マルサス的危機が現実のものとなっている。

右の長期的側面の不安定さを背景にしつつ、短期的・突発的には次のような食料危機が起こりうる。

一つは、戦争や自然災害、長期の港湾ストライキなどによって食料の輸入・調達ルートが途絶する「偶発的危機」である。一三四日間にも及んだ一九七一年のアメリカの港湾ストライキによる混乱、一九九五年の阪神淡路大震災における食料輸送の混乱など、現実に起こりうるものである。表2-2のとおり、最近でも輸出する国々で長期のストライキが現実に起きており、わが国にいつどのような規模で影響が出るかわからない。

第二は、天候の循環的変動で世界的な不作にみまわれ、食料不足で価格が高騰する「循環的危機」である。七二年の世界的不作によるソ連の大量穀物買い付けを契機とした、七三～七四年の食料危機がこれに当たる。九三年のわが国におけるコメの大凶作もこれに類している。

第三に、輸出国の政治戦略の一環として食料の輸出が禁止ないし制限される「政治的危機」である。七三～七四年の食料危機は、「世界のパン籠」といわれるアメリカが「輸出管理法」にもとづいて輸出禁止したことでさらに深刻となった。アメリカに依存していたわが国やECは、穀物や大豆の不足と価格の暴騰により、大きな打撃を受けた。

また、八一年の対ソ穀物制裁などにもみられる。政治的であろうとなかろうと、このような輸出禁止や抑制は、前述したとおり、WTO農業協定でも認められており（第一二条）、輸入国にとっては注意を要する。さらに、九六年アメリカ農業法では、政府の食料管理上の責任を放棄しており、対米依存の大きいわが国にとっては一層神経質にならざるを得ない。

第四に、原子力発電所や放射性廃棄物の事故、また核戦争などで生態系が破壊され、生産不能になる「放射能汚染危機」である。八六年にソ連チェルノブイリ原発事故で現実化している。放射能汚染の後遺症がいまだに続いている。

マルサス的危機も含め、これら五つの危機に対してわが国はいかにすべきか。「平和国家としての日本の安全保障は国際協調とそれにもとづく経済力の維持によってのみ確保されるのであり」、食料「自給率の向上が国際協調を無視した保護政策によってもたらされるとしたら、安全保障にとってマイナスの効果しかもたない[13]」といえる状況ばかりではない。

確かに国際協調も大切な視点である。しかし、わが国はシンガポールのような都市国家ではなく、恵まれた気候条件、生産性の高い農地等を有する国家である。国際協調の大切さも踏まえつつ、わが国の食料安全保障は、自給を基本として、備蓄、輸入の確保をわが国の実状に合わせて組み合わせることがより現実的である[14]。

自給は半年から数年の中長期的な危機や危機の未然防止に有効である。また、短期的・突発的危機には備蓄と輸入の確保が有効である。

自給は食料調達の基軸であり、とりわけ危機の未然防止にとって重要である。危機に対し、自給を可能にする一定程度の自給力＝対応力があってこそ、バーゲニングパワーも維持し、輸入の確保も可能となる。取引相手国に輸出の禁止や抑制を一方的に行われること（農業協定第一二条）にも対応できる。

自給力のベースとなる農地、人、技術は、一度失うと取り戻すのに相当の費用と時間を要することも考慮すべきである。農業は環境破壊的要素をもつが、自給力を持続する営み、すなわち正常な営農活動あるいはそれに類する活動の継続は、農業の公益的多面的機能を維持し、国民に多様な便益を供給する。また、自給力の維持は、食品の安全性の確保にも役立っている。わが国の食習慣にあった農薬・添加物の使用・残留基準を、十分とはいえないが一定程度満たしている。

しかし、わが国の自給力は後退の一途をたどってきたし、将来も後退に歯止めがかからない可能性が高い。農水省が九五年一二月に発表した見通しでは、わが国農業のもてる力を最大限発揮した二〇〇五年の供給熱量自給率は四四〜四六%、趨勢をベースとした場合には四一〜四二%であるという。また、九八年六月に発表した見通しでは、耕作放棄地が今後急速に増加し、二〇一〇年には農地面積が約一〇〇万ヘクタール減って四〇〇万ヘクタールを割り込み、食料の安定供給と農業の多面的機能の維持が困難になるという。早急の対策が求められる。

さて、輸入については、「二国間協定でより安定したものに」との意味で、実際に行われているが（表2-3）、問題点も見落としてはならない。第一に、生産力の発展とともに一定の生産制限を実施せざるを得ない状態でも、輸入しなければならないこと。第二に、天候不順などにより農産物の品質が悪くても、それを輸入せざるを得ないこと。第三に、わが国が豊作続きで過剰ぎみであっても、取り決め量の輸入義務を負うこと。第四に、輸入先の多角化に支障がでること、などである。自らの手足を自由にしておくことが、輸入の能力を高めることになる。

また、過度な輸入依存の状態は、前述の「循環的危機」や「政治的危機」など短期的・突発的な食料不足に際して、価格高騰など自ら打撃を受けるだけではなく、他国へも悪い影響を与える。経済力ある輸入国は金に糸目をつけずに買いあさるであろうが、貧しい途上国は飢餓人口が増大する。他方、輸出国は輸出目的の生産に傾斜し、肥料や農薬、化石燃料を大量に消費し、食の安全性をはじめ、土壌環境・野生生物など地球環境にも大きな影響を及ぼす。貿易の促進がいいことずくめでもないのである。

表 2-3　小麦・大麦の安定的な輸入の確保に関する対策

相手国	取り決め内容（98 年の場合）	形　式	当事者	当初取り決め発効年月
カナダ	小麦，大麦の安定取引のための年間取引目標数量の取り決め ・取り決め期間　1998 年 1～12 月 ・年間取引目標数量 小麦（ウエスタン・レッド・スプリング・ホイート）120 万 t（±10%） 大麦（飼料用）48 万 t（±10%）	合意書	・食糧庁次長 ・カナダ小麦局総裁	1972 年 12 月
オーストラリア	小麦の安定取引のための年間取引目標数量の取り決め ・取り決め期間　1998 年 1～12 月 ・年間取引目標数量 小麦（プライム・ハード，スタンダード・ホワイ）90 万 t（±10%）	合意書	・食糧庁次長 ・豪州小麦庁総支配人	1972 年 12 月
	大麦の安定取引のための年間取引目標数量の取り決め ・取り決め期間　1997 年 12 月～1998 年 11 月 ・年間取引目標数量 大麦（飼料用）58 万 t	書簡交換	・食糧庁次長 ・各州大麦ボード（プール）総支配人等	1974 年 12 月

注：アメリカとは数量の取り決めは行っていないが，情報・意見交換等を行っている．
資料：農林水産省資料（食料・農業・農村基本問題調査会答申参考資料），1998 年 9 月．

(2) 自給・備蓄・輸入の適切な水準と手立て

世界の食料安全保障にとって、食料輸入超大国のわが国が行うべき最も大切なことは、前述の食料調達上の不安定さの解消ならびに起こり得る危機への備えに努めることである。これらについてのやや具体的な対応策については、八〇年代初頭に実は示されていた。

一九七九年四月に大平内閣総理大臣の委嘱を受けて発足した「政策研究会・総合安全保障研究グループ」の『報告書』がそれである。前述の政府文書よりも踏み込んで記述されている。『報告書』によれば、食料安全保障の確保には、「国際協力と自助努力の双方が必要である」として、次のようにいう[15]。

国際協力としては、中・長期的には、世界的な食糧増産への貢献、特に、開発途上国に対する農業協力が重要である。短期的対策として、国際的緩衝在庫の設置も必要である。

自助努力としては、緊急時の食糧増産が可能となるよう、高い潜在生産力の維持のほか、国から消費者レベルまでの備蓄の拡充、緊急時の流通システムの検討が必要である。

一連の政府文書で、いまだに明示されていない課題がある。自給・備蓄・輸入の適切な水準である。どのような水準とバランスをもって適切とするかである。自給を重視するのであれば、まずどのような戦略作物・作目をどのように育成するかである。

わが国の気候条件や地理的条件等から考えて、すべての作物・作目を国内生産することは不可能である。戦略作物・作目は、国内生産可能でカロリー・栄養供給上重要なもの、すなわち基礎的・準基礎的食料ということになろう。具体的には、農地および技術の保持を考慮すれば、コメ・麦・大豆・飼料作物＋畜産である。これらの基礎的・準基礎的食料を生産するための田畑輪換＝輪作可能な資源管理型農場制農業（日本型持続可能な農業モデル）を確立していくことである。

例示した作物・作目は、わが国の食生活や農業資源・環境の保全を前提にすれば、なくてはならないものであるが、現実の国際化という状況を前提にすれば、成り立ちにくいものばかりである。しかし、自給・備蓄・輸入の三者の折り合いをつけなければならない。

どのように折り合いをつけるか。備蓄については、FAOが示した在庫の安全水準という目安がある。わが国では、表2-4のとおり、安全水準を参考にした備蓄を実施している。西欧各国も、表2-5のとおり、食料備蓄には万全の措置を講じている。

輸入量については、すでにUR農業交渉で合意をみている。問題は二〇〇一年以降の自給と輸入の水準である。二〇〇一年以降も、UR合意実施の基準年である八六～八八年水準の自給率を維持することが一つの目安とな

表 2-4　備蓄制度の概要

品目	備蓄水準の考え方	備蓄手法	
		主体	仕組み
コメ(14～15%)	150 万 t を基本とし，一定の幅をもって運用	国（食管会計） 自主流通法人	政府保有 民間保有
食料用小麦(25～26%)	年間外麦需要の約 2.6 カ月分	国（食管会計）	政府保有
飼料穀物(15%)	配合飼料主原料の年間需要量の約 1 カ月分		
・とうもろこし，こうりゃん	(80 万 t)	(社)配合飼料供給安定機構	機構保有で民間寄託保管
・大麦等	(40 万 t)	国（食管会計）	政府保有
食料用大豆(15～20%)	食品用大豆の年間需要量の約 20 日分（5 万 t）	(社)大豆供給安定協会	協会保有で民間寄託保管

注：1)　食糧用小麦は，国内産小麦を除く．
　　2)　上記のほか，食糧用小麦，飼料穀物ともに民間の流通在庫が約 1 カ月分程度存在．
　　3)　(　) は FAO が目安とする在庫の最低安全水準で消費量に対する在庫の割合．大豆は貿易関係者の目安．
資料：表 2-3 に同じだが，加算した．

ろう。国境調整措置が関税となろうとも（一九九九年四月からコメ関税化実施）、UR合意内容のレベルを下回らない水準が合意可能な妥協点であろう。すなわち、輸入のための関税が国境調整の役割を果たす水準に設定され、その引き下げも基礎的・準基礎的食料生産の構造調整のテンポを上回らないものとし、さらに農業活動がもたらす環境便益を減らすことのないようにし、自給や備蓄には「緑の政策」が効果的に適用されるよう折り合いをつけることである。

　また、コメ等の国家貿易品目のミニマム・アクセスは、国家貿易から民間貿易に移すことにより、義務的な輸入をやめることも一つの選択肢である。農業協定上の法的義務は輸入機会の提供であり、輸入義務はない。国家貿易品目として国家が輸入しているため、約束数量の輸入を義務づけられているのである。

　基礎的・準基礎的食料が外国で理解されにくいから主張をやめるのではなく、それほど重要であるからこそ国内での位置づけをより明確にし、その重要さの定量化も行い、日本型ないし東アジア型持続可能な農業モデルを

表 2-5　西欧諸国の食料備蓄の概要

国　名	食料備蓄政策の概要
スイス （人口 730 万人）	・民間企業に対し 6 カ月分の備蓄を義務づけ． ・緊急事態発生直後に備えた家庭備蓄の推奨． ・根拠法令等は連邦憲法，国家経済供給法． ・管理主体は民間企業（政府は義務備蓄の管理責任を負う）． ・義務備蓄品目は基礎的食物（米，砂糖，食用油，コーヒー，紅茶，ココア），パン用穀物，製粉用穀物，家畜飼料，種子，肥料． ・備蓄実績は，砂糖（15 万トン），米（1.9 万トン），食用油（5.1 万トン），コーヒー（2.8 万トン），ココア（1.2 万トン），穀物（30.4 万トン），飼料（41.5 万トン），肥料（14.7 万トン）等．
スウェーデン （人口 880 万人）	・有事の際 1 人当たり 2,900kcal/日の供給を目標に穀物等を備蓄． ・根拠法令等は憲法 13 条（臨戦，戦時の準備に関する条文）． ・備蓄に関する法令は特にないが，国全体の総合防衛政策の国会決議が 5 年毎に行われ，備蓄政策は本決議に基づき運用．（最近の決議は 1996 年 12 月） ・管理主体は農業省の監督の下，国家農業委員会が執行責任を負う． ・備蓄品目は，砂糖，米，豆類，植物油，缶詰肉，イーストパウダー，穀物，マーガリン原料，油脂等． ・備蓄数量は従来より機密事項とされ，公開されていないが，概ね 6 カ月未満の量といわれている． ・備蓄実績は，小麦（2.5 万トン），砂糖（0.5 万トン），米（0.3 万トン），豆類（1 万トン）等（政府担当者からの聞き取りによる）．
フィンランド （人口 510 万人）	・有事において，国民 1 人当たり 2,800kcal/日程度の食料が供給可能な体制を維持するために政府が穀物，種子等を備蓄． ・この他，政府と民間穀物貿易商等との間で契約を結び民間備蓄を実施． ・根拠法令は 1992 年供給保障法． ・管理主体は国家緊急供給庁（商工省所管）． ・国民 1 人当たり 2,800kcal/日（1990 年の食料統計より通常の平均的な摂取熱量として設定）の供給を目標． ・食用麦は 1 年分，飼料用麦は半年分の供給を目標．
ノルウェー （人口 440 万人）	・穀物，砂糖，油脂等を備蓄対象とし，食料消費量の概ね 6 カ月分を政府が備蓄（品目により目標数量等は異なる）． ・家庭用備蓄の奨励． ・根拠法令等は穀物供給法，穀物公社法，穀物飼料供給法，非常時補給準備法． ・管理主体は，備蓄品目に応じて，穀物公社（農業省所管），市民防衛庁（法務省外局），産業エネルギー省がそれぞれ分担して担当． ・備蓄目標はパン用小麦は年間消費量の 6 カ月分，小麦は 3 カ月分，砂糖 2 カ月分，イーストは 4 カ月分，油脂は 500 トン．
ドイツ （人口 8,220 万人）	・国家穀物備蓄（パン用小麦等），民間有事備蓄（米，ミルク，砂糖等）による公的備蓄の実施． ・家庭内備蓄（14 日程度）の推奨． ・根拠法令等は有事における食料確保に関する法律． ・管理主体は食料農林省．実施主体は連邦農産物市場庁． ・公的備蓄として連邦穀物備蓄，民間有事備蓄，軍隊用備蓄がある．連邦穀物備蓄はパン用，飼料用穀物を備蓄．民間有事備蓄は大都市圏 4,000 万人を対象に有事に経済統制が導入された場合の 4 週間に 1 日 1 食が準備できるような計画を策定し，加工済調理用品の形で備蓄．現在は，その原料として米，粉ミルク，砂糖の混合食品を備蓄．

注：『WTO 農業関係資料』全国農業会議所，2001 年 3 月，224 ページによる．

作り、外にも理解を求めるべきである。

たとえば、同じような食料需要構造をもつ韓国、中国（台湾を含む）など、また食料自給率が低く、環境や農村雇用の維持などに重きをおくスイス、北欧などと、さらに部分的には農業の多面的機能の維持を重視するEUとも連携しながら、共通の理解に高めることであろう。

こうした努力は国内生産構造を温存するためではなく、農業の効率性を高め、多面的機能も維持し、農村のより豊かな生活を実現するためである。食料安全保障は、わが国はじめ各国が自国の自然的経済的諸条件を踏まえて、責任のもてる国内生産量、備蓄量等の目標を決め、その実現に向けた適合的な農業政策を採用し、これらを国際的に認め合う、いわば協調的で集団的な平時からの備えによって確保される。[16] 国際的な農業協力、食糧援助、農業貿易もこの枠組みのなかで考えられるべきである。

自給については、新農業基本法に基づく「基本計画」において、二〇一〇年を目標に四五％の食料自給率（カロリーベース）を目指す。責任のもてる国内生産量を内外に示したのである（第三章で詳しく展開）。

わが国において「責任のもてる国内生産量」を安定して確保するには、国家の目標提示と効果的な政策の採用による実践のほかに、各地方自治体の土地利用計画に基づく同様の実践とそのネットワーク化による地域分散型食料供給システムの確立が必要である。各地域からの実践の積み重ねなしには、国家目標もお題目に終わる。

4　農業貿易と環境保護

(1)　ＷＴＯ諸協定における「環境保護」の位置

次に、非貿易的関心事項のうちの「環境保護」について検討しよう。

環境保護をめぐる論議は複雑化しているが、そもそも「環境」とは何かが明らかにされずに議論されていることが多い。OECDにおける農業環境論議では、環境財に限定して、すなわち、土壌、水、地形などの自然環境的特質物、景観・風景、汚染物などの人為的産出物、考古学的遺跡などの歴史的遺産、この三つに限定している。[17]

本章でも、こうした認識のうえに、さらに最近の環境論議を資源利用（タテ）と地域性・国家（ヨコ）に着目して四つの側面から整理しておきたい。農業に焦点を当てて整理すれば次のようになる。

第一に、資源利用の全過程を対象とした論議である。これには二つの局面があり、①農業生産と環境負荷の関係を問題にする生産・加工過程での論議、②流通過程とも関連するロス・ムダや食料消費による窒素循環の問題、また廃棄物回収の問題、生産とも関連する食品・食料の安全性の問題など消費過程での論議である。

第二に、資源利用の全過程を踏まえた農村という地域ないし国における生活過程を対象とした論議である。たとえば、上下水道などの生活インフラストラクチャー、ゴミ問題などの環境負荷に関する論議、アメニティ、歴史的遺産、景観など環境の創造・維持・向上に関する論議などである。

第三に、人間の資源利用の過程や生活の過程が大きく影響する地球環境の劣悪化あるいは改善の過程を対象とした論議である。そして第四に、右の第一、第二の側面それぞれにおける環境基準やその格差、また第三の側面における国際的枠組みなど制度をめぐる論議である。

本節では、これら四つの側面の議論を、貿易による影響との関係において検討する。この問題領域は農業分野に限らず、GATT時代からWTOとなった現在においても複雑でわかりにくい。[18]その理由は、第一に、環境保護と自国の産業保護とを明確に区別できないことである。つまり、貿易による影響がある産業の生産・加工過程にとどまらず、資源利用の全過程、さらに生活過程に及ばざるを得ないこと、もう一つの理由は、国際化、相互依存関係の深化に伴い、地球環境問題などの新たな課題も考慮せざるをえなくなったこと、などにある。このように、「貿易と環境」の議論は、右の四つの側面が相互に関連している。

まず、環境保護と産業保護との関係についてみることにしよう。GATTやWTO諸協定ではどのように位置づけられているのであろうか。

①GATT第二〇条では、一般的例外として次の措置が認められている。[19] すなわち、「(b)人、動物又は植物の生命又は健康の保護のために必要な措置」や「(g)有限天然資源の保存に関する措置。ただし、この措置が国内の生産又は消費に対する制限と関連して実施される場合に限る」。これらの措置をとる場合でも、「同様の条件の下にある諸国の間において任意の若しくは正当と認められない差別待遇の手段となるような方法で、又は国際貿易の偽装された制限となるような方法で、適用しないことを条件とする」。

この規定に関して、加盟国間の協議で解決できずにパネルの場に持ち込まれた事案は、過去一〇年間に五件程度あり、なかでも話題性の高いものとしては、メキシコ産マグロ輸入禁止問題がある。[20] また、国際的枠組み措置としては、ワシントン条約（絶滅のおそれのある野生生物種の国際取引の規制）、ラムサール条約（特に水鳥のために重要な湿地および生物の保全）などがあり、例外的に認められている。

②「貿易の技術的障害に関する協定」（TBT協定）は、各国の技術的な基準や規格が貿易制限となったり、不必要な貿易障害とならないように国際規格および国際適合性評価制度について規定したものである。一九七九年の東京ラウンド諸協定の一つでありながらGATT本体とは切り離されていたが、ウルグアイ・ラウンド後はWTO本体に組み込まれるとともに内容も改正された。改正協定前文には次のような規定がある。

いかなる国も同様の条件の下にある国の間において恣意的若しくは不当な差別の手段となるような態様で又は国際貿易に対する偽装した制限となるような態様で適用しないこと及びこの協定の規定に従うことを条件として、自国の輸出品の品質を確保するため、人、動物又は植物の生命又は健康を保護し若しくは環境の保全を図るため又は詐欺的な行為を防止するために必要であり、かつ、適当と認める水準の措置をとることを妨げられるべきでない……。

また、第二条2の2には重要な規定がある。環境保護等を理由に「必要である以上に貿易制限的」とならないように、その判断基準として、科学的な根拠、産品の製造工程・方法の正当性、産品用途の違いによる影響などを勘案して適切に対処すべきことが明らかにされている。

強制規格は、正当な目的が達成できないことによって生ずる危険性を考慮した上で、正当な目的の達成のために必要である以上に貿易制限的であってはならない。正当な目的とは、特に、国家の安全保障上の必要、詐欺的な行為の防止及び人の健康若しくは安全の保護、動物若しくは植物の生命若しくは健康の保護又は環境の保全をいう。当該危険性を評価するに当たり、考慮される関連事項には、特に、入手することができる科学上及び技術上の情報、関係する生産工程関連技術又は産品の意図された最終用途を含む。

このような規定を設けた背景には、欧米間の「ホルモン牛肉戦争」のように[21]、安全性の判定の難しさがあげられる。このほか、自動車排気ガス、残留農薬、包装廃棄物、容器使用などの規制が新たな問題として生じてきたからである。

③TBT協定から分離して新たに作られた「衛生植物検疫措置の適用に関する協定」(SPS協定)でも、TBT協定の前記前文にあるのと同様の内容が規定され、第二条2で次のような判断基準を設けている。

加盟国は、衛生植物検疫措置を、人、動物又は植物の生命又は健康を保護するために必要な限度においてのみ適用すること、科学的な原則に基づいてとること及び、……、十分な科学的証拠なしに維持しないことを確保する。

SPS協定が環境問題に関係するのは、SPS協定が定義する「衛生植物検疫措置」が、次のことのために適用される措置を指しているからである（SPS協定附属書A）。なお、ここでの「動物」には魚類および野生生物を、「植物」には樹木および野生生物を、「有害動植物」には雑草を、「汚染物質」には農薬および動物用医薬品の残留物・異物を含む。

(a)有害動植物、病気、病気を媒介する生物又は病気を引き起こす生物の侵入、定着又はまん延によって生ずる危険から加盟国の領域内において動物又は植物の生命又は健康を保護すること。
(b)飲食物又は飼料に含まれる添加物、汚染物質、毒素、又は病気を引き起こす生物によって生ずる危険から加盟国の……（以下同前）。
(c)動物若しくは植物若しくはこれらを原料とする産品によって媒介される病気によって生ずる危険又は有害動植物の侵入、定着若しくはまん延によって生ずる危険から加盟国の……（以下同前）。
(d)有害動植物の侵入、定着又はまん延による他の損害を加盟国の領域内において防止し又は制限すること。

次に、貿易と地球環境問題との関係についてみてみよう。

①「世界貿易機関を設立するマラケシュ協定」（WTO設立協定）の前文には、九二年の地球サミットのキー概念である「持続可能な開発」を踏まえた、次のような規定がある。

……経済開発の水準が異なるそれぞれの締約国のニーズ及び関心に沿って環境を保護し及び保全し並びにそのための手段を拡充することに努めつつ、持続可能な開発の目的に従って世界の資源を最も適当な形で利用することを考慮し、……

ここでの「貿易と環境」も、環境保護を貿易規制の手段にしてはならないこと等を前提にしているのは明らかである。地球サミットの重要文書の一つである「環境と開発に関するリオ宣言」の原則12では次のように宣言している。[22]

各国は、あらゆる国における経済成長と持続可能な開発につながるような持続的かつ開かれた国際的経済システムを促進するため、また、環境悪化の問題により適切に取り組むため、協力しなければならない。環境目的のための貿易政策上の措置は、国際貿易上、恣意的、または、不当な差別や、目に見えない制限の手段となってはならない。輸入国の管轄外における環境問題と取り組むための一方的措置は、避けるべきである。国境を越える、あるいは、地球環境問題に対する環境措置は、可能な限り、国際的な合意に基づかなければならない。

②地球サミットで採択された「アジェンダ21」の第二章Bでも、「環境政策と貿易政策は相互扶助的であるべき」として、WTO諸協定と整合した内容が記述されている[23]。

たとえば、2の22では、「(d)正当化されない貿易制限をもたらす環境措置の採用を回避する」、「(f)健康・安全の基準に関連したものを含む環境関連の規制もしくは基準が、貿易において、……偽装された制限などの手段にならないことを保証する」、「(i)……地球規模の環境問題を対象とする環境施策は、可能な限り国際的コンセンサスに基づくものであるべき」こと等が示され、また「(e)環境基準及び規制の違いから発生する費用の差異を相殺する一つの手段として、貿易制限、あるいは貿易のゆがみを利用しないように努めること」等、途上国にも配慮している。こうした原則の前提には、次のような認識がある。

開放的な多角的貿易システムは資源のより効率的な配分と利用を可能にし、その結果、生産・所得の増加に貢献し、環境への需要を少なくするのに役立つ。このようにして、このシステムは、経済の成長及び発展並びに改善された環境保護にとって必要な追加的資源を供給する。一方で、健全な環境は、成長を持続させ、貿易の継続的拡大を補強するのに必要とされる生態学的資源、その他の資源を供給する。健全な環境政策の採用によって支えられる、開放的な多角的貿易システムは、環境によい影響を与え、持続可能な開発に貢献することになろう。

このように、「アジェンダ21」で述べられていることは、自由貿易の進展によって経済が発展し、それによって環境政策への費用も充当され、環境もよくなるということである。つまり、環境は貿易とは直接関係するものではなく、開発・環境政策の在り方の問題なのである。こうした内容は、実は、一九九二年二月にGATT事務局がとりまとめた「貿易と環境」に関する報告書、いわゆる「宇川レポート」と同じものである(24)。

ともかく、WTOの諸協定等における「貿易と環境」は、例外的に環境保護の目的で貿易制限措置をとることができるが、その場合には、輸入国の一方的な措置や環境保護等を偽装した貿易制限、あるいは不必要な貿易制限を避け、可能な限り国際的な合意に基づき、そしてWTO諸協定で新たに加わった点として、科学的な原則・証拠によりその正当性を明らかにできることが必要、ということである。さらに意訳すれば、自由貿易は環境保護をもたらし、「貿易と環境」は両立するという立場である。

(2) OECDにおける「環境保護」の位置

OECDの見解も同様である。

①世界的に環境問題がクローズアップされた七〇年代初頭、OECDはGATT規定に整合するように、「環境指針原則勧告」を採択(七二年)する。そのパラグラフ4、8、9、11、13では次のように記述されている(25)。

稀少な環境資源の合理的利用を促進し、且つ国際貿易及び投資における、歪みを回避するための汚染の防止と規制措置に伴う費用の配分について用いられるべき原則が、いわゆる「汚染者負担の原則」である。

この原則は、汚染者が受容可能な状態に環境を保つために公的当局により決められた上記の措置を実施するに伴う費用を負担すべきであるということを意味する。換言すれば、それらの措置の費用は、その生産と消費の過程において汚染を引き起こす財及びサービスのコストに反映されるべきである。これらの措置を講じるに際して、貿易と投資に著しい歪みを引き起こすような補助金を併用してはならない。（パラグラフ4）

各国政府は、環境政策の相違に正当な理由がない場合には、その調和を図るべきであり、例えば、各国の環境諸基準の多様性から生じうる国際貿易のパターン及び国際資源配分の不必要な混乱をさけるために、特定の産業に対する規制のタイミングやその一般的範囲の調和に努めるべきである。（パラ8）

環境保護のためにとられる措置は、できる限り、貿易に対する非関税障壁（ＮＴＢ）を作り出すことを回避するよう工夫されなければならない。（パラ9）

汚染をもたらす製品に関して、環境政策上とられる措置は、ガットの規定により、国内待遇の原則（すなわち輸入製品と同種の国内製品を同一に扱うこと）及び無差別の原則（輸入製品をその国内起源を問わず同一に扱うこと）に従って適用されるべきである。（パラ11）

ガットの規定に従い、環境政策の相違を口実として、その相違が価格に及ぼす影響を相殺するための補正的輸入課徴金若しくは輸出割戻し又はそれと同等の効果を持つ措置を導入してはならない。（パラ13）

これらの規定は、汚染者負担原則（パラ4）、調和原則（パラ8、9）、内国民待遇原則と無差別原則（パラ11）、輸入課徴金及び輸出割戻原則（パラ13）といわれるものである。[26]

パラ4は、汚染者が汚染防止コストを負担し、また貿易や投資を歪曲するような補助金を禁止するものである。同様のことは、「汚染者負担原則実施勧告」（七四年採択）でも、「加盟国は、一般に、補助金、税制優遇措置又はその他の措置によるかどうかにかかわらず、汚染者の汚染管理にかかる費用の負担に助成を行うべきではない」（Ⅲ－1）とし、やむをえず助成する場合でも、「厳格に制限され、かつ、特に次の条件のいずれにも合致するものとする」（Ⅲ－2）とある。[27] 例外的措置の条件とは、

(a)助成は、それなくしては厳しい困難が生ずるような、産業、地域又は施設といった経済の部門を選択しかつそれに制限されるべきである。

(b)助成は、明確に定められた過渡的期間に限定され、事前に規定され、かつ、各国の環境計画の実施に関連する、特定の社会経済的諸問題に適応させられるべきである。

(c)助成は、国際貿易及び投資に著しい歪みを生じさせるべきではない。

最近では、環境支援が特定産業の保護の隠れ蓑に使われるとの懸念もあり、環境補助金の精査と監視の必要性が強調されている。この点では、とくに農業分野で注目度が高いことは後に述べるとおりである。

パラ8、9は、環境基準を異にする正当な理由がない場合や環境政策が貿易歪曲的である場合には、環境政策の調和が必要であるが、他方、経済的・生態的理由から、国によって環境政策が異なるのは当然であり、無理に統一環境基準を決めるべきではないということも示唆されている。しかし、最近では、地球温暖化などの地球環境問題については政策の調和の必要性が説かれている。

パラ11は、環境関連の製品規格を念頭において作成されたものである。しかし、環境措置にこれらの原則を現実に適用するための規制や判断基準が明確でないために、環境ラベリングや飲料容器（たとえばデンマークでのビールやジュースの再利用可能容器使用の強制など）の問題などにみるように、容易に解決しない問題になっている。

パラ13は、環境政策の違いから生じるコストの違いを補正するために、国境調整措置を用いてはならないことを示すものである。たとえば、開発途上国の安い労働コスト、低い環境基準を背景とした輸出攻勢に対し、国境保護措置をとってはならないことなどである。これは、前述の「アジェンダ21」にも貫かれている。

このように、ＯＥＣＤの「貿易と環境」をみる立場は、貿易の自由化が世界の資源配分の適正化を促し、環境の保護・保全に資するというものであり、したがって、反対に、諸産業への過剰な保護は、環境の保護や資源配分の適正化を阻害するというものである。「貿易は環境的にマイナスの外部コストをもたらしている数多くの要因の一つにすぎず」、「環境問題は市場の失敗及び政策介入の失敗に起因しており、貿易は環境問題の根本的要因ではない」（下記の九四年ＯＥＣＤレポート）という。ＷＴＯ諸協定と同様、貿易と環境保護は両立するという立場である。

②一九九四年のＯＥＣＤレポート（ＯＥＣＤの「貿易と環境合同専門家会合」における資料）でも、主な産業部門の分析を踏まえて、「貿易と環境」について次のように結論づけている。ＯＥＣＤの立場が明確に表現されている。

ほとんどの部門においては、貿易は環境的にマイナスの外部コストをもたらしている数多くの要因の一つにすぎず、概して重大な直接影響力をもつものではない。貿易が環境に与えるプラス・マイナス両面の直接的な影響は、特定のケースに限定されると考えられる。（略）環境政策と貿易政策がより完全に統合されることによって、貿易と貿易自由化がもたらすプラスの環境影響が強められ、マイナスの影響が軽減されるであろう。[28]

一般的に、環境問題は市場の失敗及び政策介入の失敗に起因しており、貿易は環境問題の根本的原因ではない。市場の失敗は、市場が環境資源の価値を適切に評価し、分配する能力に欠けている場合及び財とサービスの価格に環境費用を内部化できていない場合に生じる。政策介入の失敗は、政府の政策（環境、貿易及びその他の種類の政策）が市場の失敗を是正できない、あるいは、それを創出、悪化させるような場合に生じる。[29]

しかし、現実には「市場の失敗」と「政策の失敗」を回避できない場合がときとしてある。むしろ、自由貿易のもとにおいては競争力を維持するために、環境費用の内部化を控え、またそれを政策的に支援し得たとしても環境費用の一部にすぎず、「市場の失敗」と「政策介入の失敗」は恒常的であるとの見方もできる。自由貿易を謳歌する豊かな先進国でさえ、両方の「失敗」が是正されるのは、かなりの時間が経過してからであり、また是正も完全ではない。この点は後に検討しよう。

5 「農業貿易と環境」論議の動向と検討課題

(1) WTO農業協定等の「農業貿易と環境」

農業分野では、「貿易と環境」はどのように位置づけられているであろうか。WTO諸協定のなかには、農業協定以外とくに農業という産業に限定したものは見当たらない。そこでまず、WTO農業協定における「環境保護」に関する記述についてみておこう。

WTO農業協定の前文では、「食糧安全保障、環境保護の必要その他の非貿易的関心事項に配慮しつつ」とし、第一四条では衛生植物検疫措置の実施が規定され、また附属書2の12では、市場・貿易歪曲的でない「環境に係る施策による支払」として次のような措置が認められている。

(a) この支払を受けるための適格性は、明確に定められた環境又は保全に係る政府の施策の一部として決定されるものとし、当該政府の施策に定める具体的な条件（生産方法又は生産に投入される要素に関連するものを含む）が満たされることによって生ずる。

(b) 支払の額は、政府の施策に従うことに伴う追加の費用又は収入の喪失に限定されるものとする。

農業協定における環境保護に関する記述は、この程度のものである。農業貿易における環境保護の理解も、前

図2-2　OECDにおける経済的手段の分類

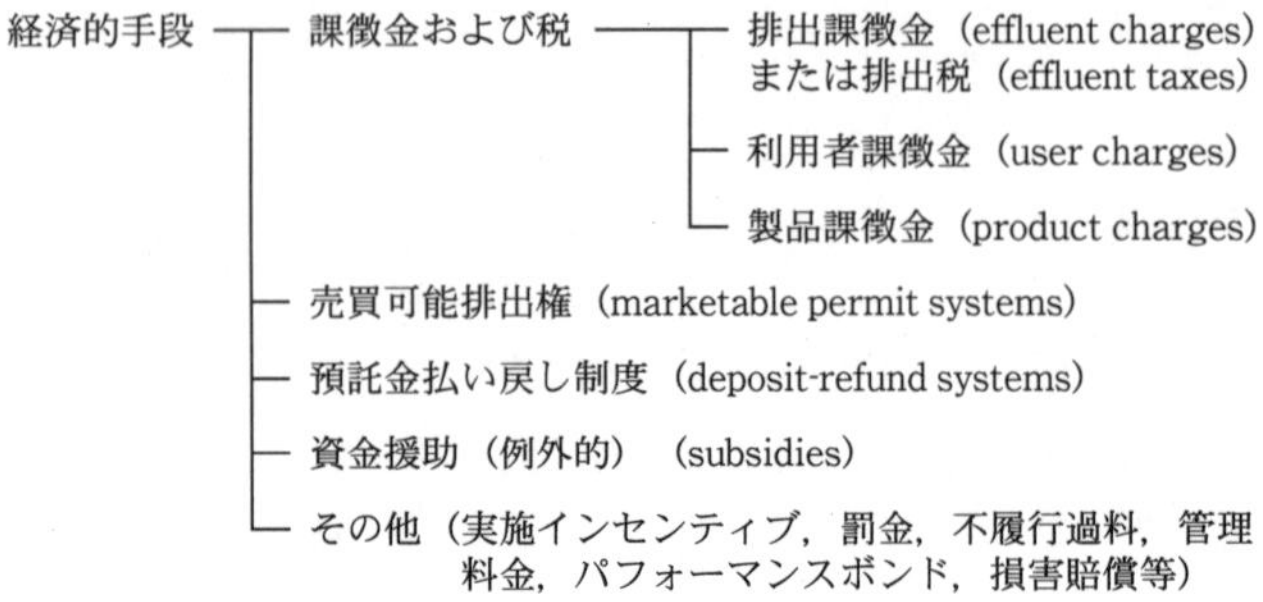

述した「貿易と環境」の一般的認識の枠組みから何ら逸脱するものではない。附属書2の12の環境政策も、国境保護措置としてではなく、あくまでも国内保護措置として実施するものとなっている。

　このような考え方の基礎には、ＯＥＣＤの「汚染者負担原則」（七二年採択）、またこの原則やＧＡＴＴを踏まえた前述の「汚染者負担原則実施勧告」（七四年採択）がある。この点からいえば、ＷＴＯ農業協定の環境補助金は例外的措置に分類されるものである。図2-2のとおり、環境対策として最近注目されている経済的手段の一つにも数えられているが、あくまでも例外的措置なのである。

　ＷＴＯの「農業貿易と環境」論議の立場を知る資料としては、ＷＴＯ事務局貿易・環境部のリチャード・エグリンが、九五年国際農業・食料・貿易政策協議会（ＩＰＣ）第一六回全体会議のなかで行った報告がある。[30] ここにＷＴＯの立場が明確に表現されている。

　すなわち、「ＷＴＯの挑戦すべき課題は、環境上の目標と優先度を尊重し、貿易に対する制限的かつ歪曲的効果をできるだけ回避できる適当な包括的政策を発見することである」。別の言い方をすれば、「環境問題をその根源で直接正すことを目的にした適切な資源管理政策を準備して、貿易政策の改革を補足することが必要だということである」。

　さらに、こうも述べている。「貿易上の保護を目的として環境保護措置を採用するという脅かしに対しては、用心深くなければならないということである。そこで腰が引けていれば、たんに貿易システムを毒するだけでなく、同時に国単位および国際的な環境行動計画をも毒することになろう」。

ＷＴＯ成立後、「農業貿易と環境」に関する論議で成果があったのは、一九九六年一一月のＦＡＯ世界食料サミット、九六年九月の農業の環境便益に関するＯＥＣＤセミナー、九八年三月のＯＥＣＤ農業委員会閣僚級会合などであろう。これら会合での論議を以下に整理しておこう。

穀物需給が世界的に厳しい状況のなかで行われた世界食料サミット、そこで採択された「行動計画」（誓約３）には次のような記述がある。(31)

我々は、農業の多面的機能を考慮し、生産力の高い地域及び低い地域において、家庭、国、地域及び地球レベルで十分かつ信頼できる食料供給と病害虫、干ばつ及び砂漠化と戦うために不可欠な、参加型で持続的な食料、農業、漁業、林業及び農村開発政策と行動を追求する。

ここでの「農業の多面的機能」が何かが必ずしも明確ではないが、さらにサミットでの次のような「貿易と環境」に関するくだりがある。(32)

貿易の自由化は、……環境とか農村社会の存続といった一定の非貿易上の関心事項に影響を与えるのではないか、といった懸念をもたらしてきた。各国は、そうした懸念が当てはまる場合には、国の政策によって十分に対処することを保証する必要がある。

貿易、環境、持続可能性及び食料安全保障は、密接に関連し合っている。長期的に見ると、世界の食料安全保障は、食料生産のための国の資源基盤をどのように維持、保全するかによって決まることになる。貿易は、環境に次の三つの形態で影響を及ぼす。すなわち、貿易は所得を増加させることによって環境に影響を与える物品の需要拡大、さらにはこれら需要を満足させるための手段を拡大させ、また貿易は生産と消費の立地を変化させ、さらには貿易行為そのものが資源の利用ひいては資源の枯渇その他の環境被害につながることになるかもしれない。

貿易自由化による環境への影響（資源の枯渇など）が考慮された記述であるが、サミット文書の別の章ではさらに詳しく次のように指摘している[33]。

農産物の自由化によって、世界の環境被害はかなり少なくなろうが、これによって個々の国で環境問題が軽減するわけではなく、時には増大することもありうる。ここで問題になるのは、各国における資源利用の変化が環境に及ぼす影響と、それらの資源の代替的利用が環境に及ぼす影響の対比である。貿易自由化による主な影響は、次の三つの要因から生ずる。第一に、作物生産の立地が国際的に高補助（及び化学薬剤の高投入）国から低補助国に転換することになれば、世界の食料生産に使用される化学薬剤の投入は減少することになる。（中略）。第二に、貿易改革はまた、高補助国の土地需要の減少と、開発途上国も含めた低補助国の農業生産用地の需要の増加を生じさせることである。（中略）。第三に、貿易改革によって主食用食料の生産より労働集約度が高い輸出作物が奨励されることになると、自給農業の蚕食による森林への圧力を減らすのに役立つことになる。

……環境問題が貿易によって悪化するという場合、一般的に問題の根本原因は貿易外にあるといえる。環境被害は、概して（国内の）政策の歪みと民間費用によって、資源利用に要する全社会費用が償われないことから生ずる。こうした状態を是正するための適切な政策的対応は、有責者不明の環境費用を内部費用とすることである。このことは、市場に基づく経済的手段の規制又は利用によって行うことが可能であるが、特に開発途上国では、こうした政策を実行するための行政及び市場の機構が未整備な場合があることを認識しておかねばならない。

適切な環境政策が欠如している場合においても、貿易は、なお福祉の向上を図りうるものである。貿易自由化によって得られる標準的な福祉利益は、農業増産によって生ずる環境費用を償って余りあるものといえよう。

この最後のパラグラフは、前述の「アジェンダ21」、「宇川レポート」と同様の認識である。これは論理的にあり得ても非現実的な認識であろう。前述したように、貿易による利益は必ずしも環境費用に回るとは限らない。むしろ回らない、ないし相当の時間経過後に環境に影響が出てからというのが世の常ではないか。

(2) OECDの「農業貿易と環境」

OECDの立場は、貿易上の環境政策は例外的であり、国内政策であって、貿易政策ではないというものである。環境政策と貿易政策がデカップリングしている点でWTOと共通した見方である。九八年三月のOECD農業委員会閣僚級会合では、国内政策としての環境政策を次のようなコミュニケとして明らかにした。[34]

農業活動は、食料や繊維の供給という基本的機能を越えて、景観を形成し、国土保全や再生できる自然資源の持続可能な管理、生物多様性の保全といった環境便益を提供し、そして、多くの農村地域における社会経済的存続に貢献することもできる。多くのOECD加盟国において、農業は、この多面的機能によって、農村地域の経済的生活にとくに重要な役割を果たしている。このような公共財のための効果的な市場が欠如しており、すべての費用と便益が内部化されていない場合には、政策が役割を果たしうる。対象を絞った政策措置を含め、一九八七年にOECDで合意された原則にそった農政改革は、農業における効率的かつ持続可能な資源利用を促進しつつ、農業分野が農村地域の存続に貢献し、環境上の課題に取り組むことを可能とするものである。（パラグラフ10）

加えて、パラグラフ13では、環境便益（多面的公益的機能）を評価する市場が存在しない場合の、「原則にそ

表 2-6　農業が環境に与える影響

地下水	地表水	植物生態系	動物生態系	その他：空気，騒音，景観，農産物
地下水位に影響を及ぼす水管理		種の絶滅		その土地に適合しない農耕作によるエコシム，生態学的多様性の破壊，土地劣化
水質低下（塩分増加）飲料水供給への影響	土壌劣化，沈泥，土粒子による水質汚染	自然の各要素の乾燥，河川のエコシステムへの影響		
				排気ガス，騒音
硝酸塩が溶け出すことによる水質汚染		土中の微小植物に影響		
	流出，浸透，垂れ流しなどによる富栄養化			
スラリーの多用からくる燐酸，硝酸汚染		富栄養化による藻や水草の過剰繁殖，酸素不足による魚類への影響		悪臭，アンモニア
				残留物質
移動性残留農薬の浸透，農作物の品質低下		土中の微小植物への影響：雑草の抵抗力の増大	有毒：抵抗力	気化：風に乗って農薬が拡散，残留
				残留物質
「スラリー」の項参照	「スラリー」の項参照			アンモニア，悪臭，騒音，残留物，インフラストラクチャーとしての問題：美的景観を損なう

境白書』中央法規出版，1992年，200ページ.

農作業	土　壌
農地開発：農地区画整理プログラム	土壌劣化を招く不適切な管理
灌漑，排水	塩分過多，水はけが悪くなる
耕　作	風や水による浸食
機械化：大型農業機械	土壌圧密化，土壌浸食
化学肥料の使用：窒素系肥料	
燐酸肥料	カドミウムなど重金属の蓄積
堆肥，スラリー	余分な燐酸，銅（ピッグ・スラリー）の蓄積
下水汚泥，コンポスト	重金属の蓄積，汚染
農薬の使用	農薬の蓄積と農作物の品質低下
飼料添加物や薬品の使用	なんらかの影響あり
近代建築（サイロなど）と集約的畜産	「スラリー」の項参照

資料：OECD環境委員会編『OECD環

った農政改革」にふさわしい政策には、「便益を最大化し、最も費用効果的な、そして生産及び貿易への歪曲を回避する方法で対応できる、目的の明確な一連の政策手段及びアプローチを用いることである」としている。

このように、コミュニケでは農業の環境便益を認め、その便益の価格と便益生産のコストが市場で正当に評価される機会がない場合、デカップリング政策（直接所得補償政策）の導入により、便益供給者である農民の労に報いるべきことが、はっきりと述べられた。こうした認識を背景に、それほどまでに環境保全が大切ならば、その大切さを金額に表したらどのぐらいになるかという評価法も開発されている。たとえば、仮想状況評価法（CVM）、ヘドニック法、代替法などがそれである[35]。

ともかく、デカップルされた環境政策は、前述したとおりWTO農業協定でも削減対象から除外している。今後この政策の内容の精査が行われるであろうが、引き続き実施可能な国内政策の一つであり、条件不利地域はもとより平坦地域においても、また農業規模の大小を問わずに実施可能な政策である。

このような政策が正当化される背景には、農業がもつプラスとマイナスの二つの側面うち、マイナスの側面を限りなく減らそうという国民からの要請がある。

農業は、生産過程に土地や水、生物など自然を取り込む産業であり、自然および環境破壊的な産業である。他面、農業は、自然のサイクルに沿い環境負荷の許容量を超えない営みや管理を行えば、食料供給以外にも右記のような環境便益を供給する環境保全産業としての側面をもつ。

一九七〇年代以降、わが国はじめ先進国の農業は、競争や国際化が急速に進み、農業労働力の不足と高齢化も加わり、化学肥料や農薬などの過剰投入、また耕作・管理の放棄と、環境に過大な負荷をかけてきた。環境に配慮せずに農業基盤整備が行われたこともあった。安全な食料の長期安定供給や野生生物の生息等に悪い影響も与えてきた。たとえば、次のような問題が指摘されてきた（表2-6参照）。

①化学肥料や農薬の継続的な過剰投入、集約的な畜産などによる硝酸塩や燐酸の残留が引き起こす広範囲にわたる地下水・地表水の汚染、大気の汚染、湖沼や沿岸水域の富栄養化。

②化学肥料や農薬の継続的な過剰投入、灌漑や排水の過剰・不適切な利用、農業生産基盤の酷使などによって引き起こされる土壌の浸食・塩化・固化、土質の低下、地下水の枯渇。

③化学肥料・農薬・重金属・飼料添加物などの食品・飲料水への残留、あるいは汚染による人体への影響。

④化学肥料や農薬の継続的な過剰投入、農地開発などによる野生生物の生息地あるいは自然保護として貴重なビオトープ（生物生活圏）の破壊、分割。

⑤農地の乱開発や土地基盤整備事業などによる景観アメニティ、ビオトープの破壊。

そこで、OECDでは、このような「農業と環境」との関係を一三の指標をもって明らかにし、持続可能な農業のための一助にしようとしている。表2-7のとおり、農業・農村のもつ多面的機能に関する指標も位置づけている点は注目される。

表 2-7　OECD の「農業と環境」の 13 の指標

指　　標	測定すべき内容
栄養分	化学肥料や堆肥などの栄養分の投入量と残量のバランス
殺虫剤	殺虫剤使用による水質，土質，野生生物への影響，人間の健康への影響，食品汚染の危険性
水利用	とくに灌漑の有効性の評価のための地表水と地下水の両方の水資源のバランス
土地の利用と保全	例えば湿原の農地への転換などによる影響と，地滑りや浸食，洪水などを防ぐ農業の役割
土壌の質	特に浸食の危険性
水質	地表水と地下水の水質への影響
温室効果ガス	この種のガスの放出量と蓄積量の差の変動を通じた気候変化への農業の貢献
生物学的多様性	農業の帰化品種による生物学的多様性や野生品種への影響
野生生物生息地	農業地域内の生息地の変化，分割，農地と非農地の接触区域の長さ
農村景観	例えば自然的特徴の一覧作成を通して農業・農村景観の変化
農地管理	施肥，病害虫防除，灌漑などによる農地管理行為の影響
農家財政資源	農家・農業収入の変化による影響
社会文化的側面	例えば農村人口の変化による影響

資料：OECD, *The OECD Observer*, No. 203, December 1996/January 1997.

これからの農業は、自然および環境破壊的側面を限りなく減らさなければならない。何よりも消費者・国民がそうした農業と食料・食品を求めている。国民の支持なしに存続できない農業は、これまで以上に合理的で持続可能な農業活動に、そして環境便益の供給にも心がけなければならない。そのための政策の実施を、九八年のOECD閣僚級会合コミュニケでは認めたのである。しかし、あくまでも国内政策としてであり、貿易政策とはデカップリングされている。

ともかく、農業の環境便益を認めるコミュニケとなるには、いうまでもなく議論の積み重ねがあった。前述の九四年OECDレポートでは、「農業貿易と環境」についての政策手段の適用にあたって、四つの原則を明らかにした[36]。

第一に、農業政策と環境政策が「一般的には相互に補強的であるにしても、それらは別々の政策目標であり別々の手段を必要とすること」である。たとえば、環境「政策の費用が外国の関係者よりむしろ国内の関係により十分に負担されるならば」、貿易と環境は両立するかもしれない。

第二に、国内農業・貿易政策としては、「環境的には中立のまま、市場のシグナルの歪曲を最小にすることを目指すべきである」。第三に、「農業における環境政策は、貿易的に中立を保ちつつ、市場の失敗を原因とする天然資源の使用の歪みを最小化することを目指すべき」であり、「市場の失敗を最小化する最も効果的な方法は、狙いを定めた汚染者負担原則の適用である」。第四に、各国における「農業及び環境の目標及び手段の間の関係」は、「厳格に調和された（統一的）手段よりはむしろ同等性をもった手段を用いるアプローチのほうがより実用的であろう」ということである。

一九九六年九月に行われた農業の環境便益に関するOECDセミナーでは、九八年の閣僚級会合のコミュニケと同じような次の結論が導き出され、閣僚級会合への基礎データにもなった[37]。

農業の環境サービスは農産物とともに生産されるものであり、このサービスの市場が存在すれば市場自体が環境サービスをもたらし、農家の所得にもなる。

しかし、市場が不十分なときは、社会が求める環境便益の適切な水準を農家に伝えるのは困難である。こうした場合は集団的な行動が正当化されうる。これは公共政策の問題である。

公共政策が正当化されるのであれば、政策がないときに比べ環境の悪化ではなく改善が保証されるように、農業政策と環境政策との組み合わせが注意深く計画・実施される必要がある。現在の所有権が絶対不可侵であるという考え方は長期の環境政策の目的達成を難しくするので、そうした考えを強めないように対策を組み立てるべきである。

また、このセミナーでは「農業貿易と環境」に関わる重要な指摘もあった。ウィスコンシン大学のダニエル・ブロムリーは次のように述べた[38]。

……農業はもはや貿易のための農産物だけを生産しているのではなくなっている。農業はいまや効率や「保護（subsidies）」といった単純な考えだけでは誤解をもたらすような多様な生産（multi-product）部門になっている。農産物が過剰で環境が希少な世界においては、古い論理はもはや不完全で不十分なものとなってしまっている。要するに、表面的な「歪曲性」を明確にするということは、事実、幻想にすぎなくなっている。

さらに、ヨーロッパ自然保護センターのルイス・ノウィッキは、「ある種の環境便益は、高価格政策と比べれば、貿易自由化によってより良く確保される」と認める一方、他方では、「便益は、いろいろな点でヨーロッパをヨーロッパらしくしている当のものであり、農村地域の生きた社会構造によって維持され、農業活動によって育まれている生物多様性や文化景観の価値」であり、「農業的土地利用に及ぼす貿易自由化の影響は、ヨーロッパの特に生物多様性や景観的価値に対してある種の危険をもたらす」ことにもなると指摘した(39)。

貿易自由化によるそうした価値の「ある種の危険」として三つあげている。第一に、「規模の経済を達成するために、標準化された生産方法を大規模農場単位で実施する農法の合理化」による危険であり、第二に「農地の耕境外化ないし放棄」による危険であり、第三に「農業人口を維持するだけの経済活力」の低下の危険である。こうした点を踏まえて、ルイス・ノウィッキは次のように結論づけている。

第一に、現在の政策は、農産物とアメニティとの結合生産の原則に立脚している。適切なシグナルがあれば、農業は食料と豊かな一連の環境便益との双方を提供できるはずである。第二に、こうした政策は、汚染者負担原則とは別に、非市場的な環境便益の提供に対して補償を行うことが必要であるとの前提に立っている。現在行われている農業的土地利用自体には、望ましい環境便益が内在していない場合もあることも認識されている。第三に、貿易自由化のためのフレームワークとして必要なことは、市場は不完全であること、しかも、ヨーロッパの長い歴史のなかで営まれてきた農業から生まれた生物多様性と文化景観という壊れやすい環境便益の提供と最も直接的に関係する農業経済分野の中には、その将来を経済的にアプローチする場合、予防原則に立った慎重さを必要とする場合があることを認識することである。

このセミナーで注目されるのは、ルイス・ノウィッキの報告もそうであるが、生物多様性や文化景観が農村の社会組織によってのみ維持され、正常な農業生産活動によって育まれることを認め、したがって、貿易自由化が必ずしもよい環境便益をもたらすものではない、という側面にも配慮したことである。こうした認識は、前述したように、九八年閣僚級会合のコミュニケにも大きな影響を与えたことは明らかである。

(3) 「農業貿易と環境」論議の検討課題

以上の考察から導き出される「貿易及び農業貿易と環境」に関する検討すべき課題を、いくつか提起しておこう。第一に農業の産業特性から生じる生産活動上の問題、第二に「市場と政策介入の失敗」がもたらす福祉利益上の問題、第三に「非貿易的関心事項」の各国の認識に関する問題である。

生産活動の在り方の問題　農業は、貿易の対象となる農産物のみを生産しているわけではない。その正常な農業生産活動をとおして、市場をもたない、したがって貿易の対象にならない農産物以外の多面的で公益的な価値も生産している。一般的には、次のような価値が指摘されている。

生物の機能を生かすことにより生み出される生態機能価値（保健・休養の機能、教育の機能、国土・景観・環境の保全など）、アクセスの可能性を維持しておくことにより生み出される選択価値（生物多様性の保全、食料安全保障、伝統・文化の維持・継承など）、存在そのものに価値を見いだす存在価値（アメニティの保全、伝統・文化の維持・継承など）、将来の世代に継承して便益を供給する遺贈価値（生物多様性・アメニティの保全、

伝統・文化の維持・継承など）である。(40)

農業は、食料生産をとおして多面的公益的価値も生産するというように、食料生産と多面的公益価値生産がデカップルできない産業特性をもつため、多面的公益的価値生産を持続させようとすれば、正常な農業生産活動を保障しなければならない。また、そうしなければ、安全な食料を生産・供給することもできないのである。

ところが、農産物の生産は、相対的に比較優位のもとに貿易機会が存在すれば、化学物質の大量投入などによる生産活動を拡大・加速させ、農地利用上不適切な負荷をかけ、場合によっては食料の安全性を脅かし、反対に、競争力がなく輸入圧力のあるもとでは、農業生産活動を縮小・抑制ないし停止することになる。比較優位に重きをおく不正常な、あるいは環境負荷の許容範囲を超えた生産活動の在り方は、多面的価値生産に支障を生じさせるか生産を停止させ、公共の利益に反する結果をもたらす。

もちろん、ここでいう「正常な農業生産活動」の正常な水準・基準がどのような量的・質的な水準なのかも検討すべき課題の一つではある。また、最近論じられる「環境保全型農業」も、どのような水準・基準をもって「環境保全」とするのかも検討すべき課題である。これらの点は、ここではおくとしても、ともかく、正常な農業生産活動が保障されずに環境負荷の許容範囲を超えれば、公共の利益に反するのは間違いない。

比較優位を背景とした不正常な生産活動のもとで、仮に、公益的価値生産を継続させるために何らかの政策的助成が可能であっても、その助成総額が、輸出入国の農業貿易利益を上回るほどの高額水準では、国民的理解は得がたい。また、政策的助成により、論理的には多面的公益的価値生産が可能となり、不正常な農業生産活動の「不正常な」部分が是正されるとしても、現実にはそう働くとは限らない。助成額がそうした水準を上回っても下回っても、政策介入の適不適にかかわらず、農地や環境への負荷は継続されるのであり、その負荷が許容量を超えるものであれば、あるいは負荷の累積が許容量を超えれば、多面的公益的価値生産の継続は難しい。

すでに、様々な環境への負荷が許容量を超えて様々な場面に影響が生じている。欧米における地下水・地表水の汚染、地下水の枯渇、湖沼や沿岸水域の富栄養化、農地・土壌の浸食・塩化・固化、景観アメニティ・ビオトープの破壊、農業化学物質による人体への影響など、また日本など輸入国における耕作放棄地の増大、農村アメニティ・ビオトープの破壊など、数え上げればきりがない。

これらがすべて「貿易」によるものではないにしても、「貿易」は、利益増大を基底的動機とする経営者の生産増大ないし縮小への促進要因であることにかわりはない。とすれば、多面的価値生産をデカップルできない農業生産の正常な活動の保証と貿易とのクロスコンプライアンスが必要なのではないか。つまり、「正常な農業生産活動（持続可能な農業）のもとでの農産物のみを貿易対象とする」という農業貿易原則の定立である。これにより、安全な食料の長期安定供給にも大きな貢献をすることができる。

福祉利益向上の問題

「健全な環境政策の採用によって支えられる、開放的な多角的貿易システムは、環境によい影響を与え、持続可能な開発に貢献する」と「アジェンダ21」は指摘し、また、「適切な環境政策が欠如している場合においても、貿易は、なお福祉の向上を図りうるものである。貿易自由化によって得られる標準的な福祉利益は、農業増産によって生ずる環境費用を償って余りあるものといえよう」とFAO世界食料サミット文書の一節でも述べられている。同様の内容は、九四年OECDレポートにも見受けられる。

こうした認識は、論理的には可能でも非現実的である。経済活動は、貿易などによる利益を維持・増大させるために、環境コストも含め、生産コストを可能な限り削減して競争力を維持するのが常である。したがって、生産物価格に環境コストを内部化するとは限らないし、また貿易などによる利益が環境コストのすべてを償うとは限らない。市場は必ずしも完全ではなく、「市場の失敗」が絶えずあるいは時として生じる不完全なものである。政策介入の点をみても、そのときどきの社会の利益を代表する政権による政策介入が常に正しいとは限らない。

また、環境コストを政策的に支援し得たとしても、環境コストのすべてではない。これが歴史の教訓である。仮に、環境コストのすべてであるいは一部が経済活動に内部化されたとしても、その内部化は現実に何らかの影響が生じてからであり、多くの場合相当の時間が経過してからである。現実に環境に大きな影響が生じてからの修復コストは、内部化のコストを償って余りあるほど莫大なものである。

このようにみてくると、「貿易は福祉の向上を図りうる」という前提には疑義が生まれる。貿易により経済活動が活発になり、人々に経済的富をもたらすが、その富が社会化されなければ環境コストの内部化にも向かわないという前述のような分配の問題だけではない。そもそも貿易がたえず経済的利益を生むとは限らないからである。

たとえば、途上国は輸出品である一次産品の価格が低迷しているために、先進諸国との格差を是正することは絶望的にさえなっている[41]。

経済開発や債務返済の外貨を必要とするため価格が下がっても生産量や輸出量を調整する余裕がない、また先進国の輸出補助政策による生産過剰など、八〇～九〇年代の構造的な供給過剰により価格が低落し、途上国は一次産品の貿易で富を手に入れることはほとんど不可能になってしまった。先進国においても、過剰生産による価格暴落にみられる農業危機の局面では、輸出も輸入も落ち込む。食料危機と農業危機を繰り返してきた世界の歴史をみれば、各国の過剰な輸出入の継続が必ずしも利益を持続的に確保できるとは限らないのである。

右の諸問題を踏まえたとき、避けてとおることのできない、かつ国民的関心も高い問題がある。すなわち、WTO農業協定の「非貿易的関心事項」に関する各国の認識をめぐる問題である。

「非貿易的関心事項」の認識をめぐる問題

「非貿易的関心事項」の認識をめぐっては二つの論点がある。一つは、自由貿易における「非貿易的関心事項」

の理解の違いである。アメリカ、カナダ、オーストラリア、ニュージーランドなどはＷＴＯ、ＯＥＣＤの理解と同じで、多面的機能（環境保護を含む）は貿易自由化の促進で達成可能とし、ＥＵ、ノルウェー、韓国、日本などがこれに反対し、国内生産の維持・拡大、安定的な輸入の確保を主張している（後掲の表5-6参照）。

とりわけ輸出国は、環境保護やまたそれを含む農業の多面的公益的機能保護のための政策的支援が、「農業保護の隠れ蓑」に使われるとの懸念をいだいている。しかし、農業生産と多面的価値生産がデカップルできない農業の特質を踏まえれば、後者の維持・保全のためには、合理的な水準で前者の維持・持続を保証することが必要であるのも確かであり、輸出国と輸入国の双方の正常な農業生産が継続できる現実的な方策こそ追究すべき課題である。

問題は、どのような方法で正常な農業生産活動を保証するかである。ＷＴＯやＯＥＣＤ、アメリカ等の立場にたてば、環境資源の正当な評価と環境コストの内部化、それが不十分な場合には健全な環境政策の介入により保証するということになろうが、現実には問題があることはすでに述べたとおりである。

もう一つの論点は、「非貿易的関心事項」とされる農業の多面的機能と食料安全保障とが一体で分離しがたい内容であるにもかかわらず、これらを切り離して理解されている問題である[42]。ＥＵは多面的機能については日本などと同じ理解であるが、食料安全保障には関心を示さない。というのも、ＥＵは過剰を抱えるほど食料の自給率が高く、国内生産の維持・拡大をことさら強調する必要がないからである。しかし、食料自給率の低い日本や韓国、北欧諸国にとっては、国民的関心の高い問題となっている。

ここでのＥＵの論理には矛盾がある。ＥＵの農業は、輸出補助金政策や価格支持政策で武装されて食料供給熱量自給率・穀物自給率を一〇〇％達成し、そのもとでＥＵが認める多面的価値生産、たとえば美しい農村景観を生み出している。ＯＥＣＤが定義する環境財の一つに数えられる農村景観は、まさにＥＵの地勢や自然的農業基礎条件、歴史を踏まえた農業生産活動やそれを支える様々な農業保護政策を前提に生み出されている。

ところが、わが国の農業は、輸入農産物の激増により、熱量自給率は四一％、穀物自給率は二九％に低下したもとで、国内農業生産は後退・縮小し、耕作放棄地は年々増大している。わが国農水省が自ら行ったシミュレーションによれば、耕作放棄地は二〇一〇年には三三～七九万ヘクタールに達するといわれ、安全で良質な食料の長期安定供給にも、また多面的価値生産にも支障が生じている。このもとでさらに深刻なのが、生産を担う農民の意欲、モラル、そしてプライドが著しく傷つけられていることである。

ＥＵが多面的価値を認めるなら、わが国の食料自給率を少なくともＥＵ水準に引き上げることは不可欠であろう。そもそも、国民に対する食料の安定供給の確保は、国の在り方を決める一つの権利でありかつ国民への義務である。国内の農業状況を考慮すれば、農業資源量は少なくとも一九八六～八八年（ＷＴＯ農業協定の基準期間）水準を確保すべきであろう。量的質的に正常な農業生産活動が保障されない限り、環境保護や食料安全保障など多面的価値生産は維持できないし、その担い手となる農民も確保されないのである。

今日の押し寄せる農産物輸入に対しては、そもそも国境調整措置ぬきの国内助成だけでは抗しきれないであろう。わが国は少なくとも次の点を明確にし、実行しなければならない。わが国にとっての「最小農業生産の権利」、すなわち最低必要な食料安全保障や多面的機能の保全を満たし得る正常な農業生産活動の水準、また、そのために必要な国境調整措置（関税水準やその引き下げ許容水準など）などを内外に明らかにすることである。

さらに、国際的には、「正常な農業生産活動（持続可能な農業）のもとでの農産物のみを貿易対象とする」という農業貿易原則の定立、また、持続可能な農業を基礎として各国が責任のもてるプロダクション・シェアリングの確保、これらが必要であろう。これらの点を明らかにしないままでは、日本農業は致命的な後退をもたらすことになろう。

これは輸入国・日本に限ったことではない。輸出国にも必要な論理である。第五章でさらに展開しよう。

注

(1) 針原寿朗「WTO農業交渉の状況と想定される論点・課題」『農業構造問題研究』第二〇六号(二〇〇〇年、No.4)。
(2) FAO編『FAO世界の食料・農業データブック—世界食料サミットとその背景—(上)』FAO協会、一九九八年、一一ページ。
(3) 同右(下)、三四六ページ。
(4) 『ガット農業交渉と日本農業(日本農業年報三七)』農林統計協会、一九九一年、二二四ページ。
(5) 『ガット・UR農業交渉(日本農業年報四一)』農林統計協会、一九九五年、四七〜五三ページ。
(6) FAO「食料と人間(2)」『世界の農林水産』、一九九八年五月。
(7) 矢口芳生『地球は世界を養えるのか』集英社、一九九八年、二八〜三二ページ。
(8) 注2文献、五〜五四ページ。
(9) 『八〇年代農政の基本方向』(一九八〇年一〇月三一日農政審議会答申)。
(10) 『新しい食料・農業・農村政策の方向』(一九九二年六月、いわゆる「新政策」「新農政」)。
(11) 『新たな国際環境に対応した農政の展開方向』(一九九四年八月一二日農政審議会報告)。
(12) 矢口芳生『食料と環境の政策構想』農林統計協会、一九九五年、一九五〜二〇三ページ、注7文献、三四〜四三ページ。
(13) 速水佑次郎『農業経済論』岩波書店、一九八六年、二三八ページ。
(14) 矢口芳生『食料戦略と地球環境』日本経済評論社、一九九〇年、二四八〜二六三ページ。
(15) 内閣官房内閣審議室分室・内閣総理大臣補佐官室編『総合安全保障戦略』(大平総理の政策研究会報告五)大蔵省印刷局、一九八〇年、一三ページ。
(16) 注7文献、一六〇〜一六六ページ。
(17) OECD, *Agricultural Policy Reform: New Approaches*, Paris, 1994, p. 179.
(18) 矢口、前掲『食料と環境の政策構想』、三三〜三六ページ、山口光恒「自由貿易と環境保護—WTOと環境保護—」『国際問題』第四一〇号、一九九四年五月、『食料政策研究』(特集「食料問題と環境問題」)第九二号、一九九七-IV等、参照。

(19) WTO諸協定（WTO設立・農業・TBT・SPS協定等）は、農林水産物貿易研究会編『世界貿易機関（WTO）農業関係協定集』国際食糧農業協会、一九九五年、を参照。
(20) 鷲見一夫『世界貿易機関を斬る—誰のための「自由貿易」か—』明窓出版、一九九六年、三八二〜三九一ページ。
(21) 矢口、前掲『食料戦略と地球環境』、一四八〜一五二ページ。
(22) 地球環境法研究会編『地球環境条約集』中央法規出版、一九九三年、六四ページ。
(23) 環境庁・外務省監訳『アジェンダ21実施計画（'97）』エネルギージャーナル社、一九九七年、七二〜七四ページ。
(24) 「環境保護措置と国際貿易」（志田慎太郎訳）『ジュリスト』一九九四年一〇月一五日号（No.一〇五四）。
(25) 注22文献、一三〜一四ページ。
(26) OECD編『OECD—貿易と環境』（環境庁地球環境部・監訳）中央法規出版、一九九五年、二七一〜二八三ページ。
(27) 注22文献、一七ページ。
(28) 注26文献、一八ページ。
(29) 同右、二ページ。
(30) 吉岡裕編集監訳『農業と環境』農林統計協会、一九九八年、三五〜六一ページ。
(31) 注2文献（上）、二三ページ。
(32) 注3文献（下）、三三九〜三四〇ページ。
(33) 同右（下）、三五九〜三六〇ページ。
(34) OECD News Release, Paris, 6 March 1998, SG/COM/NEWS (98) 22., *Agriculture in a Changing World: Which Policies for Tomorrow?*
(35) 嘉田良平・浅野耕太・新保輝幸『農林業の外部経済効果と環境農業政策』多賀出版、一九九五年、等。
(36) 注26文献、六二〜六四ページ。
(37) OECD編・農林水産省農業総合研究所監訳『農業の環境便益：その論点と政策』家の光協会、一九九八年、七〜一三ページ。
(38) 同右、七九ページ。
(39) 同右、一〇四〜一〇七ページ。
(40) フィリップ・ムハイム「ルーラルアメニティの価値を捉える」『ルーラルアメニティ』日本農業土木研究所、一九九五年、二一～三八ページ、矢口、前掲『食料と環境の政策構想』、六七～七〇ページ、嘉田良平「農業の外部経済効果と政策的含意」『農業経済研究』第六八巻第二号（一九九六年九月）、等。

(41) 矢口芳生「南北格差のなかの農産物貿易」『食料輸入大国への警鐘』農文協、一九九三年。

(42) 食料安全保障論議については、矢口芳生「『食糧安全保障』論議の展望」『WTO次期農業交渉への戦略』（日本農業年報四五集）、農林統計協会、一九九八年（本章2・3）、を参照されたい。

第三章　「食料自給率四五％」の実現可能性

1　食料・農業・農村基本法の理念と政策目標

(1)　基本法の新しい理念

第一章で明らかにしてきたように、一九八〇年代後半から九〇年代前半にかけて、農業保護の総合的全般的削減の流れが明瞭であった。九〇年代後半以降、農産物過剰から不足に転じて増産となり、再び価格下落してその補塡に財政負担が増え、「保護削減」の枠組みが変更されたかにみえる。しかし、ＷＴＯ農業協定は生きている。再び今後各国政策の精査が進むであろう。

保護削減のなかで、保護の在り方・ウェイトも変わった。すなわち、保護費用の負担者は消費者から納税者へ、政策の実施方法は価格支持・間接所得支持から直接所得支持へ、政策の性格も市場歪曲から市場中立へ、政策の効果・狙いも小農保護から公共財保護への変化である。

わが国の政策も、こうした国際的枠組みを無視するわけにはいかない。農業・農村の状況からすればきわめて厳しいが、政府は認め、国会はＷＴＯ農業協定を批准したのである。

わが国農政は、WTO発足（九五年一月）以来、急速な変化を遂げている。国際的枠組みを踏まえるかたちで、国内農政を策定する際の基軸となってきた農業基本法を廃止し、一九九九年七月、三八年ぶりに新しい「食料・農業・農村基本法」（以下、基本法と呼ぶ）を制定した。

新しい基本法では、食料安全保障、食品の安全性、環境保全、地域政策、多面的機能の維持向上、国際化対応等、二一世紀的課題に応える条項を備え、内外の農業実態との齟齬をなくし、一応大多数の国民ニーズにそった内容に改めた。一言でいえば、国際的枠組みに「同化」されたといえる。

しかし、わが国がもっている独自の農業政策を、そこにすべて畳み込んでしまうということではない。各国・各地域には、幅広く多様な生態的・文化的・社会的・経済的・技術的条件の違いがあり、これらが農業の在り方を決めてきたし、したがって農業政策の在り方も違ってきたのである。わが国は、これまでにも増して、食料の安定供給と多面的機能の維持向上を重視している。

新しい基本法の制定までの経緯を簡単に振り返っておこう(1)。

一九九四年四月のウルグアイ・ラウンド正式調印を受け、農政審議会は同年八月「新たな国際環境に対応した農政の展開方向」を明らかにし、ここで、一九六一年六月制定以来初めて農業基本法の見直しの必要性を、「速やかに検討体制を整備すべきである」と言及した。なお、この農政審報告は、食管制度改革にも踏み込んでおり、同年一二月には主要食糧の需給及び価格の安定に関する法律（新食糧法）が成立する。

九四年一〇月、政府は、農政審報告等を踏まえた「ウルグアイ・ラウンド農業合意関連対策大綱」（農業大綱）を決定し、このなかでも「農業基本法に代わる新たな基本法の制定に向けて検討に着手する」とした。九五年九月、これらを踏まえて、農水省は省内に「農業基本法に関する研究会」を設置し、研究者による検討の結果を、翌年九月には「研究会報告」としてとりまとめた。

九七年四月には、総理府に「食料・農業・農村基本問題調査会」（会長、木村尚三郎）が発足し、同年一二月に「中間取りまとめ」、九八年九月には最終「答申」が提出される。この間、農業団体、財界、消費者団体等から積極的な提案が出されるなど、国民的な議論がなされた。そして、九九年三月、「基本法案」が国会に提出され、同年七月可決成立する。

新しい基本法は、わが国農業・農政の位置を内外に明確にした。「戦後の農政を形づくってきた制度の全般にわたる抜本的な見直し、二一世紀を展望しつつ国民全体の視点に立った食料・農業・農村政策の再構築が、今なされねばならない」ものとして、「二〇一〇年程度までの期間を想定」して検討した結果である。(2)「人間と自然（環境）、人間と人間（国際化）、人間と過去（歴史・伝統・文化）の、三つの結び合いがとりわけ重視される」、いわば持続可能な社会を目指すこれからの時代においては、「人々は『くらしといのち』の根幹に関わる食料と、それを支える農業・農村の価値を再認識し、これに対する評価を高めなければならない」し、そして「食料・農業・農村の活力ある未来を切り開いていくため」の努力は、「全国民的な義務である」。(3)これが新しい基本法を制定するに当たって最終答申が強調する理念であった。

新しい基本法は、この理念を踏まえる形で、国、地方公共団体、農業者、事業者、そして消費者に至るまで、それぞれの役割を明らかにしている（第七条〜第一二条）。また、WTO成立後の新しい農政の国際的枠組みや国民の新しいニーズを踏まえて、新しい基本法は四つの政策目標、すなわち食料安定供給の確保、多面的機能の発揮、農業の持続的発展、農村の振興を掲げた（第二条〜第五条で「基本理念」と位置づけている）。四つともこれまでにない新しい目標であり、評価できるものである（図3-1参照）。

なかでも評価できる内容は、①五年程度ごとの総点検と見直し、②総合的食料安全保障政策の確立、③多面的機能発揮への公的支援、④「緑の政策」を踏まえた所得政策等の充実、である。しかし、いくつか課題も残され

図 3-1　新旧農業基本法の理念と政策

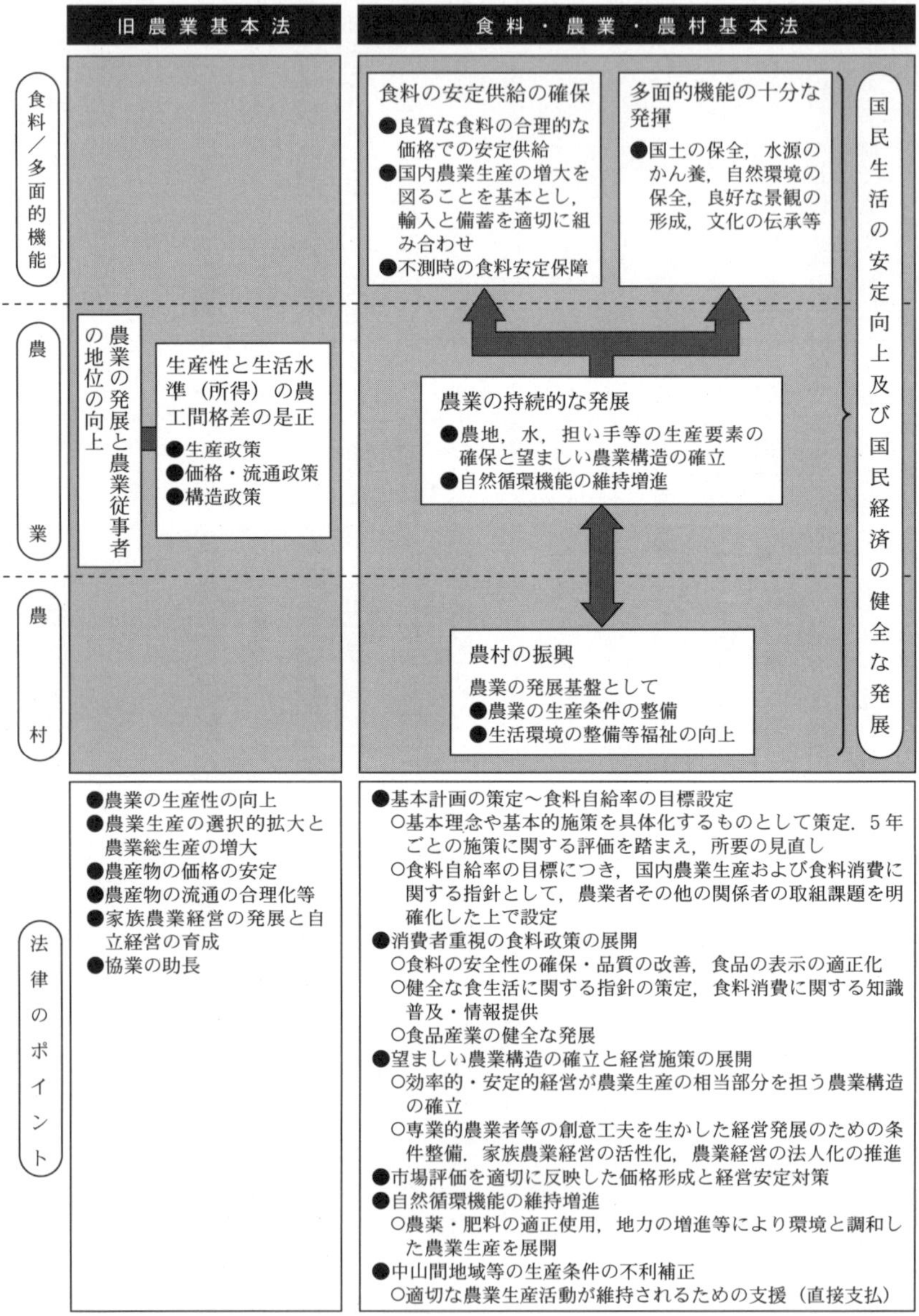
旧農業基本法
食料・農業・農村基本法
食料／多面的機能
農業
農村
法律のポイント
農業の発展と農業従事者の地位の向上
生産性と生活水準（所得）の農工間格差の是正
●生産政策
●価格・流通政策
●構造政策
食料の安定供給の確保
●良質な食料の合理的な価格での安定供給
●国内農業生産の増大を図ることを基本とし，輸入と備蓄を適切に組み合わせ
●不測時の食料安定保障
多面的機能の十分な発揮
●国土の保全，水源のかん養，自然環境の保全，良好な景観の形成，文化の伝承等
農業の持続的な発展
●農地，水，担い手等の生産要素の確保と望ましい農業構造の確立
●自然循環機能の維持増進
農村の振興
農業の発展基盤として
●農業の生産条件の整備
●生活環境の整備等福祉の向上
国民生活の安定向上及び国民経済の健全な発展
●農業の生産性の向上
●農業生産の選択的拡大と農業総生産の増大
●農産物の価格の安定
●農産物の流通の合理化等
●家族農業経営の発展と自立経営の育成
●協業の助長
●基本計画の策定～食料自給率の目標設定
○基本理念や基本的施策を具体化するものとして策定．5 年ごとの施策に関する評価を踏まえ，所要の見直し
○食料自給率の目標につき，国内農業生産および食料消費に関する指針として，農業者その他の関係者の取組課題を明確化した上で設定
●消費者重視の食料政策の展開
○食料の安全性の確保・品質の改善，食品の表示の適正化
○健全な食生活に関する指針の策定，食料消費に関する知識普及・情報提供
○食品産業の健全な発展
●望ましい農業構造の確立と経営施策の展開
○効率的・安定的経営が農業生産の相当部分を担う農業構造の確立
○専業的農業者等の創意工夫を生かした経営発展のための条件整備．家族農業経営の活性化，農業経営の法人化の推進
●市場評価を適切に反映した価格形成と経営安定対策
●自然循環機能の維持増進
○農薬・肥料の適正使用，地力の増進等により環境と調和した農業生産を展開
●中山間地域等の生産条件の不利補正
○適切な農業生産活動が維持されるための支援（直接支払）

注：農林水産省資料をもとに加筆.

ている。

(2) 評価と論点

右の四点に関して若干の検討をしておこう。

まず、①五年ごとの点検と見直しについてみてみよう。

新基本法の第一五条では、「施策の総合的かつ計画的な推進を図るため、食料・農業・農村基本計画を定めなければならない」として、「施策についての基本的な方針」、「食料自給率の目標」、「政府が総合的かつ計画的に講ずべき施策」、その他「必要な事項」を定め、「施策の効果に関する評価を踏まえ、おおむね五年ごとに、基本計画を変更するものとする」とした。実態の急速な変化がこれまで以上に予想される今日、点検と見直しの担保として明記した点は評価できる。

旧農業基本法は宣言法として存在し、その実行は「もっぱら国の意思や姿勢に委ねられていたといえる」[4]。実際に法律どおり守られたのは、農政審議会の設置とそのもとでの審議、「農業白書」の国会への提出ぐらいであり、基本法そのものも、ここ三十数年間見直されることはなかった。五年ごとの見直しは、こうした反省にたつものである。

また、国と地方、国民各層それぞれの役割分担を明確にした点は重要である（第七条～第一二条）。この点は、旧基本法でも最終答申でも明らかにされていなかった。

「国と地方の役割分担の明確化」とは具体的に何か、市町村はどのような基準と理由でどのように関わるのか、地方は何ができて何ができないのか、地域性をどのように考慮して実施するのか。点検と見直しに際しては、このような視点が重要であるが、これに必ずしも応えているわけではない。しかし、新基本法で各界の役割が明らかにされたことは評価できよう。

他方、役割を分担することで、「責任を分散することによって政府の責任を回避ないし最小にする口実をつくった」との批判がある。これに応えるには、第一五条の「情勢の変化を勘案し」て「施策の効果に関する評価」ができる点検システムの確立が求められる。

さらに問題は、各方面、各界が対等のパートナーシップをもって、法律に「魂」を入れることができるかどうかである。総点検と評価、見直しは、現場を最もよく知り得る最小の行政主体である市町村はじめ、各界の主体的取り組みの積み上げがなければ、担保されたことにならないのである。

次に、②総合的食料安全保障政策の確立についてみてみよう。

ウルグアイ・ラウンド農業交渉以来、わが国が内外に主張してきた食料安全保障を、最終答申では「総合食料安全保障政策の確立」とし、また、新基本法では「国内農業生産の増大を図ることを基本」とした「食料の安定供給の確保」(第二条)と明記した点は評価できる。わが国が食料輸入超大国であるだけに、国際的国内的に大きな意味をもつ。

中長期的には食料需給の逼迫が予想されるなか、わが国の低い食料自給率の現状を考慮し、わが国の食料供給構造の維持と農業資源の有効活用の視点から、国内生産を基本とし、また、そのための一つの指標・指針として食料自給率の目標が掲げられた点(第一五条)、食料の安全性や品質の向上を位置づけた点(第一六条)も評価できる。平時だけでなく不測の有事にも対応できる体制の確保を明記したこと(第二条、第一九条)も評価できる。

しかし、問題は「国内農業生産の増大を図ることを基本」とする政策の具体的あり方や推進体制である。残された課題はあまりにも多い。次節以降で詳しく点検するが、重複を避けて指摘すれば次の点である。

第一に、新基本法における「わが国農業の発展可能性の追求」の政策内容は、WTO農業協定における「緑の政策」の具体化の方向が明らかであるが、これがわが国にとって適合的な政策なのかどうか、「発展可能性の追求」になるのかどうかなどは必ずしも明らかでない。

第二に、第四章で詳述するが、農業粗生産額の約四割を占める中山間地域の食料供給上の位置づけが不明なことである。地域立法を統合・体系化するとともに、低い食料自給率等を考慮して、食料供給地域としての位置づけも必要である。

第三に、「国内生産と輸入・備蓄を適切に組み合わせる」（第二条）場合、それぞれの適切な水準とは何かが明らかにされていないことである。どのような水準とバランスをもって適切とするか、この点の踏み込みが曖昧である（第五章参照）。

現実的に考えれば、コメ・麦・大豆・飼料作物＋畜産といった基礎的・準基礎的作目の八六〜八八年時点（WTO農業協定の基準年）程度のアグリ・ミニマム（生産量、自給率、農地面積等）は確保すべきである[5]。コメの関税化に関しても、関税が国境調整の役割を果たす水準に維持され、その引き下げも構造調整のテンポを上回らないものとし、さらに農業活動がもたらす環境便益を減らすことのないようにし、自給や備蓄には「緑の政策」が適用されるようにすることである。

第四に、生産力発展の基礎となる農地、人、技術、なかでも農地をどのぐらいの面積をどのように確保するのか明らかでないことである（第二一条〜第二三条、第二五条〜第二九条）。人についても、担い手が意欲をもって経営に当たれるような所得政策（第三〇条）がどのようなものかの検討も必要である。

また、耕作者主体の農業生産法人であること、株式会社の農地取得による懸念を払拭できる措置を講じることを条件に、農業者の経営形態上の選択肢を狭めることのないように、株式会社の農地取得を認めたが、問題は、株式会社の農地取得への「懸念を払拭するに足る実効性のある措置」の内容がどのようなものかである。

具体的には、出資の制限や株式譲渡の規制などが考えられる。しかし、それだけでは不十分である。併せて各市町村において、住民参加による土地利用計画の決定、さらに農業適正地内での転用規制と適正利用の強化などが行える法整備が必要であろう。農地総量を明確にしたうえで、最終答申でも指摘しているように、「必要な農地の確保の方針を明示するとともに、農地は単なる個人的な資産ではなく、社会全体で利用する公共性の高い財であるという認識を徹底させ、農地について適切な利用規制を行うべきである」(6)ことの具体化が求められる。

(3) 多面的機能と所得政策

次に、③多面的機能発揮への公的支援についてみよう。

新基本法は、「農業・農村の有する多面的機能の十分な発揮」(第三条)、「農業の自然循環機能の発揮」(第四条)を大きな柱として位置づけた。このような農業・農村の機能が世界的にも認められてきていることは、第二章、第四章で述べたとおりである。

一九九八年三月のOECD農業委員会閣僚級会合のコミュニケでも、農業の環境便益、すなわち多面的機能の価格と便益生産のコストが市場で正当に評価される機会がない場合、デカップリング政策により、便益供給者である農民の労に報いるべきだとしている。

このような政策は、実はWTO農業協定では削減対象から除外されており、実施可能な国内政策の一つである(第三二条)。そして、この種の政策は、中山間地域はもとより、平坦地域においても、また農業規模の大小を問わずに実施可能な政策であり、今後の具体化が期待される。

最後に、④「緑の政策」を踏まえた所得政策等の充実についてである。

WTO農業協定の評価をめぐっては様々な指摘があるが、国会で批准したことや協定内容の変更が極めて困難であるという現実を考慮したとき、現行協定の枠内で、とりあえず実施可能な政策を早急に確立していかなければならない。

前記②食料安全保障政策のところでも触れたが、次の点に「緑の政策」の具体化の方向が示されている（表1-2参照）。

国の一般的サービスの一つである「農業・農村基盤整備事業」については、国民の批判を考慮して費用対効果の視点を取り入れ（第二四条）、また農民への直接支払い（デカップリング政策）については、経営安定対策の充実（第三〇条、第三一条）の方向とし、右の多面的機能への公的支援策として環境対策（第三二条）や中山間地域対策（第三五条）に新たに導入するとしている。

こうした政策の基本的方向は、あらゆる農畜産物の価格維持制度を段階的に縮小し、品目それぞれの価格形成を市場に委ねるとともに、担い手を中心に所得を補償する経営所得安定対策を組み合わせ、将来的には、これに農業災害補償制度を加え、農業経営全体を安定させる収入保険に一本化することも視野に入れたものである。価格政策のもっとも大きな影響が予想される中山間地域に対しては、所得補償的な直接支払いが導入された。

しかし、表1-2のようなデカップリング政策だけで、経営の安定が可能かどうか、したがって食料の安全保障が確保されるかどうか、詰めるべき課題は多い。デカップリング政策に大きく移行しつつあるEUでさえ介入価格を維持し、またアメリカではローンレート（最低保証価格）を維持していることを見落としてはならない。

農村地域政策についてみれば、新基本法は多面的機能への公的支援策も含め、「緑の政策」に適合するよう次のように定めた。

「……農村で農業生産活動が行われることにより生ずる食料その他の農産物の供給の機能以外の他面にわたる機能については、国民生活及び国民経済の安定に果たす役割にかんがみ、将来にわたって、適切かつ十分に発揮されなければならない」（第三条）。

また、農村については、食料供給及び多面的機能が「適切かつ十分に発揮されるよう、農業の生産条件の整備及び生活環境の整備その他の福祉の向上により、その振興が図られなければならない」（第五条）。

さらに、中山間地域を新たに位置づけ、「……適切な農業生産活動が継続的に行われるよう農業の生産条件に関する不利を補正するための支援を行うこと等により、多面的機能の確保を特に図るための施策を講ずるものとする」（第三五条）とした。これらの条項は評価できる。

ここでいう「中山間地域」とは、さしあたり山林や傾斜地が多く、まとまった平坦な耕地が少ないなど、農業生産上の諸条件が平地の農業に比べて不利な地域を指す。その区域は、おおむね農林統計上の「中間農業地域」と「山間農業地域」とを合わせた地域であり、「特定農山村法」「過疎特別措置法」「山村振興法」などとオーバーラップする場合もある。

中山間地域は、農業生産条件の不利だけでなく、定住条件も劣悪であり、そのため過疎化・高齢化が進み、担い手の減少、集落の崩壊、耕作放棄地の増大などの問題を生みだしている。農業の自由化・国際化の進行は、これを促進している。しかし、中山間地域は、現在でも土地面積の七割弱、農家数・農家人口・農業粗生産額の約四割を占め、食料の供給はじめ、環境・生態系・伝統文化の保全、都市住民への保健休養の場の提供等に重要な役割を果たしており、諸問題を放置しておくわけにはいかない。ここに中山間地域政策の重要性があり、第四章で詳しく論じる。

2 「食料自給率四五％」の意義と背景

(1) 食料自給率目標設定の意義

基本法のなかでも、国民的関心の最も高い「食料自給率目標」が、二〇〇〇年三月公表された。基本法第一五条に基づき、「基本法に掲げられた基本理念及び施策の基本方針を具体化し、それを的確に実施していくための基本的な計画として」、「食料・農業・農村基本計画」（以下、基本計画と呼ぶ）を策定し、このなかで公表したのである。

基本計画では、食料・農業・農村の全般にわたる計画が示されている。とりわけ食料分野のその自給率にまで言及した点が基本計画の大きな特徴である。農家はもとより、各農業団体、消費者団体が心配し、長年要求していた食料自給率の向上、その努力目標値四五％（カロリーベース）が、曲がりなりにも、基本計画に明記された点は評価できよう。

基本計画では食料自給率を次のように位置づけている。すなわち、「食料自給率は、国内の農業生産の増大を図る際に、国内の農業生産が国民の食料消費にどの程度対応しているか評価する上で有効な指標」であり、その目標を掲げることは、「国民参加型の農業生産及び食料消費の両面にわたる取組の指針として重要な意義を有する」とした。この位置づけにしても、また、政府として初めて自給率目標を明確にしたという点でも評価できる。

食料自給率目標を策定するにあたり、基本計画が最も留意した点は「実現可能性」である。「食料として国民に供給される熱量の五割以上を国内生産で賄うことを目指すことが適当である」が、二〇一〇年までの計画期間内における「実現可能性や、関係者の取組及び施策の推進への影響を考慮して定める必要がある」とした。その

表 3-1　食料自給率の実績値と目標値（1998 年→ 2010 年，％）

・総合食料自給率（カロリーベース）：40 → 45
・主要品目ごとの自給率（重量ベース）
　米 95 → 96，小麦 9 → 12，大麦・はだか麦 5 → 14，
　大豆 3 → 5（うち食用 15 → 21），
　野菜 84 → 87，果実 49 → 51，牛乳・乳製品 71 → 75
　肉類 55 → 61（うち牛肉 35 → 38，豚肉 61 → 73，鶏肉 67 → 73）
・総合食料自給率（金額ベース）：輸入飼料穀物に依存する畜産物，低カロリーの野菜や果実の
　国内生産活動を評価するため　70 → 74
・主食用穀物自給率（重量ベース）：59 → 62
・穀物自給率（重量ベース）：27 → 30
・飼料自給率（可消化養分総量ベース）：25 → 35

注：「食料・農業・農村基本計画」による．

表 3-2　わが国の将来の食料供給についての国民意識

（単位：％）

	非常に不安がある	ある程度不安がある	あまり不安はない	全く不安はない	わからない
前回調査（1996 年 9 月）	17.3	53.2	3.3	23.1	3.1
今回調査（2000 年 7 月）	26.6	51.8	3.1	16.6	1.9

（わが国の食料供給について不安と考える理由）

	地域環境問題の深刻化や砂漠化の進行	異常気象や災害による内外の不作	国際情勢の変化による資材の輸入減	世界の人口が急激に増加	その他	わからない
総　数	48.6	46.0	43.7	31.1	1.8	2.9

資料：総理府「農産物貿易に関する世論調査」（2000 年 7 月調査）．

実現可能な具体的な自給水準として、表3-1のような水準を示した。

表3-1に示された二〇一〇年の目標値は、おおむね一九九〇年代前半の自給率の水準であり、その限りでは極めて現実的な努力目標といえよう。これは、毎回の世論調査で明らかとなる「わが国の食料調達に関する国民の不安」への一つの回答にもなる（表3-2参照）。つまり、国が国民・消費者に対して責任のもてる自給率目標を設定したという点で重要な意義をもつものである。

また、世界の食料環境を踏まえれば、わが国が国際的非難を受けない、あるいは国際貢献に

足る最低限の目標値とも評価できる。つまり、わが国が国外に向かって責任のもてる自給率目標を設定したという点で画期的な意義をもつものである。

(2)「食料自給率向上」の背景

周知のとおり、食料をめぐる環境は、将来厳しいことが推測されている[7]。第二章でもふれたが、もう一度食料需給上の不安定要因を確認しておこう。

①開発途上国において爆発的な人口増加が予想され、他方、世界的に食料消費水準の高度化による飼料穀物の需要増加など穀物需要の拡大が見込まれるが、それに見合う増産体制確立の保障がない。経済成長によって所得が増大すれば、豊かな食生活を送るようになり、肉などの消費が伸びる。そのための飼料穀物の需要も必然的に伸びる。

②中国・インドなどの人口超大国や東欧・旧ソ連の国々における食料需給上の不安定が予想され、見通しも不透明な状況にある。

③地球の温暖化、砂漠化、熱帯林の減少など地球環境問題から生じる生産制約、また趨勢からみれば、耕地拡大の困難などの問題が考えられ、これまでと同様の生産増加が極めて厳しいと予想される。バイオテクノロジーなど新技術による増産も考えられるが、いまだ未知数である。

④食料調達は基本的に各国に任され、穀物などの国際的な需給調整機関がないなか、食料を政治的戦略物資に位置づける国があったり、またWTO農業協定第一二条では輸出禁止や抑制を認めており、輸入国は輸入の安定性を欠いている。このもとで、いまでも地域的に過剰と不足、飽食と飢餓が存在している。

このような不安定要因があるなか、多くの国際機関は食料に関する将来予測と対策を次のように指摘している。

二〇三〇年ごろまでに世界の人口は八五億以上に達し、とりわけ途上国の食料危機は一層深刻になる。これを現実のものとしないためには、途上国では女性の地位向上や人口の抑制、貧困の克服、食料増産のための農業投資の促進と援助が必要であり、また世界各国は食料自給（力）を維持向上させ、環境破壊的農業を転換する必要がある、と。

以上のような状況のもと、日本農業の食料供給力は、食料消費構造が大きく変化するなか、労働力の減少や老齢化など生産諸力の劣弱化、輸入食料の急増などを背景に、急速に衰えつつある。食料自給率の傾向的低下に歯止めがかかっていない。このままでは国内の食料の安定供給に支障をきたし、農業の多面的機能を損ねるだけでなく、世界の食料安全保障にも悪い影響を与える。

そうならないように、食料輸入超大国のわが国は、持続可能な農業のための政策目標、すなわち自給（生産総量、自給率、農地面積などの少なくともＷＴＯ基準年である一九八六～八八年水準の維持）、備蓄、輸入の適正水準に責任をもち、世界の食料需給の不安定要因の除去に努め、途上国への食料自立のための農業協力・援助を行うことが必要である。また、適正な自給力の維持を基礎とする協調的で集団的な国際的枠組みの確保も必要である。しかし、このような国内的国際的政策枠組みが十分に確保されているわけではない(8)。

今後必要になることは、何よりも国内外における食料需給上の不安定要因の除去であり、わが国のそれへの貢献である。そのためには、わが国自身が持続可能な政策目標を明確にし、それを着実に実現しなければならない。その内容と具体的計画を示したのが、新しい基本法であり基本計画である。

実は、国内農業実態と旧農業基本法との齟齬があまりにも明確になっていたし、内外の新しいニーズにも応えられる農業体制になっていなかったのである。その意味で、新基本法や基本計画、とりわけ基本計画の自給率目標の設定は、国内外に向かって少なくともわが国における食料調達と国際貢献の一つの在り方を示したといえるのである。したがって、基本計画の自給率目標とその実現のための取り組みが、今後国内外の社会的要請に的確に応えているかどうかが問われることになる。

以下では、こうした観点から基本計画の問題点を検討する。

3　「食料自給率目標四五％」実現への課題

(1)　裏づけに疑問残る目標設定

前記のような評価できる面がある一方で、問題点も少なからずある。仔細に検討すると、目標実現に大きな障害のあることが指摘できる。

第一に、二〇〇〇年より始まっているＷＴＯ農業交渉の結果次第で、目標値はどのようにでも変化してしまうことが明らかである。

基本計画では、「国境調整措置の取扱いについては、ＷＴＯ（世界貿易機関）の農業交渉の対象となるが、現段階ではその帰すうが明らかでないため、現行のウルグアイ・ラウンド農業合意による平成一二年度の措置を前提とする」とある。今後の交渉結果次第で、目標値は大きく変更されることが前提になっている。

基本法および基本計画を策定する過程では、現行の農政の国際的枠組みのもとにあっても、食料自給率を一％向上させることさえいかに困難なことであるかが強調された。今後の交渉ではさらなる農業保護の削減が予想される状況を考慮すれば、交渉の結果がでる前までに、少なくとも何ができ何をどうするのかなどの具体策が示されるべきである。が、必ずしも明示的でない。

第二に、努力目標実現のための責任の所在が不明確なことである。

基本計画では、二〇一〇年までの計画期間を、「関係者の努力により食料自給率の低下傾向に歯止めを掛け、その着実な向上を図っていく期間と位置付け、関係者が取り組むべき食料消費及び農業生産における課題を明らかにして、計画期間内においてこれらの課題が解決された場合に実現可能な水準を……設定する」とある。そして、「全国段階における生産努力目標と併せて、地域段階において、地方公共団体、生産者団体等による地域の条件と特色を踏まえた生産努力目標の策定を促進する」ことが強調されている。

確かに、政府はもとより地方公共団体、生産者から消費者に至るまで、国民各層の責務や役割を明記したのは基本法（第七条〜第一二条）の評価されるものの一つではある。食料・農業・農村の在り方は農家だけが考える問題ではなく、国民各層が生活の在り方の一つとして考えるものである。

その精神を踏まえた基本計画であるから、当然国民各層が真剣に考え、取り組まなければならないし、取り組みが不充分であれば目標も実現できないのは当たり前である。とくに、各地方自治体では、自らの食料自給率の現実的な目標を決め、そのために何をするのかできるのか、また何ができないのか、したがって国や住民とどのような協力が必要なのかなどを明らかにすることが大切である。「お上頼み」の陳情から脱却し、市町村自らの力でできることは実践すべきである。

しかし、国民各層の取り組みを強調するあまり、国の責任を放棄してはならない。国はいつから、どのように何を実施するのか、具体的な施策の実施が求められる。従来のような公共事業中心の施策でなく、食料自給率向上へ実効性のある国の施策が必要である。

第三に、延べ作付面積、耕地利用率、農地面積の二〇一〇年の予測値が、「実現可能性のある予測値である」と確信できないことである。実効性のある施策が裏打ちされていないことも、そう感じさせる理由であろう。

基本計画では、実現可能な国内生産を前提とした場合に必要となる延べ作付面積は、九八年から二〇一〇年までに、四六二万ヘクタールから四九五万ヘクタールへ三三万ヘクタールの増大、耕地利用率は九四％から一〇五％への増加、これに対し農地面積は四九一万ヘクタールから四七〇万ヘクタールへ二一万ヘクタールの減少を見込んでいる。とりわけ、農地面積については、「すう勢を踏まえ、耕作放棄の抑制等の効果を織り込み見込んでいる」(「基本計画」の第五表)としている。

基本計画の検討過程で予測された農地面積は、すう勢では九八年の四九一万ヘクタールが二〇一〇年には四四二万ヘクタールに減少してしまうが、拡張により三万ヘクタール、再活用により四万ヘクタール、さらに耕作放棄の抑制措置(直接支払い制度、基盤整備等)により二一万ヘクタール、計四七〇万ヘクタールが確保されると見通されている。しかし、農地面積の減少は、これまで見通しを上回るのが常であった。少なくとも農地政策が十分でなかった点は指摘できる。なかでも転用問題は一考すべきである。

転用面積は二八万ヘクタールと見込まれている。このうち農用地区域内にある農地の転用面積は八万ヘクタールと見込まれているが、相対的に優良なこの農地をどうするのか。減少の歯止め措置が示されず、優良農地を確保するという国の明確な意志が感じられない。基本計画と同時に公表された「農用地等の確保等に関する基本指針」では、とりわけ「非農業的土地需要への対応」について、「農業上の利用に支障が生じないことを基本とし、計画的な土地利用の確保に努める」にとどまっている。

大切なことは、九八年九月の基本問題調査会「最終答申」でも指摘されたように、「将来のために優良農地を良好な状態で確保していく」ため、「わが国全体として必要な農地の確保の方針を明示するとともに、農地は単なる私的な資産ではなく、社会全体で利用する公共性の高い財であるという認識を徹底させ、農地の有効利用のため適切な利用規制を行うべきである」との精神を具体化することである。

基本計画ではその片鱗さえ感じられないし、自給率向上を踏まえた農地政策とは評価できない。相対的に優良な農地の転用を抑制することも忘れてはならない。優良農地の転用抑制は単位当たり収量の向上となり、自給率も上がるし、優良農地確保の強力な意志を示すことにもなる。

(2) 畜産物及び飼料の自給率向上は可能か

第四に、畜産物および飼料の自給率向上に現実味が感じられないことである。

基本計画は、畜産物および飼料ともに自給率の向上を目指している。生産体制や食料消費等の在り方も考慮した目標とはいえ、多くの問題が残されている。

第一に、非現実的な畜産物消費見通しの問題である。

食料消費に関して、基本計画では、適正な栄養バランスの実現と食品の廃棄や食べ残しの減少を重要な課題としている。なかでも、適正な栄養バランスの実現については、二〇一〇年には「脂質を多く含む品目の消費が減少する一方、米を中心とする穀類の消費が堅調に推移し、糖質（炭水化物）の消費が増加すると見込む」。

近年の動向を基礎にした趨勢値と見込値を比較してみれば（一人一年当たりの供給純食料）、米は趨勢値六二キロに対し見込値六六キロ、野菜は九五キロに対し一〇八キロで、増加すると見込んでいる。反対に、果実は四一キロに対し三九キロ、牛乳・乳製品は一〇六キロに対し一〇〇キロ、肉類は三二キロに対し二七キロとし、減少すると見込んでいる。

しかし、このような見通しが果たして現実的といえるであろうか。これまで減り続けてきた米の消費を増やし、反対に増加し続けてきた牛乳・乳製品や肉類を減らすことができるのであろうか。もちろん、望ましい栄養バランスのための国民への啓蒙等により、そのようになることを否定するものではない。

そうはいっても畜産物消費を減らすことは相当難しいと考える。もっとも、狂牛病問題が畜産物消費を減らすという皮肉な結果が生じるかもしれない。ともかく、将来にわたり畜産物消費が減少することを前提とした、向上を見通した畜産物自給率も、あまり現実的とは思えない。

第二に、国内生産目標も非現実的である。これは、畜産物に限ったことではなくすべての作目に共通する問題点でもある。

基本計画において、国内生産目標は、ほとんどすべての作目で今後一〇年間に二～三割の生産コスト引き下げを前提に示されている。生乳で二割、牛肉二割のコスト削減、その他の畜産物でも高品質・低コスト生産を目指している。

しかし、どのような方法で二～三割もの生産コストを引き下げるのか、また前述したように、コスト引き下げのための試験・研究および農家への普及・営農指導体制をどうするのか、実現するための具体策が明らかでない。これでは絵に描いた餅に終わる。「実現可能な水準」とはとてもいえない。

第三に、飼料作物生産目標も非現実的であり、したがって飼料自給率の向上も欺瞞に満ちたものである。

基本計画の発表に続いて、二〇〇〇年四月には「酪農及び肉用牛生産の近代化を図るための基本方針」や「家畜及び鶏の改良増殖目標」、「飼料増産推進計画」が明らかにされ、「畜産振興推進本部」や「戦略会議」を設けて課題に取り組むとしている。しかし、次の点を考慮すれば、これらの計画も基本計画も、そこに掲げられた目標と計画は欺瞞的である。

①生産者団体＝農協自体が「巨大穀物輸入商社」になっていること、②濃厚飼料でなく草飼料の使用は乳量減少となり、結果として低収益＝高コストになること、③水田地帯での転作飼料の利用者が極めて少なく捨て作りになっていること、④農家自体が濃厚飼料依存体質になっており、自給飼料の技術体系をもっていないこと、⑤これらの現実と目指すべき姿（「飼料作物生産指標」「日本型放牧の指標」）とのギャップを埋めるための、試

験・研究体制、また農家への普及・営農指導体制などの具体的改善方向が示されていないこと、そもそも試験・研究も濃厚飼料を前提としたものに偏重していること、などである。

飼料生産に関して具体的政策として明らかなのは、水田営農対策及び中山間地域への直接支払いだけである。しかし、これらの政策にしても、右記の①～⑤の現実をみたとき、一時的なつかみ金で終わってしまう可能性もあり、この補助金も含めれば結果として高コスト生産にもなりかねない。そうならないための一つの対策は、飼料米・飼料稲生産を制度化することである。わが国水田資源の有効な総動員こそ必要である。

(3) 予算の確保と効率的運用

第五に、大きな問題として指摘しなければならないことは、基本計画にふさわしい農業予算が確保され、それが効率的に運用されるかどうかという問題である。自給率を向上させるために何よりも重要なことは、やはりそのための財政の確保と効率的な執行である。

新農基法元年の二〇〇〇年度農林水産予算は、三兆四二八一億円、対前年度当初予算比〇・七％増であった。しかし、一般会計予算総額は、対前年度比三・八％増であり、必ずしも「元年」にふさわしい予算の確保とはいえない。

それ以上に問題なのは、その予算の中身である。これまでもそうであったように、農業農村整備などの公共事業が過半を占め、予算構成に大きな変化はみられない。評価できるのは、中山間地域への支援と水田農業経営確立対策ぐらいである。

確かに、公共事業としての農業農村基盤整備は、ＷＴＯ農業協定では削減除外された「緑の政策」の一つであり、その有効性もすべて否定されるものではない。第四章で詳しく述べるが、シビルミニマムに達しない農村の生活環境整備、条件のある地域での競争力強化のための圃場整備など、今日の農業・農村情勢からいえば農業農村整備はやはり必要である。

しかし、問題は公共事業費の分量と使われ方であり、事業の決定過程や内容の不透明性、波及効果であり、国際的な意味などである。

公共事業などは、市場や生産等から一応デカップルされた政策ではあるが、間接的に農民に所得を移転するものので、次の問題点がある。(9) 間接的な所得支持政策は、保護や援助を必要としないかもしれない農民への余分な援助となり、農業部門以外にも援助が漏れる可能性がある。財政効率化という点では、国際的には間接所得支持から直接所得支持へ政策がシフトし、デカップリング政策の具体化と精査が進んでいる。WTO農業協定の内容は、まさにそれを宣言したものであった。

ところが、わが国はいまだに、農業・農村整備事業を中心とした内容から何ら脱却していない。ウルグアイ・ラウンド農業合意を受けて転換したはずの農政は、予算執行上何ら転換していない。わが国でも、「緑の政策」の組み換え、すなわち基盤整備事業などの間接所得支持から直接支払いに、政策比重を移すことは緊急の課題であり、国際的にも時代の要請なのである。

公共事業の問題はそればかりではない。様々な整備事業が、農村のアメニティを破壊してきたケースも少なくない。また、兼業農家の増大が、農業の先行き不安と相まって、圃場整備事業の必要性を著しく減退させ、整備事業の否定材料になっているという問題も横たわっている。

地方自治体からも問題が指摘されている。すなわち、公共事業は地方自治体も財政負担することになっており、財政的に疲弊しているために、仮に実施しようとしてもできないのが現実である。今必要なことは、地方に財政負担させない国の農民への直接支払いである。(10) 公共事業を行う場合でも、その精査を行い、地域にとってほんとうに必要な事業や施設は何かを明確にし、国とのパートナーシップ（一致・共通した方向性を共有し協力して対等にその実現に当たる）のもとに実現を図ることが大切である。

(4) 田畑輪換＝日本型輪作で自給率向上へ

充分とはいえないまでも、二〇〇〇年度の直接支払い施策で評価できるものは、中山間地域への支援、水田農業経営確立対策などである。

中山間地域への直接支払いは、わが国農政史上初めてということにとどまらず、第四章で詳しく検討するが、次の点で評価できる[11]。

第一に、農政の国際的枠組みを踏まえ、条件不利の補正および多面的価値生産への対価という理念を明確にしたことである。この二つの理念それぞれについて明確にするとともに、両者の関係についても、不利の補正により「適正な農業生産活動等」（耕作および農地管理ならびに水路、農道等の管理）が継続され、食料自給率低下の抑制を図り、多面的価値生産も維持されるとの理解を示した。前述したように、基本計画では、この政策や基盤整備等により、二一万ヘクタールの耕作放棄を抑制できると見込んでいる。

第二に、直接支払いを地域政策総体の一つとして位置づけ、地域政策の総合化・体系化の方向を明示したことである。往々にして他部局、他省庁との連携なしに事業が実施されることがあり、無駄・非効率が指摘されてきた。直接支払い制度の実施を契機に、何がどのように総合化・体系化されるのか、現在のところみえてこないが、その具体化が望まれる。

第三に、対象地域・農地が中山間地域農地約二〇〇万ヘクタールのうち九〇万ヘクタール、四五％となり、EU並みの指定地域・農地となったこと、また、財政措置も半分を国が負担し、残りの地方自治体負担分については地方交付税措置を講じ、地方の財政負担の軽減を図ったことである。

このように評価できる反面、次のような問題点も残る。

第一に、農産物価格が下落傾向のなかで、価格下落相当の支払いが可能なのかどうか、第二に、前記の地域政策の総合化・体系化とも関連するが、国土・食料・林業・環境政策のなかの位置づけやそれらとの関係、また日本的雇用慣行が崩れるなど新たな経済社会における位置づけ等が明らかでないことである。

第三に、交付条件の一つである「集落協定」の要件が厳しすぎて、対象農地の指定が困難を極めていること(二〇〇〇年九月末現在、当初見込み九〇万ヘクタールの六五%と低調)である。しかし、制度は始まったばかりであり、今後の取り組みに期待したい。

次に、二〇〇〇年度から新たに始まった水田農業経営確立対策(以下、水田営農対策)についてみてみよう。

水田営農対策は、これまでの対策に比べ助成金が高い。自給率の極端に低い麦・大豆・飼料作物を作付けた場合、とも補償に経営確立助成を加えれば、一〇アール当たり最高で七万三〇〇〇円となり、平均稲作所得六万二〇〇〇円を上回るようになったことは評価できる。

今回の対策で特徴的なことは、第一に、麦・大豆・飼料作物の作付け拡大、団地化、担い手への農地集積などを明らかにした地域農業振興計画を作った地域に重点投資されること、第二に、この対策とは別に、麦・大豆についての定額交付金を創設して経営・所得安定を図り、麦・大豆の作付け拡大を目指していることである。

しかし、ここに輪作の視点があるわけではない。水田に麦・大豆・飼料作物を「本作」と位置付ける単なる田畑輪換の考え方である。これでは、生産刺激的な「本作」との国際的評価を受けよう。環境に配慮した作付け体系=輪作により、結果としてそれら作物の生産量が増えたというのとはかなり違うのである。だから、「本作」ではなく輪作とすべきなのである。輪作とする意義は次の点にある。

第一に、輪作作物により土壌を保全し、作付けの継続により環境・景観・国土保全の役割を果たすことができる。第二に、麦、大豆など輪作作物を導入することで実質的な生産調整になり、コメの自給率は下がるが輪作作物の自給率は上げることができる。第三に、基礎的食料の生産基盤の確保と必要食料生産の一定の確保により、食料安全保障を確保することができる。第四に、休耕ではなくコメや輪作作物を生産するという行為の継続が、農民のプライド維持およびモラルハザード防止の役割を果たすことができる。

一九七〇年から緊急避難措置として始まった生産調整はすでに三〇年がすぎた。この三〇年という「実験」の期間、農業の持続性や環境への負荷低減といった輪作効果はなかったのであろうか。米過剰のもとにおける水田ベースの環境保全的作付けパターンとしての日本型輪作の在り方ではなかったか。

WTO農業協定に基づく政策の精査が進んでいるということを考慮すれば、また米過剰で生産調整が不可避であるとすれば、そろそろ田畑輪換（転作）を日本型輪作として位置づけ直す時がきているのではないか。

その意味では、田畑輪換＝日本型輪作の試験・研究および各地域によって異なる輪作パターンの理論化、またそれに基づく農家への普及・営農指導体制の強化、そして輪作の定着等が重要である。具体的には、日本型食生活を背景とした水田における日本型輪作としての｛米・麦・大豆・飼料作物｝＋畜産の確立が重要になってきている。(12) もちろん、地域によっては田畑輪換が不適という地域があることも考慮しなければならない。

このような点を、基本計画との関係でみれば、水田営農対策は不充分である。基本計画では主要品目ごとの課題を明らかにし、生産努力目標とそれに必要な面積、耕地利用率を示しているにすぎない。

基本計画は水田輪作の位置づけが欠落している。仮に輪作を位置づけた場合には、輪作とした場合の課題、作目の組み合わせ、輪作時の収量の水準、輪作可能な面積等を考慮した場合の作付面積・耕地利用率も併せて明らかにすべきである。

また、輪作効果も踏まえつつ、世界一の化学肥料・農薬使用国を返上すべく、三〇%の使用削減目標も掲げるべきである。ウルグアイ・ラウンド合意前夜の九三年、国内外に向かって食料安全保障を主張し、米の市場開放に反対したが、空前の大凶作となり急遽米を輸入した。米の在庫をほとんどもっていなかったことが、この年世界最大の米輸入国となった原因である。同じ轍を踏まないことが大切である。多面的機能の維持を主張するなら、輪作効果も踏まえた化学肥料・農薬の三〇%削減の取り組みは当然のことである。

問題点のもう一つは助成金の水準である。確かに現在は米の所得を上回る水準であるが、その米の価格が低下傾向のもとでは、「本作」の助成金もいずれ減額される可能性が高い。助成金が米の所得とのバランスをもとに決定されることになれば、「本作」の自給率向上、日本型輪作の定着は持続性をもったものにはならないであろう。

4 自給率向上への新しい政策課題

(1) 本格的な農業構造改革へ

自給率を向上させるためには、農業構造改革の課題を避けてはとおれない。ここで、わが国農業構造の抜本的変革の道筋について考えてみたい。

国際化のなかでいま求められていることは、環境保全型農業・持続可能な農業の本格的な展開である。そのためにも、わが国農業(とりわけ水田農業)の構造を抜本的に変革することが重要である。つまり、日本型の農業革命、零細分散錯圃制農業と資源収奪型農業の止揚=「資源管理型農場制農業」の確立へ導くことである。

EUが基本的に構造改革を済ませたうえで環境保全を問題にしているのに対し、わが国は両者を同時に進めなければならない段階にある。両者の努力なしには消費者の理解は得られないし、したがって食料自給率の向上も難しい。

「食料・農業・農村基本法」でも指摘しているように、「望ましい農業構造」のもとでの「持続的な発展」が求められている。この要請に対し、私は「資源管理型農場制農業」を提案したい[13]。

輪作を伴う「資源管理型農場制農業」は、水田農業を念頭に置いたもので、能率追求（コストダウン・規模拡大）と資源管理（土地・水・人・技術の保全）が合理的に実行できる生産システムであり、単作の資源収奪型ないし資源管理型零細分散錯圃制農業を変革した高次の日本型モデルである。

さらにいえば、環境および生態系に統合され市場原理に基づいて経済活動をする日本型「持続可能な農業」モデルである。すなわち、「団地化された大区画圃場（五〇アール～一ヘクタール区画）のもとで、当時代の科学技術を踏まえたリーズナブルインプットの輪作構造をもった農業生産様式である」。このような農業がわが国でも生まれているし、この動きを本格化させることが求められている。

この農業のキーポイントは、担い手と同等ないしそれ以上に地権者・地主の在り方である。戦前農業・農村の多数者・担い手が小作農、小自作農、自小作農であったのに対し、現在の農業・農村の多数者は農業担い手とは分離した零細地片農地所有者である。この所有者の大半は、土地持ち非農家であり第二種兼業農家である。

農地（水田）を大規模に面的に利用する少数の農業担い手は、多数の地主から零細な農地を、両者の合意のもとに借り集めなければならない。しかも、農場制農業を実現するためには、零細地主の合理的土地利用への理解が不可欠である。結局、少数の農業の担い手を生かすも殺すも、多数者の地主の振る舞いにかかっている。と同時に、地主も担い手なしには自らの農地を管理維持できない。

ここでの問題は、地主が考える「担い手と農地」の利用の在り方である。この利用の在り方と地域にとっての合理的利用の在り方とを調整し、どのように構造改革に結びつけるかが問われている。言い換えれば、「農地は単なる私的な資産ではなく、社会全体で利用する公共性の高い財」[14]となるような農地の面的囲い込みをしてきたかである。農地が誰によってどのような範囲でどのように囲い込まれ、囲い込まれた農地を誰がどのように利用するか、農業の担い手はどのようにして経済的自立をなしえたか、これらを明らかにすることである。

したがって、担い手の分析だけでなく、「戦後日本型ユンカー経営＝パートナーシップ型地域農業経営」視点からの実態分析が必要である。[15]そこから水田農業構造の変革の筋道を考えなければならない。北海道であれば、「個別大経営＝パートナーシップ型地域農業経営」視点から、また沖縄の場合であれば、「観光結合型経営＝パートナーシップ型地域農業経営」視点から農業構造の実態分析を行う必要がある。

そこで大切なことは、「地主」と「担い手」との農地利用の在り方の合意＝協定とその実質化であり、両者の地域における役割を明確にすることである。その場合、「支援・普及機関」（市町村・農協・普及センター・土地改良区・公社等）、「調整組織」（地主・農業担い手・支援普及機関の代表者で構成）も重要な存在である。これら四者のうちどこかが他の組織の役割を担う場合もあるが、基本的にこの四者のパートナーシップ（提携・協力・信頼関係）が不可欠である。

加えていえば、消費者・NGO・NPOなどとのパートナーシップの確立も、今後ますます必要である。遺伝子組み換え作物の表示一つとってみても、彼らのニーズは生産の在り方まで変えつつある。消費者のニーズに応えた生産が、何よりも大切である。

パートナーシップが必要なのは、農民が社会で少数になり、多数者である消費者のニーズに依拠しなければ存立しえないという理由だけではない。その農民は確かに零細地片の農地所有者であるが、消費者・納税者であり、地域住民であり、場合によっては非農民（単なる農地貸付者）であり、時としてNGO、NPOの一員でもあるからである。

(2)「経営所得安定対策」の課題

このような構造改革と併せて必要なことは、わが国に適合的な政策、とりわけ経営所得安定対策の充実である。しかし、二〇〇一年八月に明らかにされた「農業構造改革推進のための経営政策」は、政策のポイントを見誤っている。前記からも明らかなように、農業構造改革の最大の課題は、土地利用型農業、とりわけ水田農業における零細分散錯圃・資源収奪型農業の克服、すなわち資源管理型農場制農業の創出により、農業者の自立を図ることにある。この課題に応える政策とは言い難い。

「認定農業者」のいる「育成すべき農業経営」に対し、生産・流通・セーフティネットに関わる施策の集中化・重点化により「効率的で安定的な農業経営」を作り出すことは、確かに重要である。しかし、なぜ「施策の分野及び対象者の集中化・重点化が必ずしも十分に行われて来なかった」のかの十分な総括が見当たらないのである。これでは同じ轍を踏む可能性が高い。

水田農業においては、団地的・連担的農用地利用を前提とした農業者の自立という課題に、施策の集中化・重点化が行われてこなかったことに最大の問題があった、と筆者は総括する。集落等地域における零細地主・農業担い手の役割分担の明確化こそ重要である。農業者を取り巻く多数の零細地主への配慮が必要であるし、零細地主も地域資源の管理者としての位置づけが必要である。

つまり、農地利用の集団的意思決定が可能な地域（集落となる場合が多い）を基礎とした農地利用の在り方の取り決め（=農用地利用規程など）と、その実質化を図るために施策の集中化・重点化が必要である。集落単位の「構造転換計画」がそうした機能をもつことに期待したい。

ただし、「育成すべき農業経営」や「集落営農」を、単に二類型の経営としてみるのではなく、担い手育成プロセスのなかに位置づけるべきである。愛知県安城市や十四山村《じゅうしやまむら》の実態が明確な回答を出している(16)。農用地利用改善団体（地主組織）や農業者に対し、さらに必要な経営所得安定のための施策として、ハードとソフト両面からの間接的支援、また直接支払いの直接的支援が必要である。

まず前者のハードの側面では、総合的な農業・農村基盤整備が有効であり、また、ソフトの側面では経営管理のノウハウの指導、たとえばパソコンによる経営・栽培管理体制の確立などである。これらは、個別対応のほかに、土地利用型（水田）農業の場合、地権者・地主の集団的農地利用の合意が可能な範囲（集落、農用地利用改善団体等）を単位とした対応も必要である。

後者の直接的支援（デカップリング的支援）では、表1-2に示した固定支払い、自然災害に対応した作物保険、価格暴落に対応した収入保険、構造調整支払い、環境支払い、地域支援支払いなどの組み合わせとその充実が必要である。なお、作物保険も収入保険も、「積立方式」も「保険方式」も、事務処理や保険金の出し入れ等を政府に代わって民間等が執行しているのであり、直接支払いに変わりはない。この点の認識が「経営政策」にはない。

支払い上考慮すべきことは、価格の安定的下落が恒常化・常態化していることである。したがって、アメリカやEUで実施されている多様な直接支払いを用意すべきである。財源は、「公共事業から公共事業以外の政策手段へシフトしていくこと」により可能である。

固定支払いは、社会福祉支払い的性格が強いが、たとえば特別セーフガード対象外の農産物に対し実施する。併せて、その作物が地域の景観形成や地力維持などに貢献している場合には、環境支払いも考慮する。一般・特別を問わず、セーフガード発動時に際しては、現行各種安定対策のほかに、「黄」ではあるがアメリカのマーケットロス・ペイメントも考慮しておくべきである。

作物保険は、現在の災害補償制度で対応できるのではないか。ただ、担い手がかなり特定されてきた今日、任意の加入にするか否かは議論の余地がある。収入保険もそうであるが、母数が少なすぎると補償は困難になる。その分の資金補塡が必要であろう。

収入保険は、価格低落基調のわが国のような輸入国においてはあまり有効な施策とはいえない。もちろん、ないよりあった方がましであるが。WTO農業協定に示される収入保険の要件（三〇％の収入減少に対して七割補償）を満たす事態など、わが国において生じるのはまれである。価格・収入が恒常的に一〇％程度下落し続ける事態に対処できる政策でなければならない。

そのためには、輸入国においても有効となるように、要件の変更をWTOに提案してもいいのではないか。また、現行の各種安定対策の充実も考慮すべきである。たとえば稲作の場合には、先物市場がないのを考慮して、アメリカのローンレートのような基準価格の設定、または構造調整のテンポを上回らない水準の引き下げ固定の基準価格の設定、あるいは関税引き下げ水準と同等の毎年二・五％程度の引き下げ固定の基準価格の設定である。

さらに、二〇〇〇年度から実施されている中山間地域への直接支払いに関しては、フランスのCTEを踏まえ、支払いを充実させ、平地にもCTEのような施策を適用することが考えられる（第一章参照）。その場合には、農用地利用規程、中山間地域支払いの集落協定等、地主・担い手の農地利用等の合意とその実質化を義務付けることである。併せて構造調整支払いが実施されてもいい。

(3) 食生活の見直し

食料の自給率を上げるには、消費構造にも着目しなければならない。したがって、第七に指摘しなければならないことは、食生活の見直しである。基本計画が「望ましい食料消費の姿」を示したことは、道義的、日常生活的な視点からいえば画期的である。

しかし、食料消費の在り方や食生活それ自身は、各個人の価値観の問題であり、押し付けることはできない。それを承知で次の点を指摘しておきたい。

見直しに当たって大切なことは、消費者と生産者、都市と農村との相互補完関係の促進ということである。パートナーシップについて右に述べたが、消費者・都市にとっても生産者・農村の協力なしには、食生活を含む生活全般の豊かさの実現も難しい。生活の豊かさの実現のためには両者の交流が大切である。

もう一点は、「国産の農産物を、良質で安全な農産物を、ロスを出さずに食べる」ことの重要性である。わが国では供給熱量の約二割がロス・無駄になっているといわれている。アメリカでも九五年の一年間で捨てられた食料は四三五五万トン、供給量の二七%あった。この事態にショックを受けたグリックマン農務長官は、「このうちの五%でも減れば、四〇〇〇万人の食料が確保でき、五〇〇〇万ドル（約五八億円）の廃棄コストが節約できる」と訴えたほどである。

これは道義的な側面だけの問題ではない。食品廃棄物の減量化と再利用・資源化の啓蒙にも貢献できる。この点で教訓的なのが、山形県長井市のレインボープランである（二〇〇〇年七月調査）。

レインボープランとは、生ゴミを柱とした地域内循環システムの定着を目指した取り組みである。長井市全世帯九六五三（二〇〇〇年一一月三〇日現在）のうち、市街地の約五〇〇〇世帯が参加している。台所と農業、都市と農村、二〇世紀と二一世紀、これらの虹の架け橋にしようとする願いが込められている。

取り組みの内容は、各家庭の台所、学校給食センターから出る生ゴミ、農家から出る家畜糞尿や籾殻で堆肥を作り、これを地域内の農家に供給して有機農産物等を生産し、これを市民に販売する。生ゴミを堆肥にする取り組みはたくさんあるが、次の点がユニークである。

生ゴミの堆肥化を地域システムにしたこと、自分たちの食料を台所（堆肥供給）から参加するようにしたこと、生産者と消費者の協力関係を作り上げたこと、市民みんなでリサイクル・環境保全に取り組んでいること、等である。

このような取り組みにより、農家は良質な堆肥を確保し、消費者は生産者の顔が見える安全な農産物を手に入れることができるようになった。つまり、肥料自給率も地域内食料自給率も高めることができた。また、消費者が日本の農業・食料、地域の農業をよく考えるようになった。さらに、清掃事業所に持ち込まれる生ゴミなど生活系可燃物が三〇％減少したため、焼却炉内の温度低下がなくなり、ダイオキシン発生の減少にも相当貢献していると思われる。

長井市のレインボープランという地域システムの構築は、自らの生活スタイルや自らの生活基盤である地域の在り方を見直す契機になり、また、わが国のイビツな農業・食料事情にも関心を向けることになり、地域農業の在り方も考え、見直す契機にもなっている。

このように、食料自給率の向上は、消費者の食生活を含む生活全般にわたる見直しにかかっている。新基本法が国家および地方公共団体はじめ、国民各層の役割について、第七条から第一二条でそれを謳ったのも、このような背景があってのことと思われる。食料や農業は、国、地方、そしてわれわれの身の回りの環境と安心感、生命と健康に大いに関係する。それだけに、各階層が再考すべき課題なのである。

5　産消共同の稲作安定生産――JA庄内みどり遊佐支店の教訓――

(1) 共同開発米「遊・YOU・米」とは

長井市のレインボープランとは違った意味でユニークなのが、同県のJA庄内みどり遊佐支店の取り組みである（一九九八年一〇月調査、二〇〇一年一二月補充）。

山形県の最北端に位置する遊佐町には、南に庄内平野、北に鳥海山、東に出羽丘陵、そして西に日本海がある。この自然を生かしつつ、JA庄内みどり遊佐支店は、生活クラブ生協とともに、一九八八年から安全と環境を視野に入れた「共同開発米」生産＝環境保全型農業に取り組んできた。

「共同開発米」生産が持続・安定してきた要因は、消費者との共同による計画、組織確立、役割分担、点検などとともに、その農業に対する地域住民の意識の高揚、町あげての資源保全という自覚的取り組み、買い手である消費者との信頼関係の確立である。新基本法や基本計画がいう国内生産・多面的機能の維持・増大の実現方策として、JA遊佐支店の「共同開発米」の取り組みは教訓的である。

「共同開発米」とは、JA庄内みどりと生活クラブ生協とが品種、農法（環境保全型）、品質、数量、価格について直接話し合いをして決定し、産地精米を行い、物流もそれに合わせたコメである。このようなコメの愛称を「遊・YOU・米」としている。

JAと生協が直接協議して、生産方法から流通に至るまでの過程を決めて取引している例は全国的にも珍しい。とくに、栽培基準を両者で取り決め、価格も協議して決める点などは、環境保全型農業の定着を促進するうえで大きな意味をもつ。

なぜなら、生産者の独断ではなく、消費者のニーズ（安全性や品質保証、おいしさなど）に沿った生産をするが、他方このような生産が持続するように、消費者も生産者の希望する価格に近づけたり、独自の共済制度を設けるなどして、お互いの信頼関係を前提に安定した供給体制を確立しているからである。まず、その内容を紹介しよう。

「遊・YOU・米」の品種は二種類あり、一号が中生品種の「ひとめぼれ」、二号が早生品種の「どまんなか」で、ともに穂数・籾数が少ないが、登熟がよく障害型冷害に強い。とくに「ひとめぼれ」の耐冷性は、現在の良食味米品種のなかで極強といわれている。

農法は、安全性と環境に配慮したものとなっている。「ひとめぼれ」「どまんなか」とも種子はJAより購入し、農薬と肥料は投入量が決められている。有機質肥料として、一〇アール当たり堆肥を七〇〇キログラム〜一トン、またはコンポスト三〇〇キログラム、土壌改良材として、一〇アール当たり混合燐肥八〇〜一二〇キログラムを施用する。農薬は、除草剤の使用は一回のみとし、またその他の病害虫防除は二回以内の使用としている。ただし、イナゴ多発地域の集落単位の共同畦畔防除は別枠として認めている。

品質については一等米を基本とした規格とし、数量はその年の作柄と生協の需要などにより話し合いで決める。また、価格は、一九九二年産から「生産原価方式」を基本に、生協との協議で決めている。「生産原価方式」とは、後で詳しく述べるが、持続可能なコメ生産となるように、地域の農外労賃や生産費を考慮して決めるものである。

共同開発米の流通は、図3-2のようになっている。生協が供給産地を指定し、その産地で精米も行い、各生協のセンターに直送してから各生協組合員に配送される。産地精米のメリットは、品種や品質などの異なるコメを混ぜ合わせて品質を偽る、いわゆる「混米」をせずにコメの品質を保証するものである。生協への引き渡し価格は、生協との協定価格（玄米）＋精米所までの運賃＋精米費＋袋代＋生協までの運賃、ということになる。

このような共同開発米は、表3-3のとおり、大きな実績をあげてきている。遊佐管内の出荷俵数は一九九六年産をピークに減少しているが、共同開発米は二〇〇〇年に八万八〇〇〇俵余りを販売するに至った。

図 3-2 「共同開発米」の流通ルート

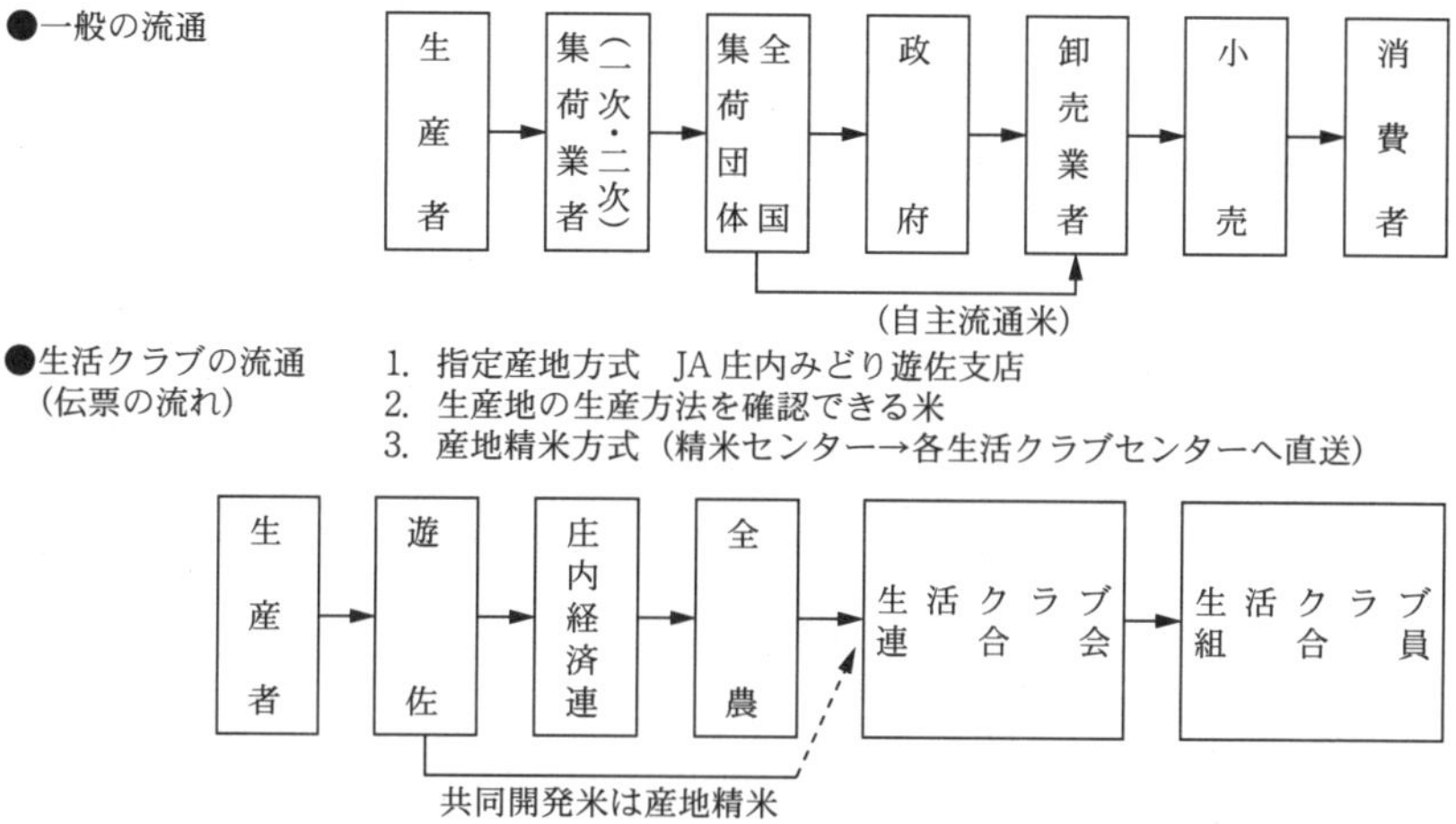

資料：JA 庄内みどり遊佐支店の資料による．

ここまでに実績をあげ、定着するまでには多くの努力が伴った。

開発米の始まりは、一九七一年の生活クラブ生協との提携販売（ヤミ米）にまでさかのぼる。当時は生活クラブ生協がコメの小売り免許を取得していなかったため、農事組合法人の「余り米」（三〇〇〇俵）を生協組合員に直売する形をとった。当初は安全性とか環境保全といった意識があったわけではなかった。

七二年には生活クラブ生協が小売り免許を取得し、提携米として一万三〇〇〇俵の実績をあげた。七三年には自主流通米ルートで「産地指定方式」を実現した。

七四年には「生活クラブ庄内交流会」がスタートし、「顔の見える関係」のために生協組合員自ら生産現場を訪れるようになる。このとき、四泊五日の日程で、三九人がバスで訪れた。八〇年には「交流会」が「家族ぐるみ」に発展し、子供三九人を含む九七人が遊佐を訪れ、遊佐から生協への交流も活発となる。

これと並行して提携米も一二万七〇〇〇俵、遊佐町農協生産量の五〇％に（八〇年）、また八二年には提携米一五

表 3-3 「共同開発米」の取り組み実績

年度		遊佐管内集荷俵数	うち生活クラブへの供給俵数	共同開発米				自主流通・ササニシキ1等米価格
				面積 ha（品種数）	参加人数	集荷俵数	取引価格	
「ポストササ」事業	1984			0.6(4)				
	1985			0.6(5)				
	1986			1.2(4)				
	1987			1.2(4)				
共同開発米事業	1988	218,356	132,242	24.0(2)	第1期事業	2,254	20,750	22,417
	1989	217,158	126,578	44.0(2)		4,520	20,750	21,842
	1990	210,926	135,199	64.0(2)		6,385	20,750	19,802
	1991	192,419	135,593	51.0(3)	70	4,005	20,000	21,406
	1992	200,851	138,083	100.0(2)	86	9,365	22,417	20,760
	1993	178,381	151,000	235.0(2)	172	19,977	22,417	22,485
	1994	211,057	150,000	480.0(2)	233	43,700	22,417	19,778
	1995	174,049	145,000	643.3(2)	333	47,857	22,117	18,699
	1996	220,792	140,000	661.9(2)	331	63,518	21,120	17,802
	1997	208,237	137,500	630.4(2)	331	61,210	20,100	16,255
	1998	159,879	124,700	772.9(2)	389	56,852	18,500	16,693
	1999	177,708	110,300	842.0(2)	459	74,621	18,500	14,368
	2000	181,388	103,000	956.0(3)	495	88,271	16,600	(13,912)
	2001	(165,000)	(103,000)	956.0(3)	495	(81,348)	16,600	(13,800)

注：JA 庄内みどり遊佐支店の資料により作成.（　）は概算，見込み値.

万一〇〇〇俵、管内の六六%に拡大した。九二年には、減反等の要因も加わり一三万八〇〇〇俵に減少したが、管内取扱量は六九%に達した。

生協との交流はますます活発になっていく。八三年には「生活クラブ庄内交流会一〇周年のつどい」が開催され、以後交流は庄内一円に拡大し、遊佐独自の交流企画として、田植え、稲刈り、集落座談会参加交流会なども行われるようになる。交流をとおして消費者側からもコメ生産や流通にも要望が出るようになる。九三年には、遊佐交流二〇周年記念事業も行われた。

交流が定着して信頼関係も深まるなか、「安全なコメの供給を」との消費者のニーズに応えつつ、安定的で持続的なコメ生産のために、八一年に「遊佐町有機農業研究会」が発足する。ここで、町内に普及可能な「遊佐型有機農業」の模索が始まった。これが後に土づくりと減農薬を基本とする共同開発米の栽培基準の基礎を作り上げていくことになる。

八四年には、さらに生協側から「安定供給のためには、冷害に強い遊佐に合ったササニシキに代わる品種が必要ではないか」との問題提起を受け、一ヘクタール前後の面積で青年部の実験事業として「ポストササ」事業がスタートする。この事業の最中の八七年、米価は三一年ぶりに引き下げられ、ササニシキとコシヒカリの価格差も拡大した。さらに、減反は「水田農業確立対策」(前期)として、全国平均一一%であったものが一八%に強化された

四年間にわたる「ポストササ」事業や水田農業の情勢を踏まえ、八八年から三カ年計画の共同開発米事業(第一期事業)が始まる。表3-3のとおり、当初の面積はわずかなものであった。生産量を増やすために、共同開発米の愛称も公募し、「ゆざ八八」(山形二四号)、「鳥海コガネ」(庄内三二号)として、九〇年までこの二品種を生協組合員に供給した。九一年からは「鳥海コガネ」に新たに一号、二号を加える。

こうした試行錯誤の過程で明らかになったことは、「複数品種で危険分散するが、作業効率的には一品種二ヘクタール以上を要する」ということであった。しかし、一戸当たりの平均水田面積二ヘクタール弱の遊佐では、一号(ひとめぼれ)を軸に二号(どまんなか)の二品種とするのが適切との結論に達した。

九二年からは、「鳥海コガネ」を開発米からはずし、一号、二号とするとともに(二〇〇〇年に「ササオリジン」を加えて三品種とした)、共同開発米価格に「生産原価方式」が採用され、サラリーマン並みの労賃と「農業環境保全費」も算入した価格を設定して取引されることになった。これに伴い「共同開発米部会」も発足した。九三年には、共同開発米の新愛称を公募により「遊・YOU・米」とした。

この九三年には大凶作に見舞われるが、この時でもJA遊佐管内では生協に一五万俵強を供給し(うち開発米は約二万俵)、安定したコメ供給基地としての役割を果たした。これを機に、九四年からは消費者ニーズにそっ

た共同開発米の生産が大きく伸びる。このように九二年から「生産原価方式」を採用したことにより、生産者も安定した価格で安心してコメ生産ができるようになった。表3-3のとおり、作付面積と参加人数の増加にそれは明らかである。

以上を踏まえて、「共同開発米部会」の『九七年度事業報告書』では、無農薬・無除草剤栽培も射程に入れて、次のような積極的な評価をしている。

「①複数品種作付け方針が、適期作業に大きく機能したこと。②栽培基準の統一は、積極的な公開が功を奏して一般農家へも影響を与え、地域全体の減農薬栽培に影響を与えたこと。③無農薬、無除草剤栽培に対しても三ヘクタールの実験田を試み、データの集積を得られたこと。④転作への積極的取り組みから大豆作付けは七一ヘクタールと広がり、また飼料用米作付けを一・五ヘクタール試みたこと。⑤組織のより一層の充実を目指して各班長に統一した認識を持ってもらい、班の再編も行ったこと」である。なお、⑤は各集落ごとに班をつくるとともに、共同開発米の理念・目的、農法（栽培基準）などの徹底を図った。

このように、消費者のニーズを基礎に、生産者のそれへの対応と価格の要望、たゆまぬ挑戦、また消費者とのたゆまぬ協議、さらにコメを契機とした交流の継続、これらを背景とした信頼関係の形成などが、共同開発米を前進させ、定着した最大の要因である。

(2) 共同開発米の推進体制

共同開発米生産の推進体制は明快である。生産者側は、九二年に発足した「遊佐町共同開発米部会」とＪＡ庄内みどり遊佐支店が中心となり、また消費者側は生活クラブ生協、この両者の協議により、前述してきたように、推進計画をたて、栽培基準や価格など具体的な取り決めを行い、それに基づきコメの取引を実行するというものである。

このような推進体制のなかでもっとも重要と思われるものが、取引価格の決定と災害時の救済給付のシステムである。この二つのシステムは、全国的にまれなケースと特別視するのではなく、環境保全型農業の促進と定着、持続的コメ生産にとって重要かつ示唆的なケースとみるべきである。

九二年から始まった「生産原価方式」とは、農外就労並みの労賃を保証し、さらに土地改良費を「農業環境保全費」として生産費に計上して生産者の持続可能なコメ生産を保障し、消費者も水田の環境面の公益的機能維持コスト＝「農業環境保全費」を負担するというものである。

八八〜九〇年および九一年の価格は、農協と生協の話し合いで六〇キログラム二万七五〇円、二万円としていた（表3-3参照）。しかし、「遊佐の農家の実態を考慮し、農家が再生産できるような価格でなければ元気がでないし、生協側もこの点に理解を示し、組合員が遊佐のコメを食べ続けられるようにと、お互いが納得のいく価格で折り合いがつくような方式がないものかと考えた。生産原価方式はそれを目指すことができた」（佐藤正喜・遊佐営農センター長）。

具体的には、生産費の積み上げで決める。この方式採用当初の九二年の積み上げを例にとれば、労賃は共同開発米を生産する農家の平均的な年齢（三五〜四〇歳）のサラリーマンの年間所得（四〇〇万円）と同額になるように考慮し、また農閑期における周辺相場の農外労働日給を考慮して一万八〇〇〇円と想定した。その結果、一日（八時間）当たり労賃一万八〇〇〇円、時給二二五〇円となった。

農家の土地改良費は、米価が市場価格とあまりにもかけ離れることもないようにしつつ、費用（一万九八一〇円）の七割（一万三八六七円）まで消費者が補償することになった。

これらによって、九二年産の一〇アール当たりの費用合計は次のようになった。一〇アール当たりのコメの労働時間は町平均で四四時間であるから、労働費は九万九〇〇〇円、農業環境保全費が一万三八六七円、物財費等が一〇万九〇円となり、費用合計は二一万二九五七円。一〇アール当たり目標収量九・五俵として、一俵当たり価格は二万二四一七円となった。九二年産の自主流通米価格（ササニシキ）が二万七六〇円であったから、共同開発米は一六五七円高いことになる（表3-3参照）。

しかし、問題がないわけではない。自主流通米価格より高いとはいえ、九七年産米の開発米価格は二万一〇〇円、九八年産米一万八五〇〇円となり、ここ数年低下傾向にあることである。ある農家は、「一万八〇〇〇円では大規模経営ほど影響が大きく、後継者は残らないし、減反も増大すれば経営意欲もなくなる」という。さらに、「価格を交渉で決めるが、年々低価格米のニーズが増え、これに応えていくには労賃部分を切りつめざるをえない」という。

二〇〇〇年からは一万六六〇〇円まで下落した。「市況は一万六三〇〇円である」というから三〇〇円高い取引価格である。生産者は一万八〇〇〇円を提示したが、「市況が市況だけに、三〇〇円高いだけでも〝よし〟としなければならない」厳しい状況である。

今後、環境保全型農業を前提にした農産物が市場で多く出回るようになると、また農産物価格の低下傾向を考えると、「遊・YOU・米」といえども価格の低下は免れないであろう。とはいえ、消費者との提携を前提にした「生産原価方式」であるからこそ、生産者も安心して生産できるのも確かである。

推進体制としてもう一つ特徴的なことは、農協と生協がまさに共同して九四年より独自の共済事業を行っていることである。

「共同開発米基金規約」によれば、農協と生協は、コメの国内自給力を維持発展させていくモデルとして、共同開発米の生産と消費の活動を共同して行う事業（共同開発米事業）を安定的に発展させるために、共同開発米基金を設立し、その協議機関として共同開発米推進会議を設ける、とある。

設立の直接的契機は、東北・北海道を襲った九三年の「一〇〇年に一度」の大冷害に対する補償のためであった。この基金の仕組みは次のようなものである。

基金は、共同開発米の生産者と消費者双方が積み立て、異常気象による災害の救済に充てる共済事業を行うことにより、生産者が翌年以降も生活クラブ組合員へのコメの安定供給を図ることを目的としている。このほか、新品種定着、有機農法やコスト削減の研究開発など共同開発米事業推進に貢献した人の表彰も行う。

基金の積み立ては、推進会議で確認された共同開発米の玄米価格の〇・五%を生産者とクラブ組合員それぞれが五〇〇〇万円まで、すなわち両者で毎年一%、一億円になるまで（上限額）積み立てる。自然災害によりこれを取り崩した場合には、また一億円になるまで積み立てる。さらに二〇〇〇年四月、共同開発米の生産面積が増え、被害額に対して財源が不足するため、積立額を二億円に改訂した。

自然災害による減収補填の方法は次のように行われる。共同開発米作付け総面積における平均実収量が、推進会議で決められた基準収量より三〇キログラム以上減収の場合（二〇〇〇年四月九〇キログラム以上に改訂）に補填される。この認定は推進会議が行い、減収補填額は支給基準収量（基準収量より三〇キログラムを減じたもの）より個人別に実収量を減じた重量に、共同開発米一キログラムの玄米価格を乗じて算出する。

実際に、九三年の大冷害に際しては、国の農業災害補償制度の適用はもちろん、共同開発米基金による補償もあった。このときの処理を紹介しておこう。

九三年産米を「共同開発米基金規約」にそって計算すると、被害総額は九〇〇〇万円ぐらいに達した。しかし、積み立てが始まって一年目であるため、基金残高八二八万七九七三円の給付にとどまった。したがって、一人当たりの給付額はわずかなものとなった。それでも、「この制度のおかげで、農家にとっては心強いものを感じた」

という。九八年産米も夏の大雨で被害は大きく、規約にそって発動され、一戸平均約一〇万円が給付された。給付水準があまりに少額とならないように、二〇〇〇年四月、積立額が四〇〇〇万円を超えなければ発動しない内容に規約を一部改正した（それまでは二〇〇〇万円）。二〇〇一年一二月現在の基金残高は約三〇〇〇万円となっている。

共同開発米事業推進に貢献した人の表彰については、すでに三つのグループが受けている。一つは、共同開発米一号の栽培拡大に貢献した四名の生産者、二つは、開発米の拡大に伴い、個人での堆肥散布が困難になったため、大型堆肥散布機の共同利用により遊佐管内の散布を受託している五つのグループ（実績三〇四ヘクタール）である。

もう一つが「直播研究会」（一二名）で、九三年からの実験（一三・五ヘクタール）をとおし、コスト削減と収量安定に寄与できる技術をほぼ確立した。研究会の代表者である小松正志氏によれば、「共同開発米は、移植の場合の採算ラインは一〇アール当たり一〇俵、直播の場合は八・五俵だが、直播はここ数年九俵水準に安定してきた」という。しかも、作業労働時間は三〜四割も大幅に減少した[17]。

環境保全型農業の促進と定着、持続的コメ生産へのインセンティブをどのように高めるかは、遊佐町に限らず今後の大きな課題ではある。その一つの在り方として、生産者と消費者が協力して積み立てた基金をもとにした独自の災害補償や表彰事業の意味は大きい。

(3) 共同開発米推進の背景

コメ産直が消費者との協力関係を作る契機にはなったが、共同開発米の価格の取り決めや独自の共済事業にみられるような、消費者との強力な協力・信頼関係や環境保全意識が形成されるには、共同開発米以外の取り組みも見落としてはならない。

一つは合成洗剤の追放運動であり、もう一つはアルミ再処理工場の移転運動である。これらの生協・消費者との共同の取り組みが、強力な協力・信頼関係や環境保全意識の形成に大きな役割を果たしている。

まず合成洗剤の追放運動は、コメの産直で双方の交流が深まるなか、その交流会（七四年）で農協婦人部が合成洗剤の危険性や環境汚染、それに代わる石けん使用の運動について学習会をしたことがきっかけとなっている。七五年にはAコープでフレーク状石けんの共同購入を始め、七八年には合成洗剤の追放運動が農協婦人部から農協、漁協へと大きく広がり、八〇年には農協店舗や町の公共施設から合成洗剤を追放する。

さらに八一年には、合成洗剤の追放キャンペーンがスタートし、石けんキャラバンや月光川いかだ下りなどの取り組みを行う。このような積み重ねが、八六年には「石けんまつり」に発展し、かかしコンクールや仮装行列、手作り石けんの実演などが行われた。この年の石けんの普及率は、婦人部一〇〇％、組合員七〇％、町全体でも四〇％に達した。

九三年には、手作り粉石けん（廃食油リサイクル石けん）のミニプラントを取得し、同年婦人部の「石けん作り研究会」が発足、ミニプラントで作った石けんの愛称も公募で「JAックル」と決めた。九四年には、水質、環境、健康を守る婦人の手による石けん運動が評価され、山形県ベストアグリ賞を受賞した。

もう一つのアルミ再処理工場の移転運動は次のようなものであった。

水質浄化や環境保全、また健康を大切にしようと始まった前記の石けん運動のなかで、八八年、月光川の水質に大きな影響を及ぼすアルミ再処理工場の進出問題が生じた。すなわち、工場の操業に伴って残灰が月光川の水質を汚染し、農業生産はじめ生活にも支障が生じるとして、生産者や農協が生活クラブ生協の支援を受け、移転運動が始まったのである。

アルミ工場の進出が明らかになった八八年、地元住民とアルミ工場との間で公害防止協定を結び、町には行政指導の徹底を要請した。八九年には、移転等の署名を提出し、農協総代会では「操業停止、移転」の特別決議を行った。こうして、九〇年、アルミ工場は酒田臨海工業用地に移転を余儀なくされた。これを機に、同年四月、「月光川の清流を守る基本条例」が制定された。

条例では、「町民共有の財産であります美しい月光川の清流を保全し、次代に引き継ぐことは私たちに課せられた重大な責務」としている。そのための環境計画の策定、環境目標の設定、排水方法の基準の遵守、必要あると認めるときは指導・援助・融資の実施、清流を悪化させた者への勧告ならびに勧告に従わないときは内容および氏名の公表、などが明記されている。

さらに同年一二月、消費者も農村の環境に責任をもとうと、清流を守る資金として、生活クラブ生協が一七〇〇万円にのぼるカンパ金を町に寄付し、これに町が六五〇万円を拠出して「遊佐町環境保全基金」が創設された。この運用益で、水質調査（水系一一カ所・年四回、井戸水一六地点・年一回）、魚類生息調査（生物指標「アユカケ」）、自然図鑑作成（四部作）、粉石けん運動などに助成している。最近は低金利のために、運用益だけでは足りず町から一部助成がある。

前記のほかにも、町では様々な環境保全のための取り組みを行っている。生活排水対策としては、都市部での公共下水道の整備、農村部での農業集落排水事業の導入、また廃棄物処理対策としては、ごみの分別、なかでも生ごみは、一戸当たり五〇〇〇円の助成を行ってコンポスト化を奨励中である。さらに注目されるのが、グリーンツーリズムへの取り組みが本格的に始まったことである。

遊佐町は、石器時代や縄文時代から人々が居住し、交易・文化・経済の要所、街道の馬継場として繁栄を極め、今も町のあちこちに遺跡や文化財、伝承史話が残されている。また、鳥海山を中心とした自然にも恵まれている。

東北第一の秀麗・高峰の鳥海山は出羽富士ともいわれ、その麓の遊佐町では、清らかで豊富な湧き水があちこちでみられる。鳥海山の水を集める月光川には、約五〇種類の魚が生息するといわれる。渓流に棲むイワナやヤマメ、湧き水に棲むトヨミやアカザ、環境指標となっているアユカケ、冷水系に棲むハナカジカなど、貴重かつ豊富な種類の魚が確認されている。

すでに述べたように、環境に配慮した生産に取り組み、生活環境整備も進めているが、他方、豊かな月光川も昔日の面影はないとの指摘もでてきている。大規模な河川改修、生活雑排水の河川への流入増加、水田基盤整備の実施、畜産糞尿の河川への流入などにより、水質の悪化、自然環境の減少、さらに貴重魚種の減少などをもたらしているといわれる。

このような状況に抗し、恵まれた自然環境を守り、文化遺産も保全し、都市住民とも交流しようと、九五年三月にグリーン・ツーリズム計画策定推進委員会が結成された。委員会が論議して示したグリーンツーリズムのメリットは、九六年三月の『グリーン・ツーリズム計画報告書』によれば次のようなものであった。

①町民自身の努力と来訪者の協力により町がきれいになる。②特産品がつくられ、旬のものが高く売れ、もてなしに報酬もあり、新しい商いも生まれるなど、収入の機会が増える。③住んでいる人が誇りを感じ、出会いが増え、高齢者の活躍の場もできるなど、つきあいが広がる。こうして、町は元気になり、また来訪者は美しい町の空間に感動する、そうしたグリーンツーリズムを目指そうというものである。

ここで注目すべきは、町の環境づくりも位置づけていることであり、『報告書』では次のように指摘している。①水を守るために、町ぐるみの石けん運動、減農薬農業、水資源の保全（不伐の森）などを行う。②景観を守るために、看板の工夫、花いっぱい運動、植樹（桜など）ふるさとの樹木を植える、生け垣の手入れなどを行う。③資源を大切に守るために、ごみ分別の徹底、リサイクル運動などを行う。④環境づくりのための仕掛けとして、環境条例の制定、環境づくりコンテストの実施、環境づくり基金の創設、環境教育の充実などを行う。

こうした計画は、少しずつではあるが取り組みが始まっている。前述した取り組みのほかにも、たとえば、一〇人で結成している「遊佐町グリーン・ツーリズム同好会」による「町全体が展示室・鳥海自然博物館」という取り組みがある。

農家はじめ、自然観察家、登山家、森林組合職員などが案内人となり、それぞれが体験メニュー（農業、植物観察・標本作り、山菜とり、鳥海山登山案内、植林・間伐、そば打ちなど）をもって来訪者のニーズに応える。料金は実費から有料、現物買い取りまで様々である。農業体験をメニューとしている「ファーム・ブルマン農事組合法人」を例にとれば、作業内容はメロンの植え付け・収穫、田植え、田の草取り、長芋の植え付け・収穫などで、料金はファーム・ブルマンの農産物を買っていただくことになっている。

グリーンツーリズムが町民全体のものにするのに必要なことは、時間をかけてグリーンツーリズムの趣旨・意義をPRしていくことであろう。委員会が九五年一一月に実施したアンケート調査（回答者二六八人）の結果にその必要性がよく表れている。

それによれば、グリーンツーリズムに興味があると答えた人は四五・九％であったが、興味がないと答えた人一三・一％、わからないとした人が三九・二％もあった。また、同アンケートで、民宿・民泊の受け入れをした場合何が不安か、三つ聞いたところ次のような結果が出た。もっとも多かったのが、散乱したごみを地元で清掃することになる（一四七件）、次に村の生活リズムが狂う（九八件）、自然環境・景観が破壊される（五九件）、村の静けさがなくなる（四二件）の順になった。委員会が目指そうとしているグリーンツーリズムとは反対の結果になっている。

(4) 取り組みの教訓

共同開発米などJA遊佐支店の取り組みを、ここではビジネスの視点からその教訓を引き出してみよう。ビジネスの現場で誰もが絶えず追求してきたことは利益の持続である。そうしなければビジネスは持続・安定しないのである。そのために、経営主体が行ってきたことは、売り上げをいかに増大させ、それに必要なコストをいかに縮小させるかという努力である。

コストの低減は、商品やサービスの供給価格の低下に寄与し、消費者の利益に直結するばかりか、販売促進の武器になり、市場シェアの拡大にもなる。結果として、売り上げの増大と利益の向上になる。他方、売り上げ増大のためには、何よりもマーケティングが必要である。消費者のニーズを探り、それに基づいてモノやサービスを企画し、広告・販売するという一連の手順、すなわち、市場調査・企画・実行・点検・処理の内容を明確にして事に当たらなければならない。

この視点からJA遊佐支店の取り組みをみれば、消費者の安全・栄養・美味・新鮮・安心というニーズに応えることによって、高い収益の持続、したがって農業経営の持続と安定を確保してきたといっていいであろう。しかし、遊佐支店の取り組みはこれだけではなかった。

すでに、具体的に述べてきたように、合成洗剤の追放運動、アルミ再処理工場の進出阻止運動など、生産者と消費者が「心と心」の交流、つまり信頼関係を作り上げてきたことである。何よりもこの信頼関係の確立こそ、安全と環境を視野に入れたコメ生産の安定性と持続性を可能にしてきた最大の要因である。信頼関係の確立があってこそ、開発米の栽培基準や基金の設立といった安定的コメ生産の具体的担保を確保することができたのである。

さらに、グリーンツーリズムなどの取り組みにみられるように、単に農産物の販売にとどまらず、地域環境の整備・保全といった「社会貢献」にもなる取り組みに発展していることである。たとえば、水を守るための町ぐるみの石けん運動・共同開発米・月光川基本条例、景観を守るための看板の工夫・花いっぱい運動・生け垣の手入れ、地域環境を守るためのゴミの分別・リサイクル運動・環境保全基金の創設などがそれである。

地域の自然環境も田園景観も美しく、川の水は清らかで、小鳥はさえずり、秋の山々は一面紅葉に染まる、というような地域環境であればこそ、交流している消費者もまた足をのばそうということになる。いってみれば「もてなす」心がさらに加わっている。これは消費者ばかりでなく、生産者自ら、また地域住民自らの生活環境の改善・整備にもなり、ここちよい日常生活を送れるようにもなるのである。

こうした意識的な取り組みが、地域の人々の心をつかみ、地域の人たちをも生活環境改善の取り組みに巻き込み、地域住民も農家自身も快適な生活環境のなかでビジネスを行うことができる。訪れた消費者もアメニティを感じ、二度三度と足を運ぶようになり、利益の拡大と持続性を確保できるのである。「もてなす」ことの自覚がまた、両者の信頼関係をさらに強固なものにする。

遊佐の取り組みはマーケティングにとどまらず、人をもてなし、誰がみてもすぐわかる社会貢献になるところまで高めたものとなっているのが特徴である。ビジネス上の最大の推進体制は、「マーケティング」、「もてなし」、「社会貢献」、そしてこれら三つの要素を備えてこそ利益も安定して持続することができるという「哲学」に貫かれていることであろう。[18] これを担う人々が、生活や生産をとおして地域の景観・環境をより直接的に体感できることも、そうした「哲学」を長く持ち続けている要因なのかもしれない（第四章4参照）。

環境保全型農業も含め、地域全体の利益の向上、すなわちカントリービジネスという別の視点で遊佐支店の取り組みをみれば、三つの方向を複合的に展開しているといえる。すなわち、①加工度を高めた、あるいは付加価値のある農産物や特産物等の地域外出荷による「外貨」収入の拡大、②多種多様な地元農産物の地元消費の促進による「外貨」流出の縮小、③観光開発・発掘やイベント等交流事業の結合による「外貨」収入の増大である。

①については、共同開発米が典型的である。「安全性」という付加価値を消費者との理解と納得のうえで販売している。②については、グリーンツーリズムなどにみられる地元の素材を使った「もてなし」などにみられる。が、住民が地元の素材をさらに利用するような仕組みが必要と思われる。③については、様々な交流事業やグリーンツーリズムにみられるが若干の説明が必要であろう。

③は農林水産業がもっている「農の心」のビジネス化がポイントである。すなわち、いのちをはぐくむ生命産業であり、ゆとりとやすらぎを供給する健康増進産業であり、環境や景観を守る資源管理産業という「農の心」の側面のビジネス化を図ることが重要である。そうすれば、多くの人々に食料供給とは違った便益をも供給することができる。しかし、食料以外の価値（便益）生産物は市場がないために、正当に評価されることは極めて難しい。ところが、人を呼び込み、農産物等の具体的生産物にその地域の自然性や文化性を付加して販売することはできるのである。

このような複合的な取り組みが、食料自給力を維持し、地域をきれいにし、民富の形成を促し、地域住民の誇りを取り戻し、地域を元気にする。安定的で持続的な環境保全型農業に位置づけられる共同開発米生産は、複合的な取り組みの一部であり、それがまた、そうした農業を支える背景にもなっている。

注

（1）基本法制定の経緯や基本法の内容にわたる検討については、藤谷築次編『新基本法―その方向と課題―』（日本農業年報四六）農林統計協会、二〇〇〇年、等参照。
（2）『食料・農業・農村基本問題調査会答申』（最終答申）一九九八年九月、「はじめに」の部分。
（3）同右、「おわりに」の部分。
（4）『農業基本法に関する研究会報告』一九九六年六月。

（5）矢口芳生「非貿易的関心事項と食料主権のゆくへ」『WTOがわかる：世界貿易と日本農業』（『地上』臨時増刊）一九九九年。
（6）注2文献。
（7）矢口芳生『地球は世界を養えるのか』集英社、一九九八年、一三～九六ページ、同『食料と環境の政策構想』農林統計協会、一九九五年、一九五～二〇三ページ、参照。
（8）注5文献。
（9）矢口芳生「WTO農業協定下の農村社会・地域資源保全」『農業経済研究』第七〇巻第二号、一九九八年。
（10）矢口芳生「中山間地域政策の基本方向」『中山間地域振興の在り方を問う』農林統計協会、一九九九年、二〇ページの表1-3に具体的な施策が例示されている。
（11）同右、一六～二三ページ参照。
（12）注5文献、倉本器征・住田弘一・木村勝一・持田秀之『水田輪作技術と地域営農』農林統計協会、二〇〇一年、等参照。
（13）矢口芳生『食料戦略と地球環境』日本経済評論社、一九九〇年、二八四～二九四ページ参照、同、前掲『食料と環境の政策構想』、一八八～一九四ページ参照。
（14）注2文献。
（15）注13文献および矢口芳生『資源管理型農場制農業の存立条件（日本の農業第二一九集）』農政調査委員会、二〇〇一年、矢口芳生「農業構造の改革は可能か」『農業経済の分析視角を問う』農林統計協会、二〇〇二年、参照。
（16）矢口、前掲『資源管理型農場制農業の存立条件（日本の農業第二一九集）』参照。
（17）農林水産技術会議事務局『環境保全型農業技術体系モデル事例』、九六年一月、東北農業試験場『地域先導技術総合研究の記録』一九九八年三月。
（18）矢口芳生『カントリービジネス』農林統計協会、一九九七年。

第四章　農村地域振興の基本方向

1　農村地域政策の課題

農業の展開の場であり、生活の場である農村は、美しい自然があるだけでなく、農民の長い営みのなかで、歴史的建造物、生態的多様性、独特の景観など貴重な財産を造り出してきた。健全な農村地域経済と貴重な財産をもつ魅力的な農村環境は、都市住民へのレクリエーション機会の提供等にも役立ってきた。

しかし、様々な問題が山積しているのもまた、農村の一面である。

第一に、計画性に乏しい住宅地開発や民間事業開発、無秩序な観光開発、多投入型農業、耕作放棄などにより、農村の多面的価値が脅かされていることである。

第二に、農業労働力の老齢化や急減が、農村社会の持続性をも危機に陥れていることである。農村地域は、成長率が非常に低いか停滞し、雇用機会も少なく、公共サービスや施設の水準は低く、人口の老齢化および流出が著しいために、社会構造の危機を招いている。地域規模が小さいためにサービスコストが高くつくなど、規模の経済のメリットを享受できないなどの問題もある。

第三に、農村景観を構成する農地が減少していることである。食料供給だけでなく他の公益的機能の維持にも支障をきたす。中山間地域や都市的地域を中心に広がる耕作放棄地の問題、とくに中山間地域における耕作放棄地は深刻である。

明らかに生産資源としては不適な農地から、生産資源としては不適でも千枚田のように観光資源・文化資源として貴重な放棄地、適地であっても担い手が不足しているために放棄されている農地まで様々である。

そこで必要なことは、農地の確保および利用の在り方を明確にする土地利用計画とその計画に基づく着実な実施である。残すべき農地、自然に戻す農地等を積み上げ、わが国における必要農地を確保する必要がある。そうすることが、農地の無原則的な減少に歯止めをかけることになる。

耕作放棄による減少のほかに、農地は都市的利用とも衝突して減少してきた。公共的利用ないし都市的利用として転用され、農地は減少の歴史をたどってきた。また宅地のスプロールで農地が虫食い状態にもなってきた。現行の「都市計画法」「農振法」「農地法」等の検討すべき課題は多い。その際の検討の視点は、農地の量的確保（食料の安定供給）、農地の多面的公益的機能の維持（公共の福利の増進）ということになろう。

第四に、なかでも、人口減少の著しい中山間地域が深刻になっていることである（表4-1表参照）。中山間地域は、総世帯数の一三・三％、総人口の一四・八％を占めるにすぎない。しかし、他方では農家数の四一・五％、農家人口の四〇・〇％、土地面積の六八・三％、農業粗生産額の三七・四％、森林の九割を占め、農林業生産および環境・国土保全のうえで大きな役割を果たしている。

中山間地域は、森林景観を利用したリゾート適地としての利点や気温の日較差を利用した農業生産も可能で、確かに有利な側面もある。しかし、それを考慮してもなお埋め切れない地理的・生産的条件の不利や社会資本整備の遅れが存在する。たとえば、傾斜一〇〇分の一以上の水田は中間地域で四四・八％、山間地域では五四・二％

表 4-1　中山間地域に関する主要統計指標（1995 年）

分析指標		農業地域類型区分	全国	都市的地域	平地農業地域	中間農業地域	山間農業地域
農地条件	傾斜度 1/100 以上の田面積割合(1993)	%	27.6	19.5	14.4	43.8	**55.0**
	田の基盤整備率(1993)	%	50.7	41.4	62.7	47.1	**39.4**
収量	10a 当たり水稲単収(1996)	kg	525	524	541	517	**492**
経営規模	農家 1 戸当たり経営耕地面積	ha	1.20	**0.77**	1.61	1.14	0.94
所得	労働生産性(1 時間当たり農業純生産)	円	827	804	957	740	**581**
	1 戸当たり農家総所得(販売農家)	万円	892	1,000	925	**808**	812
	1 戸当たり農業所得(販売農家)	万円	144	144	186	119	**78**
農業労働力	65歳未満の農業専従者がいる農家割合	%	23.9	21.9	28.9	22.7	**16.5**
	同居後継者確保農家率(販売農家)	%	57.0	65.1	60.6	51.1	**46.2**
	基幹的農業従事者の高齢化率	%	42.3	46.4	36.0	44.8	**50.6**
農地保全	耕地面積減少率(1985～95 年)	%	6.3	**10.1**	3.2	6.6	7.0
	農家の耕作放棄地率	%	3.8	4.1	2.5	5.1	**5.5**
就業機会	DID地区から30分以上の旧市区町村割合	%	25.7	2.4	11.8	35.8	**61.5**
	1 企業当たり雇用者数	人	72.0	77.4	74.1	70.3	**58.6**
生活環境	道路改良率(1996)	%	48.8	56.4	46.1	41.9	**40.0**
	汚水処理施設普及率(1996)	%	53.4	65.0	17.5	15.6	**9.9**
人口動態	人口自然現象市町村数割合	%	59.2	14.0	53.1	76.0	**86.5**
	65 歳以上の人口割合	%	14.5	12.9	17.7	20.9	**23.8**

注：太字の数字は，農業地域類型区分のうち最も劣っている地域を示す．
出典：食料・農業・農村基本問題調査会資料による．
資料：農林水産省「第 3 次土地利用基盤整備基本調査」，「作物統計調査」，「農業センサス」，「農業経営統計調査」，総務庁「国勢調査」，自治省「全国人口・世帯数動態表」，「公共施設状況調」，農村地域工業導入促進センター調べ．

にも達し、労働および土地生産性にしても平地の六割程度で収益も低い。また上下水道の普及率も低い。

こうしたことを背景に、中山間地域では八～九割の市町村が人口減少を示し、また死亡数が出生数を上回る人口自然減少市町村も五割を超え、なかでも山間地域はこれが七割以上で、「赤子や子供の声のない沈黙のむら」となりつつある。農業就業人口でも、六五歳以上の割合が中山間地域で高く老齢化が進み、耕作放棄地率も高い。

このように、中山間地域は地勢等の地理的条件が悪いために農業生産条件が不利で、また農林業の担い手の減少・高齢化の進行が著しいために耕作放棄地が増大し、さらに魅力ある就業・所得確保の機会が乏しく、社会資本の整備も遅れ、人口減少が急速あるいは人口維持が困難となり、農林業のみならず地域社会全体の活力が低下しつつある。このまま推移すれば、中山間地域の果たすべき役割に重大な支障を生じかねない。

第五に、最近の新しい問題として農村のゴミ問題が深刻化していることである。農村は緑・生活・文化の空間であり、アメニティをもったまさに「心のオアシス」「都市住民のオアシス」である。しかし、それとは対照的に、農村がゴミ捨て場になっているところも出てきた。

排出者である企業の責任が明確でないため、ゴミの約九割を占める産業廃棄物（産廃）の処理が、いま深刻になっている。廃棄物処理法では、産廃は企業が「自ら処理しなければならない」としているが、その一方でゴミの運搬・処理を他の業者への委託も認め、業者の請け負った産廃は、排出者の責任が問えないようになっている。そのために、排出者は最小の処分コストしか負担せず、請け負った業者はできるだけ利益をあげようと不法投棄に走る。不法投棄される場所は、結局人目のつかない山間部や離島となる。また、ゴミは「キタナイ」イメージから、公的な処分場も人目の少ない山間部や離島が選ばれるが、管理が不十分なため、その周辺で不法投棄が繰り返される。

こうして、山間部や離島を中心とした農村は、オアシスどころかゴミ捨て場と化す。本来ゴミは、減量化、リサイクル、やむを得ず出たゴミの無害化を図るべきであり、各地域で対処すべきものである。それを、捨てやすい農村に押し付けているのが実態である。

現在、ゴミ問題をめぐって、あちこちでトラブルが発生している。市民団体「廃棄物処分場問題全国ネットワーク」によれば、トラブルは九六年七月現在三八八件にものぼるという。処分場建設計画をめぐる紛争が二七四件（産廃問題二二九件、一般廃棄物四五件）、既存処分場をめぐる紛争が一一四件である。厚生省の調べでも、最近五年間で約二〇〇件の紛争が起きている。九七年六月二二日、住民投票によって、県の産廃処分場建設に「ノー」の意思表示をした岐阜県御嵩《みたけ》町、産廃の不法投棄で水銀や砒素、ダイオキシンによる汚染が問題になっている離島、香川県土庄《とのしょう》町・豊島《てしま》などは、話題性の高い例である。

このほか、農地への不法投棄が増大して問題なのが、産廃の対象になっていない建設残土である。「良質な土を入れるという約束だったが、コンクリートの破片やゴミだらけの土を入れられて、耕作できなくなった」（千葉県など）といった例や、「くぼ地に盛土して農地にして返してもらう約束が、建設残土で一〇メートル以上の山になった」（千葉県富里町、埼玉県岩槻市など）例が報告されている。

オアシスであるはずの農村が、このようにゴミ捨て場と化し、そこから漏れた汚水が河川や地下水に流れ込み、地域住民はもちろんのこと、水の供給を受けている都市住民にも、ブーメランのようにそのつけがまわってくる。以上のような農村の諸問題を踏まえれば、シビルミニマムとアメニティミニマムの実現による持続可能な農村地域社会の建設、中山間地域の活性化等を目指す農村生活環境整備の方向づけが必要であろう。それによって、農村がまさに国民のオアシスとなるような、あるいは豊かさを実感できる社会の構成要素の一つとなるようにするべきである。

本章の課題は、農村地域政策および農村地域振興の全般的な検討にある。検討課題は、①農政の国際的枠組みならびにヨーロッパの地域政策を踏まえ、「中山間地域等直接支払制度検討会」の『中間とりまとめ』（一九九九年五月）および最終『報告』（同年八月）の評価と問題点を明らかにすること、②農業農村基盤整備事業の問題点を指摘し、その在り方を示すこと、③農業生産以外の側面にも着目して農村における必要所得の新しい確保の在り方を示すことである。本章では、これらの課題の検討をとおして、農村地域ならびに中山間地域の活性化の方向を示す。

2　デカップリング政策の総合化構想

(1)　条件不利地域政策の国際的枠組み

世界の農業政策は、少なくともＷＴＯ農業協定を踏まえた展開の過程をたどっている。農業協定では、農業貿易体制の「根本的改革をもたらすように助成及び保護を実質的かつ漸進的に削減する」（第二〇条）ことになっており、とりわけ先進各国はウルグアイ・ラウンド交渉期間中および合意後にも、保護の削減に努力してきた。一九八〇年代後半以降から今日に至る、先進各国における農業政策展開の特徴をあげれば、第一章で詳細に検討したように、次の二点を指摘することができる。(1)

一つは、農業への国家介入を全般的総合的に削減する方向に大転換したことである。これは世界の農政史上初めてことである。

これまで増大傾向をたどってきた農業保護政策は、八〇年代後半以降着実に、かつ全般的総合的に削減傾向を示し、一層の市場指向型農業を目指すものとなっている。全般的総合的な削減とは、ＷＴＯ農業協定にみられるように、国境措置、輸出補助金、そして国内農業政策にも削減が取り決められたことであり、ここに従来の単なる関税引き下げとは違った保護削減の特徴がある。

二つは、農業保護削減のもと、農業保護の在り方もウェイトの置き方も大きく変わりつつあることである。その変化は次のようなものである。

第一に、農業保護費用の負担者が、消費者から納税者にそのウェイトを移しつつあることである。この意味するところは、次のようなものである。支持価格を引き下げあるいは価格形成を市場に任せて、内外価格差を縮小して消費者の負担を軽減して生活水準の向上に寄与し、他方、累進的な税のもと富裕な人々からより多くを徴収した税から、すなわち政府財政から消費者負担の軽減分に近い額を生産者に支払い、所得の補塡を行うということである。こうした方向が、とりわけウルグアイ・ラウンド以降明らかになってきた。

第二に、政策の実施方法が、価格支持・間接所得支持から直接所得支持に移りつつあることである。WTO農業協定および附属書2に明らかにされているように、貿易・市場・生産歪曲的な農業保護措置、とりわけ国内政策では価格支持政策が削減対象の政策となり、表1-2のような政策だけが削減対象外として認められた。これにより政策のプロセス、対象者、効果など、高い透明性・厳格性・精確性が確保されることになる。その分生産者にとっては厳しいものとなる。

第三に、政策の性格が、市場歪曲的な性格から市場中立的な性格へと変化しつつあることである。価格支持政策はじめ、国境調整措置や輸出補助金など市場歪曲的な政策が削減対象となり、市場等に中立的ないし相対的に中立的とされる表1-2のような政策が認められた。

第四に、政策の意図する効果あるいは目的が、小農保護から公共財保護へと変わりつつあることである。表1-2をみても明らかなように、削減対象外として認められた政策は、食料安全保障や自然環境・国土の保全、地域社会の維持・発展を目指すという公共財の保全の意味合いが強くなり、その財を適正に保全することをクロスコンプライアンス（交差条件の満足・同意）した担い手に対し直接財政から支払うものとなっている。

以上のような農政の国際的枠組みの変化のなかに、条件不利地域政策も位置づけられている。WTO農業協定附属書2の13では、削減対象外の政策とされ、条件不利地域への助成措置に関し、受給要件が明らかにされている。すなわち、支払いの受給者は、一定の基準により指定された地域で恒久的なハンディキャップを有し、生産

要素や価格に関連しない方法で、支払いを受けることができるとある。(2)

この削減除外措置は、明らかにEUの条件不利地域政策を想定して規定されたものである。わが国が同様の措置を講じようとする場合には、少なくともこうした要件を満たすものでなければ国際的認知は難しいであろう。

そこでEUの条件不利地域政策についてみておこう。これについては多くの紹介があり、詳しくはそれらに譲ることにして、(3)以下の点のみを確認しておきたい。

一九七五年四月二八日の指令七五／二六八によって、「農業の存続を確保し、それにより最低限の人口水準の維持と景観の保全を図ること」を目的に、次の三つの地域を指定した。何度か若干の改正があったが、今日でもこの指令に基づいて実施されている（表4-2参照）。

第一に、自然空間の保全とくに浸食防止やレジャー需要に応えるために農業が不可欠な「山岳地域」（三条三項）である。標高の高さないし傾斜の大きさが厳しく、土地利用上相当の制限と労働コスト上相当の負担のかかる地域である。

第二に、山岳地域以外の最低限の人口の維持および自然空間の維持が困難な「条件不利地域」（三条四項）である。集約農業や耕作に不向きの劣悪な農地が多く、経営成果も平均以下、そして人口密度が低くかつ人口減少地域である。

第三に、離島など環境保全と田園・観光資源の維持のために農業継続が必要な「特別小地域」で、国土面積の二・五％の範囲内の地域である。二・五％は、八五年に四％に、九九年の「アジェンダ２０００」では一〇％に拡大された。

このような指定に基づき、加盟各国は独自に地域指定を行い、EUと加盟各国双方で、指定地域の農業者に妥当な所得を保証するために、自然条件の恒久的ハンディキャップの厳しさに応じて、補償金交付（表4-3参照）、

表 4-2　EU の条件不利地域政策の概要

事　項	内　　容	
地域指定区分	山岳地域	・土地の利用の可能性に相当の制限があり，労働コストが相当大きいという特徴を有し，以下の要件を満たす地域 ①標高及び困難な気候条件により，作物の生育期間が相当短いこと ②機械の使用が困難，又は高額の特別な機械の使用が必要な急傾斜地が地域の大部分を占めること等
	条件不利地域	・以下のすべての特性を有した地域 ①生産性が低く，耕作に不適な土地の存在 ②自然環境に起因して，農業の経済活動を示す主要指標に関して生産が平均より相当低いこと. ③人口の加速的な減少により当該地域の活力及び定住の維持が危うくなっている地域
	特別小地域	・環境保全や観光資源維持のために農業継続が必要．また洪水が定期的に起こる等の小地域
対象農家	・3ha（イタリア南部，ギリシャ，ポルトガル，スペイン等にあっては 2ha）以上の農用地を保有し 5 年間以上農業活動を継続 ・他の地域と生産コスト等に差のない普通小麦，ワイン用ぶどう，りんご等を生産する農家は対象外 ・加盟国においては，助成を条件不利地域の一部や農家の一部（例えば主業農家等）に限定	
補償金の支給	①最低補償額は 20.3 ECU（約 2,800 円)/家畜単位（又は ha） ②最高補償額は以下のとおり ・一般：150 ECU（約 21,000 円)/家畜単位（又は ha）以下 ・恒久的に不利な条件の程度が著しい地域：180 ECU（約 25,000 円)/家畜単位（又は ha）まで引き上げ可能 ・家畜を対象とする場合，補償金は飼料畑 1ha 当たり 1.4 家畜単位を上限として支給 ③ 1 戸当たりの支給上限額は，ドイツでは 12,000 マルク（86 万 7 千円），フランスでは条件の不利性に応じて 9,600～46,250 フラン（20～98 万円，肉用牛の場合）	

注：1 ECU＝137.93 円（1996 年 IMF 平均）で換算.

表 4-3　条件不利地域政策の独仏英の運用状況

		ドイツ	フランス	イギリス
対象地域	山岳地域	・標高 800m 以上 又は ・標高 600m 以上かつ傾斜度 18% 以上	・標高 700m 以上（一部地域は 600m 又は 800m 以上） 又は ・傾斜度 20% 以上等	なし
	条件不利地域	・農地評価指数 28 以下 ・人口密度 130 人/km²以下 ・就業人口の 15% 以上が農業に従事	・農用地 1ha 当たりの生産額が全国平均の 80% 未満 ・人口密度が全国平均の 50% 以下 ・就業人口の 15% 以上が農業に従事	・牧草地面積が農用地面積の 70% 以上 ・1 人当たりの労働所得が全国平均の 80% 以下 ・都市等を除いた人口密度 55 人/km² 以下 ・都市等を除いた就業人口の 30% 以上が農業に従事
支給単価（1996 年）		・55～285 マルク（4,000～20,600 円）/家畜単位（又は ha） ・特に自然条件が悪い地域においては 342 マルク（24,700 円）/家畜単位（又は ha）まで引き上げ可能	・羊：364～1,136 フラン（7,700～24,200 円）/家畜単位 ・肉牛：199～959 フラン（4,200～20,400 円）/家畜単位 ・乳牛，山羊：272～959 フラン（5,800～20,400 円）/家畜単位	牛：23.75～47.50 ポンド（4,000～8,100 円）/頭 羊：2.65～5.75 ポンド（500～1,000 円）/頭 支給対象は家畜生産のみ
総支給額		623 億円	390 億円	165 億円

注：1)　対象地域については，各国とも上記のほかに特別小地域についての規定がある．
2)　ドイツの農地評価指数は，課税のための財産評価として，土地の生産性（土性，地形，気候等）に経営状況，地域の賃金，土地税等を考慮して経済的に土地分級を行って得られた農地の等級であり，数字が高いほど土地条件が良いことを表す（旧西ドイツの農地評価指数の分布は 0～130 で，平均は 40.6)．
3)　1 マルク＝72.29 円，1 フラン＝21.26 円，1 ポンド＝169.88 円で換算（いずれも 1996 年 IMF 平均）
4)　総支給額は，1995 年実績（1 ECU＝123.04 円）

個別ないし共同投資助成を行ってきた。

九一年の改正では、環境に配慮して補償金交付額の頭数上限を設け、また、こうした地域の農業者は「環境保護ないし景観保全という社会全体に価値あるサービスを提供している」という認識も加えられた。(4) さらに、「アジェンダ2000」では環境要件が付加され、低投入農法の維持・促進のための手段へと徐々にその内容を移していくことになっている。

こうした環境的要素の付加は、WTO農業協定附属書2の12「環境に係る施策による支払」への移行を考慮に入れていると思われる。なぜ「環境支払」への移行かといえば、比較的要件が緩く、対応が容易だからである。が、その分実態が厳しく精査されるであろう。

EUは、右の条件不利地域政策のほかに、八八年六月二四日の規則二〇五二／八八によって、構造基金改革を伴った地域政策を実施している。これは、GDP、失業率、人口減少率などにより地域を区分し（六地域から九五年のフィンランド、スウェーデンの加盟に伴い七地域に、そして「アジェンダ2000」では三地域に統合）、インフラの整備や雇用の創出、農・漁業の近代化を図り、「ECの調和的発展のために地域間格差及び後進性の縮小を目指す」（八七年七月、ローマ条約一三〇条A～Eとして地域政策条項を追加）ことが目的である。詳しくは他に譲ることにして、(5) ここでは次の点を確認しておく。(6)

第一に、わが国と同様公共・補助事業として実施されているが、その資金はEUの構造基金からの支出による体系的な措置がとられ、その使途も地域政策の目標を地域区分ごとに明確にして集中的に投下し、政策の実効性を高めようとしていることである。

第二に、その際パートナーシップという手続きを重視し、地域固有の独創性と主体性を地域にもたせて内発的な展開を促すことをとおして、施策の実効性を高めようとしていることである。「パートナーシップ」とは、各加盟国の施策を補完する共同体の施策、その立案、財源の配分、監視・評価にわたって、各段階（EU委員会、加盟国、地域、地方）で権限をもつ当局が共通の目標をもつパートナーとして、対等に密接な協議を行い、共同体の施策を確立する手続きをいう。

(2) 直接所得補償の理論的背景

農政の国際的枠組みやEUの農村地域政策をみたとき、その政策としての助成、すなわち財政措置の根拠はどこに求められるであろうか。定住条件等の課題を除き、農業の側面だけからみれば、中山間地域ないし条件不利地域への助成の根拠は少なくとも二つある。

一つは、克服できない自然条件など恒久的ハンディキャップを背景とした競争条件ないし経済的格差を是正するためである。

中山間地域は、「最高相対的有利性」や「最小相対的非有利性」をもちだすまでもなく[7]、森林景観を利用したリゾート適地としての利点や気温の日格差を利用した農業生産も可能で、確かに有利な側面もある。また、経営規模、作目、経営能力によっても平坦部の農業より有利になる可能性はある。しかし、あくまでも可能性であり、現実をみれば、多くの農地が耕境外となり、大多数は有利性を考慮してもなお埋めきれない地理的・生産的条件の不利による農家・農業所得の低位性、などが存在する(表4-1参照)。

このような生産上の不利の是正を図るために、図4-1のとおり、現実に政策支援が行われてきた。加えていえば、社会資本整備の遅れなど生活上の格差の是正、すなわち、シビルミニマム・アメニティミニマムの実現のための政策も一定実施されてきた。

シビルミニマムとは、交通・通信施設、教育・福祉・医療などの生活に必要なインフラストラクチャーを整備し、最低限の公共サービスと健康で文化的な生活が保証された、いわば最低限の生活水準である。また、アメニティミニマムとは、シビルミニマムの実現のほかに、森林・河川などの自然豊富なレクリエーション空間、寺や豪農の館などの歴史的建造物、棚田・幾何学的な水田・生け垣などの美しい田園空間など、その地域を特徴づける最低限の快適空間が維持、保全された水準のことである。これらに関する格差の是正を図るためには、農林行政以外の支援も含め、総合的体系的な対策が必要である。

政策的には、図4-1のとおり、これまでにも公共・補助事業として実施されてきた。どの程度の成果をあげてきたかはともかく、ハード、ソフト両面から生産上、生活上の不利の是正のために行われてきた。

もう一つの助成の根拠は、市場で評価されない多面的価値生産、公共財供給への対価としての新しい意味である。[8]

「農業活動は、食料や繊維の供給という基本的機能を越えて、景観を形成し、国土保全や再生できる自然資源の持続可能な管理、生物多様性の保全といった環境便益を

図 4-1　地域活性化のための政策概要

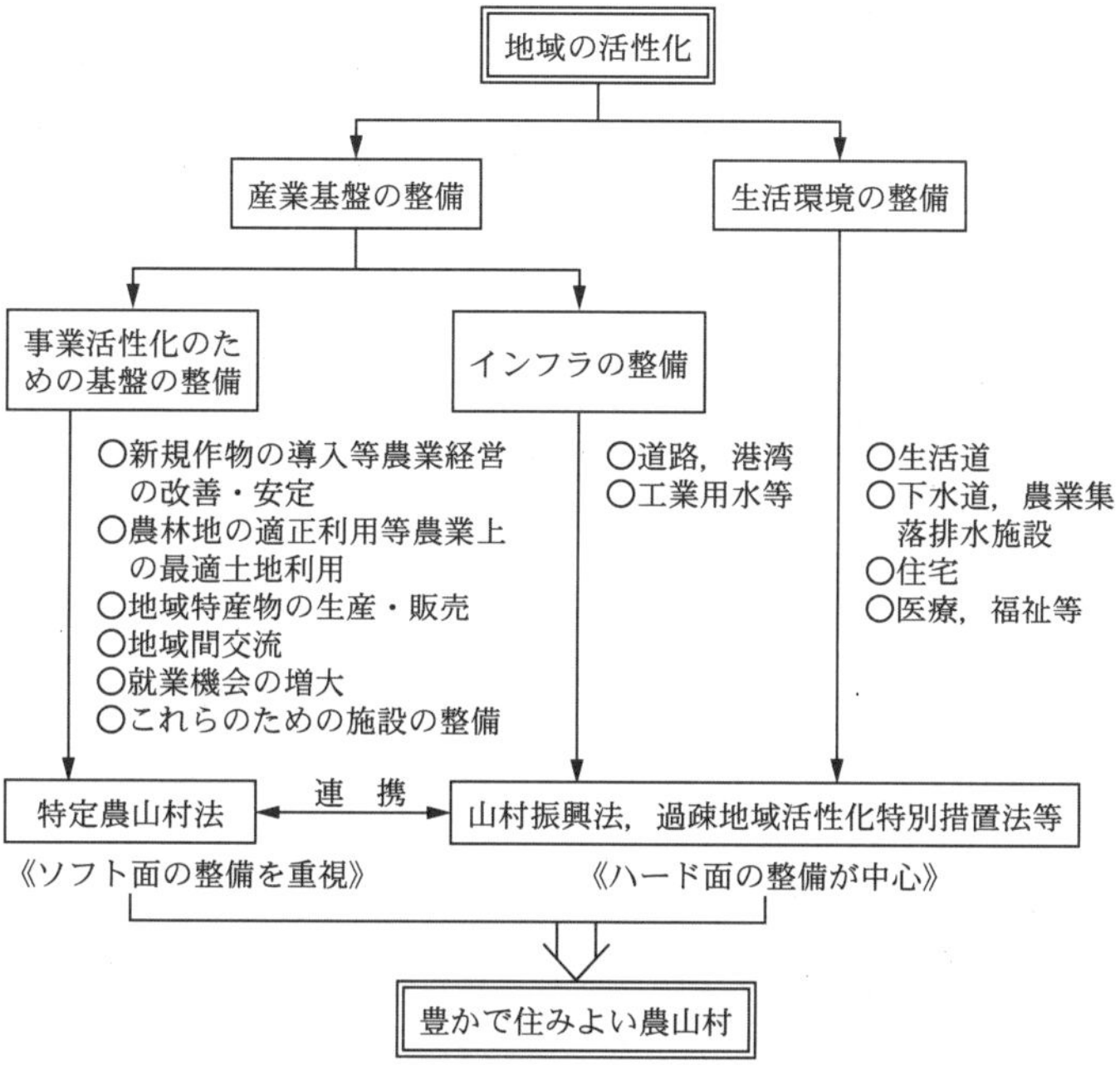

注：農水省資料に加筆.

提供し、そして、多くの農村地域における社会経済的存続に貢献することもできる」。しかし、これらの便益（多面的公益的機能）を評価する市場が存在しない場合、すなわち、「すべての費用と便益が内部化されていない場合には、政策が役割を果たしうる」。その政策には、「便益を最大化し、最も費用効果的な、そして生産及び貿易への歪曲を回避する方法で対応できる、目的の明確な一連の政策手段及びアプローチを用いることである」。

これは、一九九八年三月パリで行われたOECD農業委員会閣僚級会合のコミュニケの一部である。(9) コミュニケでは、農業の環境便益を認め、その便益の価格と便益生産のコストが市場で正当に評価される機会がない場合、デカップリング政策（直接所得補償政策）の導入により、便益供給者である農民の労に報いるべきことが、はっきりと述べられている。

このような政策は、表1-2の直接支払いの、たとえば⑤⑥のとおり、WTO農業協定では公共財支払いとして削減対象から除外されている。とりわけ⑤の政策は、中山間地域はじめ平坦地域でも、また農業規模の大小を問わずに実施可能な政策である。

では、なぜ直接支払いなのか。(10) 図4-1のとおり、地域政策のなかに基盤整備など公共・補助事業も位置づけられてきたが、このほかに直接支払いを必要とする理由はどこにあるのか。

公共・補助事業のような間接的な所得支持政策は、保護や援助を必要としないかもしれない農民に余分な援助を与えてしまったり、農業部門以外にも漏れる可能性があり、非効率で不透明である。だから、生産現場では、たとえば基盤整備事業は「農業保護ではなく土建業保護」などと批判されている。もちろん、基盤整備事業なども多面的機能の維持・向上のために必要なものの一つである。問題なのは、公共・補助事業の偏重、事業決定・費用使途の不透明性、波及効果の低位性、補助金の漏洩性などである。これら問題の改善と改善できないことの補完が必要である。

直接支払い（デカップリング政策）は、少なくとも正当と判断された支払いが、特定の農民・生産者を対象とするために、納税者からの所得移転が高い効率性と透明性をもって行われる利点がある。デカップリング政策は、参加有資格のすべての個人と地域に開放され、職業選択上の自由度と選別性を高め、農業選択後の選別性やハンディキャップを軽減することができる。公共・補助事業では補塡されない価格抑制による所得低下や市場評価されない多面的な価値などの一部を補償することができる。

しかし同時に、対象者・対象地域を特定して使途が明確であるために、受給者にとっては自己責任が問われ非常に厳しい。政策意図からはずれて、たとえば適正な生産や地域資源管理から逸脱すれば、直ちに納税者・消費者の目に明らかとなり、助成金がうち切られる根拠になる。このように助成の対象行為や政策効果が明らかで、受給者にとっては厳しい面があるが、他方支給者にとっては助成継続の可否の判断が容易となるメリットがある。

ここで、「直接支払い」と「直接所得補償」の違いを明らかにしておこう。使い方に混乱があり、混乱は現場にもいい影響を与えない。「直接支払い」とは、政策・行政当局、つまり施策執行側からみた表現であり、「直接所得補償」とは、農民・生産者、つまり補助金を受け取る側からみた表現である。政策・行政当局の「直接支払い」は、結果として農家・農民の所得の一部を直接補塡するもの、まさに「直接所得補償」なのである。

(3)　政策手法上の論点

調査会答申、それに続く「食料・農業・農村基本法」制定、そして農政の新しい国際的枠組みを踏まえて、九九年五月に「中山間地域等直接支払制度検討会」の『中間とりまとめ』、八月にはその最終『報告』が公表された。これらに基づき、二〇〇〇年度より中山間地域等に対して直接支払いが実施されている。

ここで、この中山間地域等への直接支払い制度に関して、『中間とりまとめ』と最終『報告』の検討をとおして、評価と問題点を指摘しておこう。

『中間とりまとめ』、最終『報告』で共通して評価できる第一点は、何よりも直接支払いの具体化が進展したことである。一九九二年の「新農政」以降九七年一二月の調査会「中間とりまとめ」まで、直接支払いは導入すべきか否かの議論に終始したが、九八年九月の最終「答申」では直接支払いの必要性が説かれ、同年一二月の「農政改革大綱」では直接支払いの枠組みと二〇〇〇年度実施を明らかにした。ともに具体化の内容に踏み込んだ。

評価できる第二点は、農政の国際的枠組みを踏まえ、不利の補正および多面的価値生産への対価という理念を明確にしたことである。不利の補正により「適正な農業生産活動等」（耕作および農地管理ならびに水路、農道等の管理）の継続がなされ、それによって多面的機能が維持されるという理解に基づくものであり、生産刺激的なものではなく、農業資源の維持管理行為ないし環境修復行為への助成として位置づけたものである。

第三は、地域政策の総合化が「施策の基本的方向」の一つとして位置づけられたことである。最終『報告』では、次のように述べている。「生産条件の格差を補正することを目的とした直接支払いのみをもってしては、……中山間地域等の抱える全ての課題に対応できるものではない」。「したがって、直接支払いも含め、総合的・計画的な中山間地域等対策が講じられる必要がある。このため、……各種対策を相互に関連性を持たせながら、整合的・計画的に実施するとともに、他省庁とも連係しながら、中山間地域等に対する振興対策を体系的、総合的、効率的に実施できるシステムを検討する必要がある」。

第四に、『中間とりまとめ』では中山間地域の食料供給機能の位置づけが明らかでなかったが、最終『報告』ではやや明らかになったことである。『中間とりまとめ』では、「適正な農業生産活動等の維持を通じて中山間地域等の公益的機能の維持・発揮を図っていく」といいながら、「適正な農業生産活動」とは、量的質的にどのようなものか明らかでなかった。農水省自ら食料安全保障を強調するなか、中山間地域が農業粗生産額の約四割を占める現状を維持するのか否か、食料供給地域としての位置がみえなかった。この点は後に触れる。

問題点も散見される。

第一に、地方公共団体の自主性が尊重されているが、地方任せにならないような具体的対策が欠如していることである。たとえば、農地を維持すべきか否かの判断を市町村に委ねている。しかし、必要なことはわが国の食料安全保障上、また国土（開発）政策上必要な農地総量を、各地方の積み上げと地方との調整（パートナーシップ）のなかで、国が最終的に確定することである。そしてその維持のための、直接支払いも含め、総合的な対策を具体化するというプロセスが本来必要である。

第二に、「具体的検討」課題に関してである。ここでは、『中間とりまとめ』において論点となっていた部分を検討した後、それが最終『報告』でどう決着したかという手順で指摘しよう。課題がそのまま残された場合と、最終『報告』の内容に前進がみられた場合がある。

対象地域・農地

『中間とりまとめ』では、傾斜が厳しく小区画・不整形など農業生産条件が不利で、高齢化率が高いなど耕作放棄の発生懸念が高い地区内の一団の農地とあるように、対象となる地域は極めて限定されており、その多くはわが国に一割程度分布する棚田が想定されているように思われた。このようにみれば、棚田および段々畑地域はEUの「特別小地域」、また畑地を含むそれ以外の地域は「山岳地域」への直接支払いに類似している。

これは地域政策への適用の第一歩として評価できるが、適用面積や財政規模でもEUの条件不利地域政策にはほど遠いものと予想された。なお、離島は輸送上ハンディキャップをもち、また畑、水路・畦畔・農道等の施設は田園景観・国土保全上一体的役割を果たしており、助成の対象となるべきものと考えた。

最終『報告』では、これらをほぼカバーできる特定農山村、山村振興、過疎、半島、離島、沖縄・奄美・小笠原の地域振興八法の指定区域内の農用地区域とし、国の基準をもとに市町村長が一団の農地（一ヘクタール以上で畦畔・水路などを含む）を指定することになった。指定農地は、中山間地域農地約二〇〇万ヘクタールのうち九〇万ヘクタール、四五％に当たり、予想を超える支給対象農地面積となった。

対象行為　担い手の確保や基盤整備の実施など農業経営基盤強化法の「農用地利用規程」以上に豊富な内容をもつ「集落協定」、また耕作放棄を防止するための「個別協定」をもって、五年以上の継続した適正な農業生産活動等を対象とする。農地や地域資源といった公共性の高い財を、その財にふさわしく「協定」により明確にし、その管理活動への対価として位置づけたことは評価できる。何よりも、この対価は生産刺激ではなく、条件不利の補正への、また農業資源の維持管理行為ないし環境修復行為への助成としての性格をもつものである。

しかし、『中間とりまとめ』では、コメの生産調整も含め、中山間地域における食料政策上（農業資源の維持管理）の位置づけが不十分なこともあって、中山間地域にふさわしい具体的な戦略作物がみえてこなかった。九八年九月の調査会最終「答申」では、「花き等生産品目や栽培方法に特徴のある多様な農業生産を推進するとともに、低廉で豊富な土地を生かした草地畜産等を展開していくべき」とある。(11) 花きは、労働・資本・知識集約作物で、輸送比価も高く相対的に高収益作物である。また草地畜産は、耕種よりも農地の維持コストが安いというメリットがある。しかし、振興作物は花きや草地畜産だけでいいであろうか。

食料安全保障上、また多面的機能の維持の上で、耕境外となった耕作放棄地を荒らすに任せてはおけないし、中山間地域にこそ残すべき水田は残す必要がある。中山間地域は農業粗生産額および水田面積の四割を占め、食料の安定供給上重要な役割をもち、もって平地以上に多面的機能も供給することができるのである。

国家の食料安全保障と多面的機能の維持を図る上で必要な作目と物量、そのための地域配置を決める過程で、中山間地域での作目の位置づけも明らかにすることが重要である。明確な基準のもとに、後述の長野県栄村のように、残すべき水田は残し、自然に戻すべき水田は必要な助成措置を講じて戻す。そして花きや畜産に利用すべきは利用し、さらに必要あれば後述のカントリービジネスを起こす（農業・農村の総合産業化）など、地域の特性を生かしつつも食料供給地域と環境保全地域の分かちがたい位置づけが必要である。

この延長線から生産調整は具体化されることが望ましく、不利の補正ないし多面的機能への対価としての助成は別途の措置として、差額分を補塡すべきである。その際の差額分には、鳥獣害対策としての費用等も含まれるべきである。

ところが、最終『報告』では、直接支払いと生産調整とは別途の措置となり、食料供給地域としての位置づけが、十分とはいえないが明確になった。「集落協定規定事項」の一つとして、「食料自給率の向上に資するよう規定される米・麦・大豆・草地畜産等に関する生産の目標」を掲げた。また、生産調整との関係でも、「中山間地域等はより多くを減反すべき」との批判に対し、「多面的機能の発揮、米以外の農作物の作付けによる食料自給率の向上という観点からは有益な農地であり、農地としての機能を維持していくべきもの」と位置づけた。

ただし、同じ中山間地域にある水田でも、石垣で作られた昔からある棚田とテラス状に整備された今日の水田とを同一視してはならない。棚田は、毎年水を張って稲を植え、石垣から水が漏れないようにしなければ石垣がぐらつき、翌年の畦の管理、棚田の維持は困難を極める。昔から存在する棚田において、コメ以外の作物や輪作は不適なのである。棚田は棚田として利用してこそ多面的機能を維持できることを見落としてはならない。

対象者

協定に基づき、五年以上継続して農業生産活動等を行う者とあり、受給対象者は明確である。したがって、たとえば「集落協定」ではその役割を分担している担い手であり、規模・所得の大小を問うも

表 4-4　直接支払いの単価

地　目	区　分	10a 当たり単価
水田	1/20 以上 1/100～1/20	21,000 円 8,000
畑	15 度以上 8～15 度	11,500 3,500
草地	15 度以上 8～15 度 草地率 70% 以上	10,500 3,000 1,500
採草放牧地	15 度以上 8～15 度	1,000 300

注：新規就農の場合や担い手が条件不利な農地を引き受けて規模拡大する場合は，田で 1,500 円，畑・草地で 500 円上乗せする．
資料：農水省資料による．

のではない。ただし、所得が地域の一定水準を超える場合には逓減的に行うべきである。

中長期的な課題としての担い手育成については、たとえば「若年者就農助成」（表1-13参照）など、別途の措置が必要であろう。最終『報告』では、「条件不利な農地を引き受けて規模拡大する場合においては、直接支払いの上乗せ助成を検討すべき」とした（表4-4の注参照）。

単価

生産費格差の範囲内で、かつ条件不利の度合いに応じて単価は設定されることが現実的である。ただ、前述のようにEUの「特別小地域」「山岳地域」の位置づけに近いと想定できるとすれば、それぞれについての段階的単価の必要性は薄い。むしろ、その二種類程度の段階的単価の設定が適切であろう。たとえば、傾斜二〇分の一～百分の一で高齢化率が高く耕作放棄の激しいあるいはそれが予測される「農業資源管理地域」、もう一つは傾斜二〇分の一以上の棚田・段々畑等を保存することが望ましい「棚田（環境）保全地域」に対する二種類の助成措置である。三種類に区分する場合には、傾斜百分の一前後の緩傾斜地で、牧野ないし牧草地の多い「耕地劣悪地域」とするのが適切であろう。

『中間とりまとめ』をみるかぎり前記のように考察できたが、最終『報告』では、表4-4のとおり、地目ごとに傾斜で二区分とし、支給額は平地との生産費格差の八割を基準に算出した。支払い上限（一戸当たり一〇〇万円、第三セクターには適用せず）や単価水準は、当初の予想を超える額となった。

地方公共団体の役割

最終『報告』では、「国とともに地方公共団体も負担する」ことになった。二〇〇〇年度には、具体的には総事業費七〇〇億円、これを二分の一ずつの財政負担とした。地方負担分については適切な地方財政措置をとるとしているが、中山間地域にさらなる財政負担を課することが適切かどうか検討の余地がある。

地方との関係では、国が助成基準を決めて地域指定を行い、中山間地域を抱える地方自治体は財政的に厳しいことを考慮して国が全額負担すべきではないか。自然的社会経済的諸条件が各地域により異なることから、運用上の条件等は各地域の裁量に任せることが望ましい。また、すでに各地方自治体が補助事業と直接支払い両面から実施している地域対策は、国の直接支払いとは別途のものとし、その継続、改廃も各地域の裁量に任せることが望ましい。これらの点の関係は、最終『報告』でも明らかになっていない。

たとえば、島根県の「島根県中山間地域活性化基本条例」に基づく「中山間地域集落維持・活性化緊急対策交付金」（表4-5参照）、鳥取県の「中山間ふるさと保全施策」[12]、山口県の「やまぐち型担い手組織育成モデル事業」、兵庫県の「棚田保全緊急対策事業」、その他各市町村の施策など[13]と、今回の国の直接支払いとの関係である。

以上が中山間地域等への直接支払い制度の評価と問題点である。全体を検討して強調しておきたいことは、何よりも政策の総合化、体系化の必要性である。

表1-13に例示したとおり、直接支払いとともに補助事業も兼ね備えた、市町村単位（緩傾斜地を含む）に、かつ地域の自主性を生かせる「農業・農村活性化交付金」の新設が有効であろうし、その他どの地域でも実施できる水平的施策も採用した施策の総合化、体系化が必要であろう（日本型ＣＴＥ）。さらに、「特定農山村法」はじめ「過疎特別措置法」「山村振興法」等地域立法の統合、直接支払いと補助事業の財源および業務の統合など、

表 4-5　島根県「中山間地域活性化交付金」の概要

事業名	予算額	事業の概要	所管課
中山間地域集落維持・活性化緊急対策事業費(99 年度より)	210,000 (単位：千円)	【事業目的・内容】 崩壊・衰退が懸念される中山間地域の集落が，地域の実情に応じて自ら策定した振興プランに基づき実施する社会経済，文化的機能等の維持・活性化策に対し交付金による財政支援を緊急対策として実施する.	企画調整課 (企画振興部)

○対象集落
・特定農山村地域，過疎地域，辺地地域のいずれかに該当し，高齢化率 35% 以上の集落，その他これに準ずる集落
○交付金交付対象者
・集落の社会的経済的機能の維持・活性化に取り組む団体，自治会その他の組織で緊急対策計画（集落振興プラン）を策定し，実施するもの

○交付対象経費
・集落振興プランで定める集落の維持・活性化のための事業に要する経費
○交付金額　1 集落当たり 100 万円
○実施期間　3 年間（1999～2001 年）をかけ，全対象集落（約 1,000）で実施
1999 年：200 集落

●プラン策定から承認（交付金交付決定）までの手順

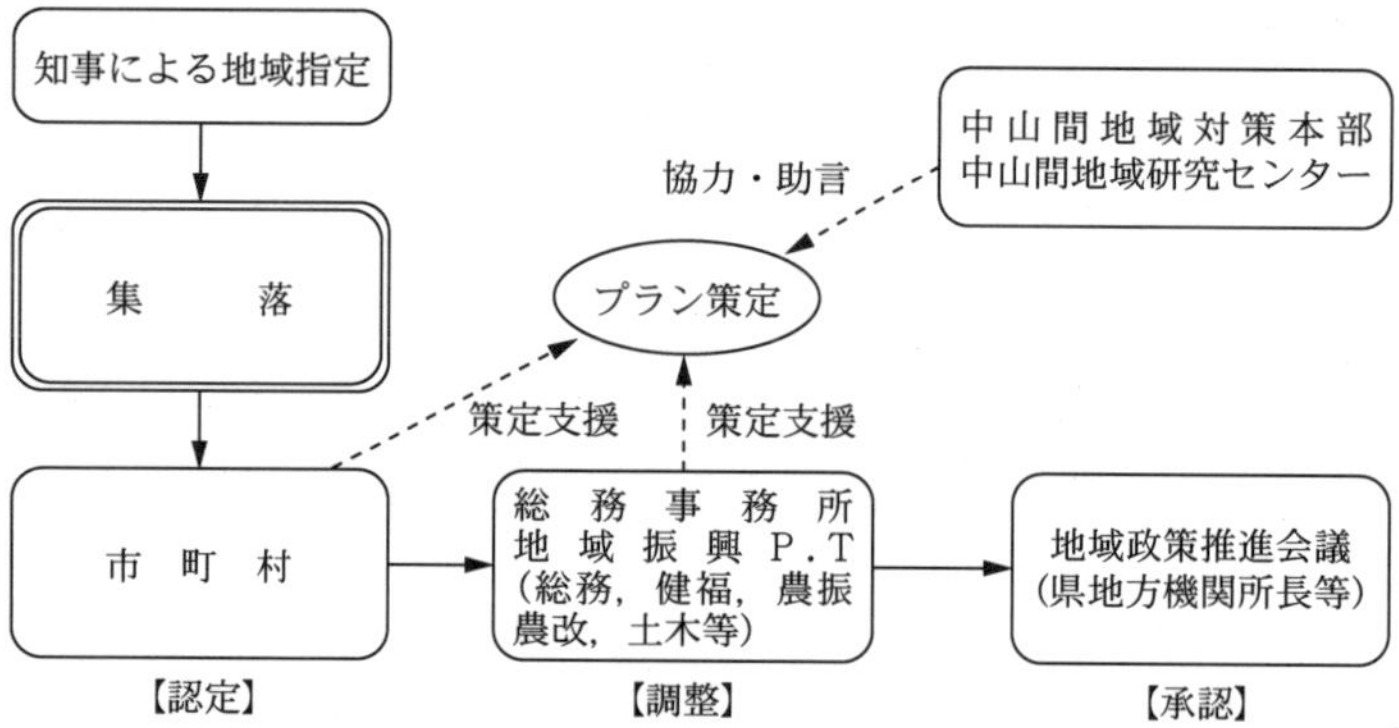

●「集落振興プラン」の内容
①産業経済的機能維持対策（特産品開発・地場資源活用に必要な経費，集落営農推進のために補完的に必要な経費，農林地の共同保全管理に必要な経費等）
②文化的機能維持対策（伝統芸能・行事の維持・再生のために必要な経費，地域間交流に必要な経費等）
③社会生活的機能維持対策（高齢者生活支援対策に必要な経費等）

注：島根県資料による.

財政および業務の統合、総合化も必要である。

これは、かねてよりの筆者の提案であり[14]、「振興対策を体系的、総合的、効率的に実施できるシステムを検討する必要がある」とした最終『報告』の「基本方向」にも述べられたことでもある。省庁再編も踏まえた体制の今後の確立が求められる。

3　農業および生活基盤の整備構想

(1)　何のための公共事業か

これまで直接支払いを中心に述べたが、農業の公共事業がまったく必要ないということをいってきたわけではない。公共事業が農民や農村住民のニーズや時代の要請に応えきれていないことが問題なのである。これは農業ばかりでなく一般公共事業もそうであり、生活者から厳しい批判が出ている。

公共事業批判のもっとも厳しかった九七年度予算案をとりあげてみよう。

九七年度予算案をめぐっては、従来型の公共事業中心の支出構造に批判が集中した。九七年度予算案の一般会計は、前年度比三・〇％増の七七兆三九〇〇億円、うち一般歳出は同一・五％増の四三兆八〇六七億円で、「財政再建元年」を掲げた抑制的な支出となった。しかし、歳出構造改革への突っ込みは甘く、批判の多いものとなった。

このなかの農林水産予算案も同様であった。農林水産関係予算は前年度比〇・一％減の三兆五九二二億円となり、一般歳出約四四兆円に占める割合は八・二％（国債などを含む総予算に占める割合は三・七％）に低下したが、マスコミ等の風当たりは強かった。というのも、農林水産予算の削減率は低く、支出構造にも何の変化もなかっ

表 4-6　農業関係予算の政策目的別構成

（単位：10 億円，%）

	1980 年度	85	90	95	96	97	98	99
農業関係予算総額 (国家予算に占める割合)	43,681 (7.1)	53,223 (5.1)	69,651 (3.6)	78,034 (4.4)	77,771 (4.0)	78,533 (3.7)	87,991 (3.7)	81,860 (3.1)
生産対策	57.7	56.5	64.4	70.0	69.3	67.6	68.0	62.1
うち農業農村整備	27.7	31.0	39.4	50.2	49.8	46.0	49.6	44.4
農業構造の改善	8.7	11.6	11.4	11.0	10.0	10.2	9.4	9.7
価格・流通・所得対策	27.4	23.3	14.5	10.1	11.2	12.1	13.3	16.5
その他	6.2	8.6	9.7	8.9	9.5	10.1	9.3	11.7

注：1998 年度は 3 号補正後，99 年度は当初，その他年度は補正後予算．なお，「農業・農村整備」は，91 年度より「農業生産基盤の整備」を組み替え．
資料：「農業白書附属統計表」（1998 年度版）による．

たためである。不透明で非効率といわれる公共事業中心の従来型予算から脱却できていなかったのである。

農業農村基盤整備事業など公共事業費は、減額どころか〇・二％増の一兆九六〇四億円で、農林水産関係予算の五四・六％を占めた。一般農政費は〇・五％減の一兆三六二六億円、食糧関係費も〇・五％減の二六九二億円となった。公共事業の波及効果が疑問視されるなか、公共事業が予算の過半を占める構造にまったく変化はなかった。

表4-6のとおり、政策目的別に農業予算を整理してみると、農業公共事業のなかでも最大の「農業農村整備」は、徐々にシェアを高め、九五年度には農業予算の五〇・二％に達した。その後は低下しているとはいえ、農業予算の四割を超えている。

九七年度予算案への批判が多いなかでも評価できる点は、担い手育成への重点配分の色合いを強めたことである。農地の縮小・荒廃に歯止めをかけることと併せて重要なことは、若い担い手を確保し育成することであり、そのための予算となったことは評価できる。

圃場整備事業と畑地帯総合整備事業で「一般型」を廃止し、認定農業者など担い手への農地集積を要件とする「担い手育成型」を拡充した点にもっともよく表れている。また、こうしたハード事業と一体的に実施されるソフト事業、たとえば無利子資金融資、農地流動化促進経費交付なども、助成対象を「担い手育成型」に限定した。

このような予算案が決まってすぐ、九七年六月三日、財政構造改革会議は、歳出削減の具体的な数値目標を盛り込んだ最終報告書を提出し、政府は同日の臨時閣議でこれを決定した。九七年一一月には、「財政構造改革法」が成立した。

最終報告書は、二〇〇三年度までに財政健全化目標（財政赤字対GDP比三％、赤字国債発行ゼロ）の達成を目指し、今世紀中の三年間を「集中改革期間」として「一切の聖域なし」で歳出削減の推進を求めた。翌九八年度予算案では、批判のあった公共事業費を対九七年度比七％削減し、一般歳出予算もマイナスとすることが明示された。

九八年度予算案のなかの農業予算も、厳しい内容となった。ウルグアイ・ラウンド対策費は、総額（事業ベース六年間で六兆一〇〇億円）を維持したものの、実施期間の二年延長、公共事業とその他事業の比率を六対四から「五対五」とした。また、食糧関係費や補助金、国有林野事業も見直すよう求めた。

しかし、こうした財政改革法に基づく緊縮予算の方針は、九八年一一月には再び変更される。失業、デフレが深刻となり、九八年八月に登場した小渕内閣は積極財政をとらざるを得ず、一一月には財政改革法を無期限で全面的に凍結するための「財政改革法停止法案」を閣議決定するに至った。

このような計画変更があったが、問題が改善されたとは思えない。農業予算についても同様である。何よりも、予算執行上不透明で非効率といわれる公共事業が、予算の過半を占め、公共事業中心の支出構造も、ほとんど変化しなかった。ほんとうに担い手育成に役立つのかなど、政策効果の疑問にも応えきれていない。

確かに、公共事業としての農業・農村基盤整備は、WTO農業協定では削減除外された「緑の政策」の一つであり（表1-2参照）、その有効性もすべて否定されるものではない。シビルミニマムに達しない農村の生活環境整備、条件のある地域での競争力強化のための圃場整備など、今日の農業・農村情勢からいえば農業・農村整備は、やはり必要なのである。

圃場整備事業による成果をあげれば、労働時間や生産コストの低減、個別経営規模の拡大や農地の団地化などが相当程度進展したことである。たとえば、稲作でみれば、一九六四年に一〇アールあたり一四六時間必要だった労働時間が九五年には僅か三八時間に激減した。もちろん、機械化、化学化、装置化、単作化という農業近代化も含む総合的な結果ではあるが、そのなかにおける圃場整備の役割は大きいものがある。

新旧基本法にも、その必要性と重要性が明記されている。新しい基本法は、さらにいくつかの新しい内容を含んでいる。

まず、農業基盤整備についてみてみよう。

旧基本法は、農地の開発・整備から農業技術の活用まで、すべて「農業生産性の向上と農業総生産の増大」のなかに位置づけている(旧法第九条、第二一条)。これに対し、新基本法では、「農業の生産性の向上を促進するため、地域の特性に応じて、環境との調和に配慮しつつ、事業の効率的な実施を旨として、農地の区画の拡大、水田の汎用化、……その他の農業生産の基盤の整備に必要な施策を講ずるものとする」(第二四条)とし、生産性の向上は旧法と同じであるが、新しい内容を三点ほど指摘できる。新しい内容だけに今後の在り方が問われる。

第一に、「地域の特性に応じて、環境との調和に配慮しつつ」整備事業を行うことになった点である。すでに述べたとおり、環境配慮の農業の推進が強調されるなか、地域の実情に適したものか、また農村のアメニティなど環境資源を破壊していないかなどにも、国民的に高い関心がでてきた。これに整備事業は具体的にどう応えていくのかが問われることになる。

第二に、「事業の効率的な実施を旨として」基盤整備を行うべきとした点である。これは、すでに指摘したように、事業費の分量と使途、事業決定の透明性、事業効果など、国民から提出されていた批判に応えるものである。もちろん、批判に十分応えられたかどうかの点検は今後も必要である。

第三に、「区画の拡大」「汎用化」など、具体的に整備の内容を定めたことである。圃場の零細性と分散性を解決することが、今後のわが国農業、とりわけ水田農業にとって、また地域農業資源の合理的管理、多面的機能の発揮の上からも必要なことである。「区画の拡大」はその一つの解決策である。

「区画の拡大」された圃場は、連坦的に、つまり農場制的に利用されることが望ましい。もちろん「農場制」とはいっても、水田には畦畔があるため、五〇アールから一ヘクタール程度の圃場をまとまった状態で利用できる、いわば日本型の農場制である。そして、ここでの作物栽培は、単作よりも輪作が望ましく、そのため「汎用化」農地として整備することが重要である。

こうして、単作で資源収奪型の零細分散錯圃制農業から、輪作を伴って環境配慮的な資源管理型農場制農業への転換が可能になる。これについては、パッケージングという手法が有効であること、後に詳しく述べよう。しかし、とりわけ、中山間地域ではなかなか困難な側面があり、地域的配慮が必要である。後述の長野県栄村の例も含め、中山間地域における整備の在り方が問われる。

次に、農村基盤整備についてみてみよう。

旧法では、農業従事者の福祉向上のための一つとして農村整備を位置づけているにすぎなかった（旧法第二条第一項八）。新基本法では、第五条で「農業の有する……機能が適切かつ十分に発揮されるよう、農業の生産条件の整備及び生活環境の整備」により農村の振興が必要だとし、第三四条第二項では旧法とほぼ同じ内容が、さらに第三五条では新たに中山間地域等の生活環境の整備と生産条件の不利の補正措置の導入が明記された。

ここで重要なことは、農業のもつ「多面的機能が適切かつ十分に発揮されるよう」に位置づけている点である。

りである。

生産刺激的措置としての位置づけではない。また、中山間地域への直接支払いについては、すでに指摘したとお

(2) 誰のための公共事業か

このような新しい内容とこれまでの大きな成果があってもなお、問題なのは公共事業費の分量と使われ方であり、事業の決定過程や内容の不透明性、波及効果のレベルであり、国際的な意味などである。

まず、公共事業としての農業・農村基盤整備の国際的意味づけをしておこう。これは、表1-2のとおり、農業協定では「緑の政策」の政府が提供するサービス(a)の①に分類され、農業予算上削減除外されるものの一つであり、そのこと自体に国際的問題はない。

しかし、公共事業などの政府のサービス(a)は、市場や生産等から一応デカップルされた政策ではあるが、間接的に農民に所得を移転するもので、次の問題点があるとされる。

間接的な所得支持政策は、前節で述べたように、保護や援助が必要でないかもしれない農民に、必要以上に助成したり、農業部門以外にも保護や援助が漏れる可能性がある。だから、生産現場では、基盤整備事業は「農業保護ではなく土建業保護」などと批判されるのである。

国際的には間接所得支持から直接所得支持への政策シフトが進みつつあり、デカップリング政策の具体化と精査が進んでいる。これは、止められない歴史的流れである。ところが、第一章で検討したとおり、わが国はいまだに、「緑の政策」(a)①の農業・農村整備事業を中心とした内容から何ら脱却していない。ウルグアイ・ラウンド農業合意を受けて転換したはずの農政は、予算執行上何ら転換していないのである。

わが国でも、「緑の政策」の組み換え、すなわち基盤整備事業などの間接所得支持から直接支払いに、政策比

重を移すことは緊急の課題であり、国際的にも時代の要請なのである。

次に、波及効果、効率化、透明化という問題を考えてみよう。

様々な整備事業が、農村のアメニティを破壊してきたケースも少なくない。また、兼業農家の増大が、農業の先行き不安と相まって、圃場整備事業の必要性を著しく減退させ、整備事業の否定材料になっているという問題も横たわっている。しかし、農業・農村整備事業がまだまだ必要な分野・地域はあるのだから、これらの問題にも応えられるように事業の工夫が必要である。

たとえば、圃場整備や生活環境整備、農地流動化などの公共・補助事業をパッケージングし、事業の効率化、予算の透明化を図ることである。[15] 農業基盤の強化を図り、食料の供給力をしっかりしたものにし、同時に農村のシビルミニマムとアメニティミニマムを確保する。そして、事業の内容や効果などを国民のまえに明らかにしていくことである。

ここで補助事業のパッケージングを強調する理由は、縦割り行政、セクショナリズム（縄張り争い）といった弊害を少しでも縮減して効率化する必要があるからである。国の行う事務や事業は各省庁によって分担管理され、さらに各省庁内でも細かく具体的に規定されている。こうした所掌事務の分業体制が一概に悪いとはいえないが、この体制から生じるセクショナリズムや施策の総合性の欠如などの弊害があるのも事実である。

地方行政の現場では、合理的な施策の実施を困難にしている場合が多い。各省庁、各部局ごとの施策、補助金、通達などが、関連省庁・関連部局など横の調整がなされないままに、縦割りで下りてくるためである。

だから、国の事業等を地方にとって生きた施策・事業にするためには、縦割りの国の施策をどううまく調整して実施するか、末端の地方行政の手腕にかかっている。国のレベルで総合的に調整されれば、事業等はさらに効果的になるはずである。

農林水産省の事業も同じで、たとえば、農業経営基盤の強化を図るには圃場整備が必要だし、担い手を確定した規模拡大も必要である。しかし、二〇〇一年一月の省庁再編以前には、圃場整備関係は構造改善局整備課、規模拡大関係は構造改善局農政課という具合である。省庁間でも、たとえば、下水道事業は建設省、浄化槽事業は厚生省、集落排水事業は農林水産省といった縦割りで事業が行われる。

そこで知恵を出すべきことは、縦割り事業のパッケージングという方法である。担い手に農地を集積させ、経営基盤を強化するためには、圃場整備事業に農地流動化事業、就農支援事業など様々な事業をパッケージングすることである。そうすることによって、集落単位ないし数集落単位のもとで、個別ないし組織経営体が担う農業構造を作り出すことが、少しでも前進するはずである。

このほか、下水道や汚水処理施設など生活環境整備の事業や自然環境配慮の事業もパッケージングする。さらに、担い手に農地が集積して合理的な経営ができれば、地元負担や農家負担を大幅に軽減する。

このように、農家以外の住民にも便益を供給するパッケージング事業であれば、専業農家はもちろん、兼業農家も進んで事業に参加するであろう。非農家や兼業農家が増大するもとでは、圃場整備の推進だけでは事業実施が困難になっており、彼らの理解を得ながら専業農家の規模拡大を図るにも、農村生活環境整備のパッケージングの考え方は重要である。

農業・農村の基盤には、効率的な農地・圃場のほかに道路や水路、生活インフラストラクチャー（下水道など）、そして田園景観等がある。これらが一体的に整備されることが、都市住民の保健・休養、レクリエーション等のニーズにも応えることになり、波及効果も高いものとなる。何よりも専業農家や兼業農家、そして都市住民にも支持される公共事業こそ必要である。

公共事業の波及効果、効率化、透明化の議論が浸透するなかで、他方、「農村の土木・公共事業が減少すれば、農村の雇用が厳しくなり、結局農民に不利益になる」という議論がある。しかし、それは「農業保護」に名を借りた「土建業保護」をいうに等しく、本末転倒の議論である。

農村の雇用は地域の活性化をとおして行うべきで、たとえば地域資源のビジネス化、つまり農業に加工業や観光などを結合し、地域全体の資源の総動員よって図るべきことである。後で詳しく述べるが、カントリービジネスを起こすことである。そもそも、公共事業で地域の雇用を満たすことは不可能なのである。部分的一時的には満たせるかもしれないが、全面的長期的には困難である。

いま必要なことは、公共事業の改善のうえに必要な公共事業を確保し、農業および地域資源管理の担い手の確保と育成を図り、農地の確保と合理的利用などを促進できる施策、また農村のアメニティを維持・増進できる施策に国民の税金を使うことである。つまり、公共の福利の向上のために税金は使われるべきなのである。

(3) 中山間地域に必要な公共事業

公共事業の波及効果、効率性、透明性を高めるために改善すべきことは、前述のような点だけではない。EUの農村地域政策で紹介した「パートナーシップ」に学び、地域内発的な展開を促し、施策の実効性を高めるというような改善も必要である。

わが国でも地方作成の「○○○計画」に基づく実施を建前とするが、実際には「補助金をとるための計画」というのがしばしばである。地域のマスタープランないし体系的・総合的で効果的な施策の一環としての計画ではない。そもそも、そのマスタープランが地域の発想を前提にしたものでない場合が多い。

また、事業の権限をもつ監督官庁が分散し、事業の適用範囲が狭く、たとえば、施設補助などは部分的・画一的でカンフル注射的なハード中心の事業が多い。そのために、地域の開発計画に必ずしもフィットした事業の実施とはならず、その実効性に問題を残す。

むしろ、地方の発想を尊重して、地方と中央が共通の目標のもとに対等に密接に協議を行い、地域にどうしても必要な施設などをつくるといった手法が必要である。地域固有の独創性や主体性、自主性を生かした公共事業こそ求められる。

この点で一つの問題提起をしているのが、山間地域に分類される長野県栄村の「田直し事業」である（一九九五年六月調査）。これは、農地の量的確保と圃場整備事業を組み合わせるという独特の発想により実施しているものである。

平地、中山間地を問わず、農業生産の持続性を保つには、環境負荷を最小限にするとともに、農業そのものの展開の場所となる農地の量的確保と、その合理的利用が必要である。そのためには圃場整備も重要である。

わが国の農地面積は、この三五年間に実に一〇〇万ヘクタール減少した。九六年に閣議決定した第三次国土利用計画では、二〇〇五年の農地確保の目標を四九〇万ヘクタールとしているが、この目標を下回ってさらに減少する可能性がある。

農地の減少を促進する要因としては、中山間地域や都市的地域を中心に広がる耕作放棄地の増大、都市的地域を中心とした転用の増大などがある。一つの解決策としては、都市的な農地利用、農地の確保や利用の在り方などを明確にする「土地利用計画」を策定し、この計画に基づいて着実に実施することであろう。そして、一定の基準を設け、残すべき農地、自然に戻す農地、転用する農地などを積み上げ、わが国における必要農地を確保するという手順をとることが、農地の無原則的な減少に歯止めをかけることになる。

長野県栄村では、一〇アール当たり四〇万円以下で圃場整備ができる水田を残すことにしている。この「田直し事業」では、整備費四〇万円のうち、二〇万円を村が補助する。農家が負担する二〇万円は、圃場整備によって、一〇アール当たり収量が一俵増収（栄村のコメは一俵二万円程度で取引される）するとして、新たな負担をすることなく一〇年間で償還できるという計算に基づいている。

一回ごとの整備面積が小さいために、国の補助は受けられず、村単独事業として実施している。しかし、国の補助を受けて整備しようとすると、一〇アール当たり二〇〇万円はする。それがなぜ四〇万円でできるかというと、圃場整備の図面を書かず、整備請負者が長年の経験をもとに、直接工事に取り掛かるためである。

残すべき農地が必ず残るような、地域にあった圃場整備が必要である。とくに中山間地域は、食料供給のうえからも、また環境保全、国土保全のうえからも、生産基盤の整備は欠かせない。栄村の「四〇万円」という基準は、厳しい山間地域が選択した農地を守るための知恵である。

栄村は、財政事情が厳しいなか、単独事業として実施している。この事業のパートナーとして国がどこまで何ができるのか。それを全国画一的にではなく、どうすれば地域の実状に合った形で実施できるのか。国も栄村も、食料の安定供給と地域資源の保全・管理という共通の目標があり、どうしても必要な事業であるにもかかわらず、一緒にやれないのは不幸である。その改善を具体的にどのように実施していくか、中山間地域に共通した今後の重要課題であろう。

栄村に限らず、このような基盤整備事業について、もう一点指摘すべきことがある。それは、整備事業の負担金が農業経営に重くのしかかっているということである。前述したように、圃場整備により労働時間や生産コストの低減、規模拡大や農地集団化の進展などの成果をあげることができたが、他方、米価をはじめとする農産物価格が低落するなか、物財費や家計費が必ずしも低下せず、借り入れた負担金の返済は一〇アール当たり二～四万円にも達し、経営の持続性を阻害するところまできている。

負担軽減のために低金利資金への借り換えの動きもあるが、重い負担への特効薬は見あたらない。中山間地域では、さらに重くのしかかる。こうした状況が続けば、整備された農地が荒廃し、耕作放棄され、食料供給や多面的機能も後退することになる。とすれば、整備事業の農家負担の軽減は、農地の公共財の側面への支援として今後の重要な課題となろう。

4　カントリービジネスによる農業農村振興構想

(1)　カントリービジネスとは何か

新基本法は、「国民の農業及び農村に対する理解と関心を深めるとともに、健康的でゆとりのある生活に資するため、都市と農村との交流の促進」(第三六条) をうたっている。そのための施策も講じるとある。このような施策支援のほかに大切なのは、地域の主体的取り組みである。また、中山間地域の定住条件をよりよくするためには、これまで述べてきたような政策支援と併せて、何よりも地域からの「もっと住み良くしよう」といった発意が大切である。

図4-1にみるとおり、十分とはいえないが、政策的にはハード、ソフト両面からの支援体制があり、さらに二〇〇〇年度からは直接支払いも実施されている。こうした政策支援を生かすためにも必要なことは、地域住民の発意と主体的取り組みである。その動機づけと推進体制が必要である。

地域住民の発意の具体化や主体的取り組みを、さらに活発にするための一つの方法として、無償の地域資源管理コスト、環境保全コストを市場メカニズムに組み込んだ地域資源のビジネス化・有償化、すなわちカントリービジネスの創造を私は提案したい[16]。こうした取り組みのなかでこそ、前述の政策支援は一層有効なものとなる。

カントリービジネスとは、市場メカニズムをとおして地域の環境と資源を守るビジネスである。具体的には、農村にある様々な資源をビジネス化したものであり、グリーンツーリズム、観光農業、地域の資源を生かした農産加工、市民農園、交流を伴う有機農業などである。

カントリービジネスとは、需要者・供給者双方がシアワセ感を得る「ハピネスビジネス」である。消費者側からみれば、農業・農村を対象にして、人間の五感（見る、聞く、嗅ぐ、味わう、触る）の刺激をとおして感動し、「うるおい」や「やすらぎ」を得るビジネスであり、農村・農民側からいえば、無償の地域資源管理コスト、環境保全コストを市場メカニズムのなかに組み込んで有償化し、ゆとりある生活の一助とするビジネスである。

二一世紀社会のキーワードは、「自由時間の増大」「高齢社会」「ゆとり・やすらぎ・うるおい」であり、その「心」は「質の高い個人生活の重視」である。「質の高い個人生活」を背景とした家庭生活、地域生活を実現するためにも、ハピネスビジネスの開花が必要である。

ハピネスビジネスは四つの要素からなる（図4-2参照）。最適なマーケティングをとおして物質的金銭的豊かさを実現し、ホスピタリティ・マインド（思いやりの心）をもって需給両者の精神的豊かさをも実現し、人間生活の質の改善やアメニティの向上など社会にも貢献し（フィランソロピー）、これら三つの要素の均衡的展開という哲学（フィロソフィー）のうえに、人々の幸福を実現するビジネスである。これら四つの要素が、ビジネスの市場調査・企画・点検・処理の各過程のなかで具体的に発揮され、消費者・生活者や社会に「シアワセ」感を提供するものである。

農林水産業、農山漁村には、このビジネスを展開する条件が満ちあふれている。すなわち、他産業や都会ではなかなか見いだしにくい「農の心」がある。「生命をはぐくむ心」、「心身の健康を維持増進する心」、「地域資源を管理保全する心」である。こうした「農の心」が、いまとりわけ都会の人々の心を引き付けている。これらの「心」をビジネスの視点、産業の視点から考えてみよう。

図 4-2　「シアワセ」(Happiness) を供給するハピネスビジネスの4 要素

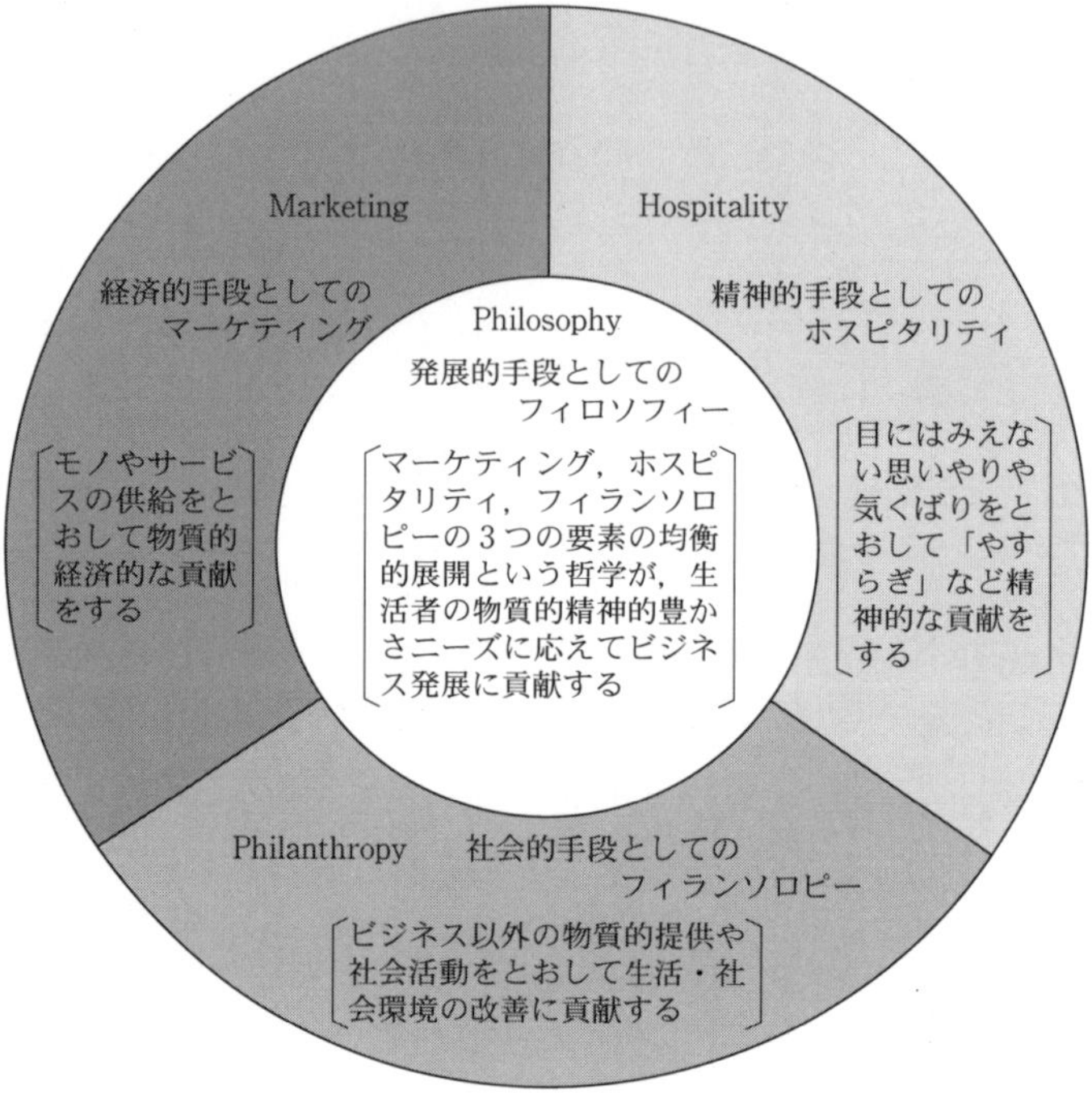
Marketing
経済的手段としてのマーケティング
モノやサービスの供給をとおして物質的経済的な貢献をする
Hospitality
精神的手段としてのホスピタリティ
目にはみえない思いやりや気くばりをとおして「やすらぎ」など精神的な貢献をする
Philosophy
発展的手段としてのフィロソフィー
マーケティング，ホスピタリティ，フィランソロピーの３つの要素の均衡的展開という哲学が，生活者の物質的精神的豊かさニーズに応えてビジネス発展に貢献する
Philanthropy
社会的手段としてのフィランソロピー
ビジネス以外の物質的提供や社会活動をとおして生活・社会環境の改善に貢献する

まず、「生命をはぐくむ心」について考えてみよう。

そもそも「産業」とは、人間が労働の対象に働きかけることによって新たな使用価値を他人のために生み出し、経済的価値を作り出す行為のことである。農林水産業の場合は、労働の対象が動植物という生命体であり、有機的生産であるところに特徴がある。農林水産物という使用価値が経済的価値をもつためには、生産者以外にとって有用なものとして取引されなければならない。

農林水産物のなかの食料を例にとれば、その有用性とは、「栄養」であり、「安全性」であろう。安全で栄養があり、人間の生命を育むに必要な使用価値があるために、取引され、食料は経済的価値を生み出すのである。農林水産業は、生物に働きかけ、衣食住という人間の最も基礎的で生命と健康に関わる使用価値と経済的価値を生むからこそ、生命産業とも呼ばれるのである。

しかし、生産物の有用性が消費者に認められなければ価値を生むことはない。最近の食品の安全性をめぐる問題はその典型である。ダイオキシン食品汚染、遺伝子組み換え食品、ホルモン牛肉など、例をあげればきりがない。本来生命を育むべき食品が、その役割を著しく後退させてしまうような状況が一部にみられる。栄養についても同様の状況がある。栄養や旨味、新鮮さは、やはり獲りたてが一番である。

農林水産業が生命産業としての役割を十分に果たすには、生物の生理・生態に適合することにより安全で良質な生産物の供給に努めること、その生産物を利用する人々がより身近にいること、生活や習慣を基礎に成り立っていること、などの条件を満たすことである。科学技術の発展や国際化の進展が、こうした条件を崩す場合があるが、「生命をはぐくむ心」は消えない。だからこそ、今日、消費者からの食品の有用性への熱い視線が注がれているのである。

さて、次に農林水産業の「心身の健康を維持増進する心」を考えてみよう。

農林水産業は、生命体の生長・繁殖をとおして行われるものであり、生命過程に沿って行わざるを得ない。科学技術の発展は、植物の季節的固定性や動物の発育過程から解放した部分があるが、生物生理の根本的改変をもたらしたわけではないし、有機的生産であることに変わりはない。

生命過程に沿って行われざるを得ない農林水産業は、人間の身体も心も使い、五感（五官）すべてを刺激し、それによって身も心も耕してくれる。これを生活信条とする人々も出てきた。

人間も生物の一つであり、自然の一部であり、人間の生活も動植物の生命過程とともに歩んでいこうとする、新しいライフスタイルの創造である。あるいは、自分の仕事を自分のものとするために、自分が心の底から欲することを仕事とし、昔流にいえば「趣味と実益を一体化」し、「好きこそもののじょうずなれ」とストレスを溜めずに息長くマイペースで暮らすという、自分に素直な生き方である。これは、「心身の健康を維持増進する心」を持ち合わせた農林水産業に、心からほれ込んだ職業選択の結果であり、一つの積極的な暮らし方、生き方なのである。

そこでは、ほどほどの所得を確保したうえで、自然のサイクルのなかに身を置き、身体を使い、汗を流し、都会ではみえなかった「やすらぎ」や「うるおい」を取り戻しながら、「人間的」な生活が「模索」されている。それは現実社会から逃避するというよりも、新しいライフスタイルを捜し求めるという積極的な「取り組み」なのである。若者の新規参入や「定年帰農」などにみられる。

一方、都会では「市民農園」の開設、開放により、住民のニーズにも応えつつ交流を図りながら、住民・自然と共に生きる道を模索している例もみられる。農家にとってはほどほどの所得ではあるが、デスクワークに疲れた都市住民の肉体的精神的ニーズを満たし、農家と住民お互いの心が分かり合える交流が何よりの財産となっている。

また動植物を成育・栽培し、その成長を目の当たりにして、心身の障害やストレスを取り除こうとする動物療法、園芸療法にも、「農の心」の一部が表現されている。たとえば、園芸療法は植物を育てて行くことで、病室にこもりがちな高齢者や障害者を少しでも外気に触れさせ、農作業をとおして五感（五官）を刺激し、心身の疲労を癒す効用があるといわれている。すでに欧米では一定の評価を受け、花き栽培などをとおしてこの療法が実施されている。日本でも、療法として導入する試みが始まっている。心身を耕す「農の心」の一面をみることができる。

農林水産業が「資源を守る心」をもっていることについても考えてみよう。

農林水産業は工業とは違い、生産過程のなかに土地・水などの自然が入り込み、これらを利用して生産の持続性を保つには、環境への負荷を生産過程内で絶えず処理しなければならない産業である。逆説的にいえば、生産過程内で処理能力以上の環境負荷を与え続けると、生産量の低減をもたらし、地域環境やひいては地球環境にもマイナスの影響を与える産業である。ビジネス化を進め、収益を持続的に拡大しようとすればするほど、環境や資源の保全や適正な管理を徹底しなければならない。

このように、農林水産業は環境や資源の保全・管理を前提にしてはじめて生産の持続性が保たれ、人間が必要とする衣食住のための財を供給することができるのである。この点からいえば、農林水産業は環境保全産業であり、資源管理産業なのである。もっとも、最近では工業も環境コストを意識せざるをえなくなっているのだが。

農林水産資源は、天然資源とは違って開発された資源である。開発された有用資源は、絶えず人間が管理しなければ、その有用性と形態を保全することはできない。有用資源には、農村地域における農林水産活動そのものを行う農地、水などの資源のほかに、生産活動や生活のなかで形成された農村アメニティなどがある。担い手を確保し、資源管理を行い、多面的な公益的機能を維持・発揮するためには、経営が成り立つのと同じように、有用資源管理のためのコストの回収と適正な利益の顕在化が必要である。しかし、現在の農林水産物価格には反映されていない。管理の再生産コストは、生産者が経営あるいは生産過程のなかで負担している。いわば無償の資源管理をしているのである。

有償化するには二つの方法がある。一つは納税者による管理費用の一部負担（前述した財政的措置としての直接支払い）であり、もう一つは資源管理のビジネス化である。これからの農林水産業は食料生産とともに、資源管理産業ないし多面的価値生産を行う産業としての位置づけを明確にすべきである。

(2) カントリービジネスの着眼点

以上のように、「農」には生命をはぐくむ心、心身の健康を維持増進する心、地域資源を管理保全する心がある。こうした「心」こそ、いま多くの国民が渇望しているものである。では、どのように具体的にこれに応えてゆくか、ビジネス化の方向性を明らかにしなければならない。

まず、カントリービジネスへの消費者の負担能力から考えてみよう。

「農業や農村の環境保全機能を維持するために、あなたの家庭ではどのぐらい負担できますか」と尋ねたところ、一世帯当たり年間「一〇万一〇〇〇円を支払ってもいい」という結果が出た。これは、野村総合研究所が全国約二〇〇〇世帯から回答を得たものである（九七年一月発表）。この負担額総額は、コメの産出額にほぼ匹敵する四兆一〇〇〇億円にもなる。

逆の見方をすれば、農業・農村はこれだけの価値が認められているわけで、ビジネス化すれば消費者は四兆円以上の消費負担力があるということである。政策的支援措置があろうとなかろうと、食料供給以外の側面についても具体的にどう知恵を出し、ビジネス化していくかが重要なのである。農業・農村は「宝の山」と認識すべきである。

「農の心」、農業・農村のもつ多面的公益的機能、農村アメニティなどのビジネス化の可能性は、平地、中山間地を問わない。要は、地域有用資源への「目のつけどころと知恵のだしどころ」であり、地域資源を「どう生かすか、生かしきるか」、つまり農業及び農村の新しい価値をどう創り出すかである。

ビジネス化の手順を簡単に図示したのが図4-3である。以下に説明しよう。

現在の国際化、内外価格差を前提にした場合、農林水産業は生産物の供給だけでは適正な利益を生むかどうか微妙である。しかし、農林水産業がもつホスピタリティ（もてなし）、フィランソロピー（社会貢献）の側面を生かせば、大多数の国民に食料供給とはまた違った便益を供給することができる。

たとえば、正常な農業生産活動によって生み出される美しい田園景観、生活のなかで生まれた農村の家並みなど農村のアメニティがあるが、存在するだけではこの価値は交換されずに経済的価値を生み出さない。しかし、人を呼び込み、生産物にこうした自然性や文化性を付加して販売することはできる。

「農の心」のビジネス化とは、その機能を顕在（健在）化させることである。そのためには、ビジネス展開の場となる農山漁村の状態と特性を明らかにし、これを生かさなければならない。

農村地域は経済的側面からみれば、成長率が非常に低いか停滞し、雇用機会も少なく、公共サービスや施設の水準は低く、人口の老齢化および流出が著しいために、社会構造の危機を招いている。また環境的側面からみれ

図 4-3　農村有用資源総動員によるビジネス化の手順と点検

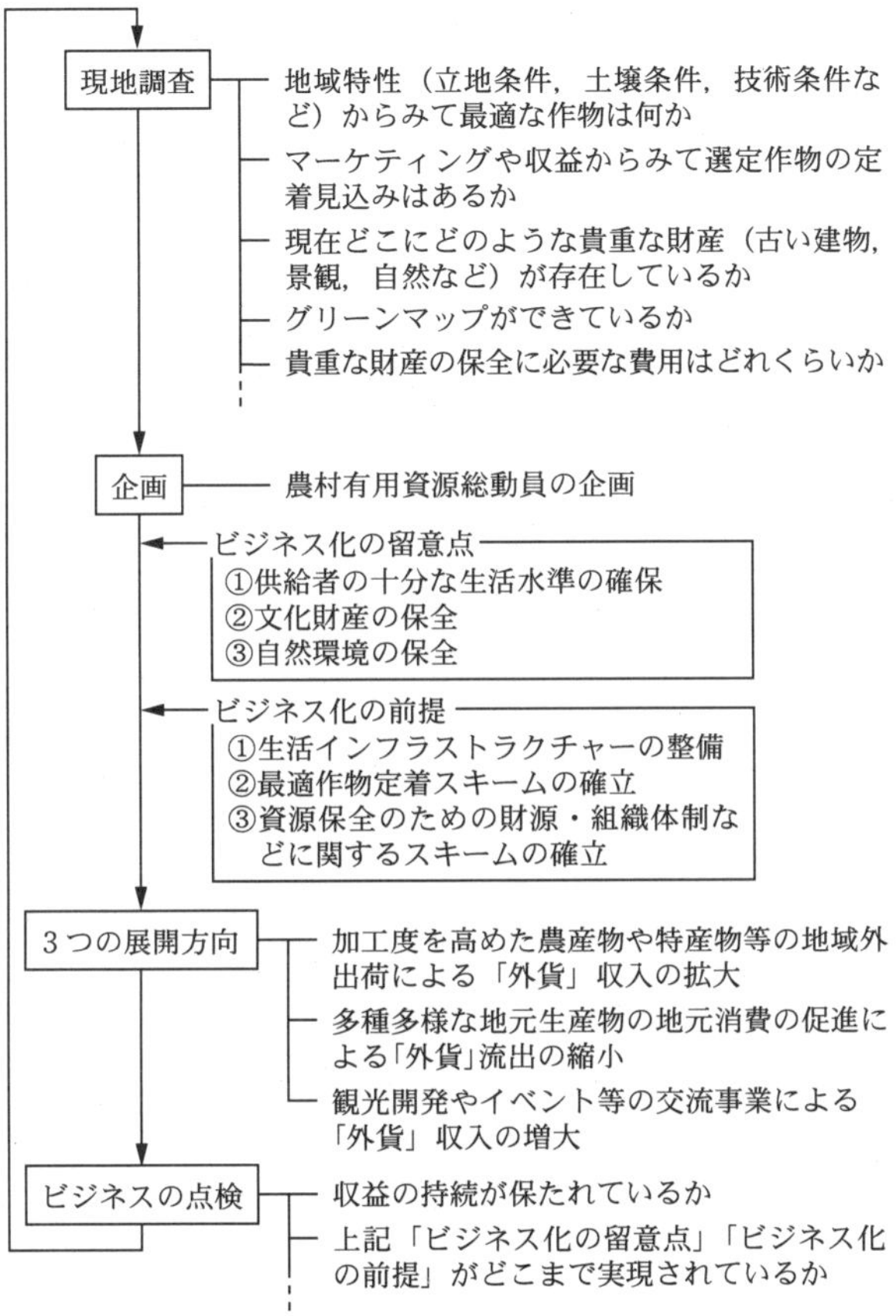

現地調査
地域特性（立地条件，土壌条件，技術条件など）からみて最適な作物は何か
マーケティングや収益からみて選定作物の定着見込みはあるか
現在どこにどのような貴重な財産（古い建物，景観，自然など）が存在しているか
グリーンマップができているか
貴重な財産の保全に必要な費用はどれくらいか
企画
農村有用資源総動員の企画
ビジネス化の留意点
①供給者の十分な生活水準の確保
②文化財産の保全
③自然環境の保全
ビジネス化の前提
①生活インフラストラクチャーの整備
②最適作物定着スキームの確立
③資源保全のための財源・組織体制などに関するスキームの確立
3つの展開方向
加工度を高めた農産物や特産物等の地域外出荷による「外貨」収入の拡大
多種多様な地元生産物の地元消費の促進による「外貨」流出の縮小
観光開発やイベント等の交流事業による「外貨」収入の増大
ビジネスの点検
収益の持続が保たれているか
上記「ビジネス化の留意点」「ビジネス化の前提」がどこまで実現されているか

ば、自然の美しさ、歴史的価値、生態的多様性、独特の景観などの特質をもっているために高く評価される地域があるが、計画性に乏しい住宅地や民間事業の開発、無秩序な観光開発、多投入型農業などにより、その価値が脅かされている。

しかし、農村の貴重な財産の掘り起こしとビジネス化による経済の多角化をはかれば、経済的価値実現の増大、農村に暮らす人々の誇りの回復による農村地域社会の活性化、などに寄与する可能性が大きい。では、貴重な財産は何であり、それをどう発掘するか。

農村の貴重な財産には、社会的文化的な観点からは、人情味のあるコミュニティライフ、犯罪および混雑の少なさ、豊富な自然のレクリエーション空間といった特別な便益を提供するものがある。物質的な観点からは、寺、教会、古い建物、考古学的遺産だけでなく、美しい棚田、段々畑、野生生物種の豊富な原生林や湿地、数世紀にわたって保存される生け垣や石で囲まれた古い屋敷、絵に描いたような農村の家並みがある。

これらの財産を都市住民に開放し、ビジネス化することであるが、その際注意すべきことは次の点である。①十分な生活水準が確保できるようにすること、②農村の構造および独特の文化的財産を保全するようにすること、③農村の自然環境が破壊されずに確保・保全することが必要である。

もう少し具体的にいえば、最低限の公共サービスと健康で文化的な生活水準が保証されるような交通・通信・施設などの生活インフラストラクチャーを整備すること、また美しい田園空間など地域を特徴づける独特の快適空間を維持・保全すること、つまりシビルミニマムとアメニティミニマムの確保を図ることである。そのためにやらなければならないことは、地域ごとに資源を生かすための対策を立てることであり、まずは各地域自らの地域の財産の調査から始めることである。

農業の振興と併せて、農村資源を生かした新たなビジネスの掘り起こしの視点から行うことが重要である。すなわち、今日の農村地域は、「うるおい」や「やすらぎ」をもたらす環境やレクリエーション機会を提供し、また文化的、社会的、経済的な多様性と活力の源泉を提供するという視点からの調査である。

たとえば、農村景観を生かす場合には、都市景観とは違った特性を踏まえておくことが必要である。列挙すれば、①地形の変化に富んで自然性が高く、②建物の空間密度にゆとりがあり、③地域の空間単位（集落）と空間構造（山・集落・農地といった系）が明らかで、④空間要素（建物・道路・緑など）に伝統性・統一性・共通性・多様性・きめの細かさがある、といった農村景観の特性である。[17]

調査の具体的ポイントは、第一に、まちやむらの農林業・水・緑などの地域資源が現在どうなっているか、昔と比べてどう変化したか、現在および将来にわたってこれらをどう利用するか、という点を明らかにすること。第二に、農村がもつ比較優位にあるものが何か、現実にそくした評価に基づいて見定め、これをどう生かすかを明らかにすること。そして第三に、地域資源を生かすためのコストと収益を明らかにし、地域の支援措置の有無や見通しについても考えておくべきである。

これらを各地域ごとに状況にそくして明らかにすることである。たとえば、地元を散策しながらグリーン・マップなどを作成してみるのもいいであろう。地域を知るいい機会になる。どこに何がどのように存在し、誰がどのように活用するかを明らかにするグリーン・マップである。ビジネス化は、地域のグリーン・マップの作成からすべてが始まる。

(3) カントリービジネスの三つの展開方向

グリーン・マップなどを作成し、ではどのようにビジネス化するか。農業・農村の食料供給機能だけではなく、そのほかの公益的機能をどうビジネス化し、機能のフル動員をどう図るか。どのように「むらおこし」「まちおこし」に結びまつけ、そのなかで自らのビジネスをどう位置づけるか。
おおよそこうした視点をもとに、次の三つの方向を具体化することが何より大切である。

①加工度を高めるなど特産物の市場出荷・産直で「外貨」増大

この方向は、後述の③のように観光という受け身の収入に依存するのではなく（人が来なければ収入にならないという意味で）、地域生産物の品質を高めたり新規に開発したりして、積極的に市場出荷あるいは産直により「外貨」を獲得する。つまり、差別化商品をもって打って出ることである。

まず、「外貨」獲得可能な有力な地域の戦略作目・商品を決めなければならない。たとえば、「外貨」獲得にふさわしい花きにするには、品質が高くかつ規格も統一され、市場で高い評価（価格）を受けるようにしなければならない。すなわち、産地間競争にうちかち、高い評価の得られる京浜・京阪神市場への出荷が大半を占めるような生産体制と出荷・流通体制を確立する必要がある。付加価値を高めることも、また市場外流通があることも忘れてはならない。その他の農産物についても同様である。

平地農村においては、低コストによる農産物供給力が相対的に高く、また社会的なニーズからいっても、土地利用型農業を大規模化、産業化するための追求が必要である。農産物供給がコスト上必ずしも合理的に行われない中山間地域では、加工度を高めるとか、とくに観光との結合をはかり就業の多様化を考える必要がある。

②地場流通の促進で「外貨」流出を縮小

この方向は、地元生産物の地元消費を促進し、特産物の出荷収入や観光収入等の「外貨」の地域外への流出を最小限に食い止めるものである。特産物や地域食の形成にも、また地域自給率の向上にも繋がるものである。

たとえば、地域で生産される農林水産物を地元で消費するのはもちろん、民宿やホテルに宿泊中の観光客に対し、地域生産物一〇〇％の食事を出すなども一つの対応であろう。田舎で東京と同じ食事では、観光客にとっては楽しみがなくなる。地域の豊富で新鮮な農水産物など都会では食べられない特産物を生かした料理、さらに独自の田舎料理を新たに創り出してもいい。ここでは、女性や高齢者の知恵と参加がどうしても必要である。

また、牛・馬の牧場のある地域では、これを観光と結合させるのはもちろん、牛肉や馬肉の「もてなし」もいい。地域外出荷するほどのブランド牛でなくても、地域の牛肉・馬肉が食べられる田舎、こうしたイメージを観光客にアピールする。これによって、日帰りの観光客は一泊し、一泊の観光客は二泊する状況を創り出す一つのセールスポイントにもなる。

こうすれば、地域内の畜産の定着にも役立つ。畜産の定着は堆肥の供給を増大させ、地域の野菜や花きなどの農業生産の促進にも役立つ。地域外から高い流通コストをかけて、高い食材を使う必要はない。地元にあるものは地元のものを使えばいいのである。こうして「外貨」の流出を防ぎ、地域の活性化に繋ぐのである。

③観光開発やイベント等の交流事業で「外貨」流入を促進

この方向は、自然を生かし、名所名物の開発や積極的な情報発信などで観光関連業を活性化することによって、観光客数の増大を図ることである。つまり、人を呼び込んで多くの「外貨」を地域にも落としてもらうことである。

観光関連業の活性化や観光客数の増大を図るために、全国の多くの市町村が取り組んだ事業は、たとえば呼び込み型では、イベントの実施、朝市・青空市などの開催、レクリエーション施設整備などであり、情報発信型では、ふるさと宅配便等の直送、ふるさと会員制度などがある。ここでも、女性や高齢者の知恵と労力が必要である。

もともと観光地では、イベントの実施など呼び込み型の取り組みは盛んに行われているが、今後は情報発信型の取り組みの充実が問われるであろう。積極的に特産物やアメニティなどの情報を発信し、交流を図り、これにさらに農産物や特産物と観光を結合させることが大切になっている。また「グリーン・マップ」を作って地域資源をよく見直し、地域のアメニティを掘り起こしこれを観光に役立てることも必要である。

この点に関して、いま過疎地・中山間地域を訪れる観光客が急増していることに注目すべきである。農村をレクリエーション空間として利用するグリーンツーリズムは、そうした訪問客に応える一つの有力な方向である。その発祥の地であるイギリスでは、農村にふさわしいツーリズムの内容として次の五つの原則を作り上げている。(18)第一に、農村景観・野生生物・歴史的建造物などの農村空間を構成するものを保全し、整備することによって観光の目玉にする。第二に、地域資源とは全く関係のない娯楽施設やケーブルカーなどの設置をやめ、村のなかを散策してもらうなど、地域資源の特質を生かす。第三に、ホテルの誘致ではなく、地元農家の民宿を整備するなどして農家や地域住民、地域経済に役立つようにする。第四に、計画的で地域資源を生かした開発に心掛け、地域の環境と調和させる。第五に、地域の歴史や遺跡、特徴などを紹介する冊子やパンフレットをつくり、来訪者に地域を理解してもらう。

この五つの原則は、農村における新しいビジネスの創造にも重要な示唆を与えている。右の三つの展開方向を適切に組み合わせているということだけではない。そもそも都市も農村もいまや単独では成り立ち得ないし、両者の交流によってはじめてお互いのニーズを満たすことが可能となり、両者は相互補完的だという点である。

次に具体的な取り組みをいくつか簡単に紹介しておこう。(19)

東京都あきる野市では、地元農産物と市民農園が大好評である。地元農産物はファーマーズセンターで販売、たとえば朝取り卵は、需要に供給が追い付かない。また、ファーマーズセンター内にあるバーベキューコーナーは、土・日には満杯となり、地元農産物を大量に消費する。市民農園も解約待ちの状態で、異常な人気となっている。これらは、ビジネスベースで運営されている。

有機農産物もビジネスベースにのってきた。今や「有機農産物コーナー」のないスーパーはない。農家も「ダイエー」や「イトーヨーカ堂」などと栽培契約を結んだり、また、交流ビジネスを結合して付加価値を高めたりしている。

グリーンツーリズムも取り込んで、村全体でカントリービジネスを始めたのが群馬県新治村である。村まるごと「農村公園」にして、観光資源と農業を結合して取り組み、来村者は年間一〇〇万人にのぼる。観光者を単なる観光者とみるか、農村ビジネスの対象者とみるか、見方によっては全く違ったものになる。新治村では後者とみているのである。

高齢者を活用したビジネスも盛んになった。愛知県足助《あすけ》町では、おじいさんとおばあさんが、「ＺＩＺＩ（じじ）工房」と「バーバラはうす」で、大好評の手作りハム、ソーセージ、パンを作っている。長野県小川村の㈱小川の庄」では、伝統食「おやき」で年商約九億円をあげている。地元の野菜を使い、「六〇歳入社、七五歳定年」の地元高齢者を活用し、六億円は地元に落ちる。

このように、「目の付けどころと知恵の出しどころ」でビジネスとなり、条件不利が有利に変わり、地域も個人も生き生きと働いている。政策支援と併せて、このような地域の活性化への主体的な取り組みこそが何よりも求められる。

5　残された課題

(1)　農村地域政策に欠落しているもの

新しい「食料・農業・農村基本法」は、全体的には二一世紀社会にふさわしい食料・農業・農村の在り方を示したものとはいえ、様々な課題を残していることは第三章で述べたとおりである。本章において農村地域政策については、①施策、政策の統合化、総合化を図るということ、②農業・農村基盤整備事業の効率的、効果的、そして透明な実施を図ること、しかも国と地方のパートナーシップのもと地域にあった内容で行われることなどの課題が残っている点を指摘した。

これらの点以外に、次のような課題も残っている。

第一に、直接支払い制度と価格政策との関係を明らかにすることである。農産物価格が直接支払い額以上に下落した場合、どのような措置が必要か、またそうならないための措置は何か、などの政策意志が見当たらない。新基本法の第二条で「合理的な価格で」食料を供給するとし、第三〇条で「農産物の価格が需給事情及び品質評価を適切に反映して形成されるよう」にし、それは「価格の著しい変動」も想定しており、したがって激変緩和措置を講ずるとある。しかし、農産物の輸入は今後も強まることなどを考慮すれば、現実的にはさらなる農産物価格の下落が予想され、激変緩和措置の内容にもよるが、趨勢からみれば耕作放棄地の拡大は明らかである。直接支払いのほかに、激変緩和措置の充実や「価格の著しい変動」に影響されない措置も用意される必要があろう。

第二に、国土(開発)政策、食料政策、林業政策、環境政策における中山間地域の位置づけを明確にすることである。食料政策については前述のとおりであり、環境政策も食料政策との関連とともに独自の位置づけが必要であろう。林業政策については、『中間とりまとめ』にも最終『報告』にも検討の必要性が説かれている。

国土(開発)政策上からいえば、九八年九月の調査会最終「答申」でも述べているように、「『計画なければ開発なし』との理念を踏まえ、農業的な土地利用と非農業的な土地利用との整序を図るとともに、土地利用と各種の施設整備が計画的に行われるよう、農村地域の土地利用に関する制度の見直しを行うことが必要である」[20]。このなかに中山間地域はどう位置づけられるのであろうか。

前述したとおり、土地利用の在り方とそのなかで必要な農地総量とその地域的配置、また中山間地域に定住者が必要なのかどうか、定住に何が必要なのか（定住条件と対策）、などを明らかにすることである。地域のマスタープランを指摘する前に、国家のマスタープランが必要である。

第三に、大転換期のわが国経済社会における農村地域政策の位置づけを明らかにすることである。すなわち、九〇年代初頭のバブルの崩壊とともに、為替変動、産業空洞化、大量失業が深刻さを増すなかで、農村地域における、とりわけ就業の場確保の問題である。この点はやや立ち入って述べよう。

いわゆる日本的経営の利点を生かし、八〇年代後半までわが国経済は、世界にもまれな高成長を実現してきた。すなわち、日本的経営を基礎に、高貯蓄に裏打ちされた高投資により生産性を高め、事業規模拡大（輸出拡大）により余剰労働力を吸収し、不況期にはこれを抱え込み、したがって産業は空洞化を抑制し、大量の失業も出さず、高い経済成長を実現したのである。もちろん、日本的経営の裏側には、国際水準からかけ離れた長時間労働、低労働分配率、強力な政府の財政的支援という問題もあった。

日本的経営とは、日本に特徴的とされる経営上の理念、制度、慣行などを指す。なかでも、それを最もよく表現しているのが、終身雇用・年功賃金・企業別労働組合を三種の神器とする日本的雇用慣行である。労使双方に次の利点があるとされる。

終身雇用と年功賃金は、従業員にとっては雇用上の安心感と年齢にしたがった高い報酬が確保でき、経営者にとっては長期雇用を前提とした従業員の教育・訓練ができ、したがって技能水準を高めて技術革新に対応できるため、新たな設備投資も可能となる。企業別組合は、企業の枠に組合活動が限定されるために、従業員の企業忠誠心を強め、経営者のパートナーとして経済変動に柔軟に対応できる。

しかし、このような日本的雇用慣行は崩れつつある。企業のコスト削減圧力は、余剰労働力の削減を迫る。何年間も余剰労働力を企業内に抱え込んでおくことはできない。経営の限界を超える。そこで、技術開発、営業、経理などの職務内容や能力に応じて賃金を支払う年俸制をとる企業も現れる。

競争が激しくなれば、海外での事業展開や新規事業開始を、短期間のうちに実施する必要に迫られる。そうすると、自前の人材養成では間に合わない。そこで、外部から人材を調達する機会も増える。そのほうがコスト、能力ともに有利な場合も出てくる。年俸制の賃金体系がこれを促進し、為替の変動があっても、もはや戻れない。このほか、派遣労働者の増大も、このような流れを下から支えている。

こうして、いよいよ余剰労働力の企業内抱え込みは限界に達し、たとえば輸入額が急増している業種では、就業者数の減少が九〇年代中頃から鮮明になった。大蔵省の「貿易統計」と総務庁の「労働力調査」によれば（九四年度）、輸入の著しい機械関係の就業者数は、前年度に比べ一二万五〇〇〇人減少した。なかでも音響映像機器や電子部品関係は、輸入額が前年度比三〇・三%伸び、就業者数は電機機械関係で一二万六〇〇〇人にも及ぶ減少となった。

自動車などの輸送用機械でも、九四年度は前年度に比べ一万六〇〇〇人の減少となった。輸入額が二三・八%増加した繊維工業の就業者は一四万人減少、輸入額が二八・八%増の金属関係が四万人、二〇・六%増の化学工業が一万五〇〇〇人減少した。

右肩上がりの経済を前提にした高度経済成長期の名残ともいうべき一〇〇〇人単位の大量採用は、いまや風前の灯といった状況である。円高が進行した九五年の新卒新入社員数をみると、リストラを迫られた自動車（日産自動車）や価格破壊の渦中にあった流通（ダイエー、高島屋）、不良債権等の処理におわれる金融・証券（住友銀行、野村証券）などが、「一〇〇〇人採用」に別れを告げた。

こうして完全失業率は、九五年四月には三・二％、統計開始以来最悪となり、とくに一五～二四歳の失業率は六・六％に達した。また、中高年ホワイトカラーを中心とした企業内失業が徐々に顕在化し、完全失業率は、九九年半ばには四・九％となり、二〇〇二年三月五％を突破（五・一％）、同年九月には五・三％に達した。かつての完全失業率二％がうそのようである。

雇用情勢は地域によっても違う。九六年五月に経済企画庁が公表した「地域経済リポート」（九六年版）によれば、雇用の悪化は都市圏で顕著だという。相対的には、地方圏では製造業の雇用減少を医療・福祉、娯楽などのサービス産業がカバーしているが、都市圏では周辺産業のすそ野が広い自動車・電機産業などの海外移転・空洞化が著しく、雇用の縮小を招いている。八五～八六年の円高不況期に、地方圏が大きな影響を受けた時とは対照的な状況だという。

こうしたなか、有効求人倍率（有効求人数を有効求職数で割った数値）は〇・六～〇・七倍で、これまでになく低くなった。九九年にはさらに低く、〇・五倍以下という状態が続いた。バブルのピークの九一年度には、一・四三倍で、将来においても人手不足が叫ばれていた。

このように「平成不況」「九〇年代不況」では、かつてない円高・産業空洞化・大量失業を生み出し、日本的経営の「崩壊」速度を早めている。こうしたことが「仕事より家庭、余暇を大切に」、欧米並みの「質の高い個人生活の重視」といった労働意識・ライフスタイルの変化をもたらし、またその変化が日本的経営の「崩壊」速度を加速している。

以上のような影響を最も受けやすく、これまでになく深刻なのが「地方圏」のなかの中山間地域や過疎地域である。すでに述べたとおりである。過疎化にもいまだ歯止めがかからない。「九五年度過疎白書」によれば、九〇〜九四年度の五年間に一五兆九〇〇〇億円が過疎地域に投じられたが、同じ五年間に人口は四・六％減少したという。中山間地域、過疎地域でのさらなる人口の減少は、農村社会の維持を困難とし、地域資源の管理も困難となる。ＥＵ諸国が今も昔も高い失業率などを背景に、地域政策を充実させていった状況に類似してきた。

日本的雇用慣行が企業の強さの一つの源泉になっていた九〇年ごろまでは、地方の流出人口と同じか、もしくはそれ以上の高い雇用吸収力を都市において生み出した。不況時には企業内に抱え込み、失業率も二％という極めて低い水準で推移した。そのため、地方の過疎は都市への労働力の移動により「解決可能」、すなわち、過疎地域には自然が戻り移動者は都市での雇用が約束され、したがって過疎問題の深刻さも薄められ、過疎がことさら問題になることも少なかった。しかし、過疎問題は都市への労働力の移動で解決できる状況ではなくなった。十分な雇用先が都市にはなくなったのである。

このような大転換のもとで、農村地域政策は単なるこれまでの延長上の政策、すなわち農林水産省所管のみの政策では対応できないであろう。前記の「第二」点で指摘した国土（開発）政策上の位置づけとともに、農村の雇用問題も含め、ＥＵがそうであるように、全体状況のなかで考慮しなければならない時代にきているといえる。

そのためには、地域の自然、豊かな資源、気候条件、労働条件、伝統など、その地域の特性に着目した産業創造を、地場産業、伝統産業の歴史から学ぶことも重要である。地場産業や伝統産業は、地元資本、地元原料、地元労働力、地域の伝統によって育まれた技術、地域内にできあがった分業体制、などを利用して成り立つ地域内循環型産業である。

確かに、産業の発展・展開とともに、完全な地域内循環は成り立ちにくくなったが、可能な限り地域の様々な資源を生かし、地域の風土適合的活動をとおして「民富」の形成を図ることの意味は、今日でも学べるであろう。「カントリービジネス」はその一例にすぎないが、これは重要な視点であり取り組みである。

(2) 主体的取り組みに欠落しているもの

政策支援を生かすも殺すも主体的取り組みの有無である。これに関して三点指摘したい。

第一に、これからの農業は、農産物の供給と多面的価値生産物の供給との二重の役割を持つ産業であるという性格を明確にすべき時が来たということである。

正常な農業生産活動を保障しなければ、地域資源や環境の保全など多面的価値生産はできない。多面的価値生産物が「正当に」評価される市場がなければ、政策的支援の確保とともに、担い手自ら市場を作り出すことも大切である。カントリービジネスはその一つの有力な方法である。

すなわち、「農」がもつ生命を育む心、心身を耕す心、資源を守る心をビジネス化し、消費者の「うるおい」「やすらぎ」などのニーズに応える一方、他方では、農業の多面的公益的機能を市場メカニズムのなかに組み込んで資源管理をビジネス化し、農産物価格に反映されない無償の資源管理コスト、環境保全コストの一部を回収しようとするものである。

具体的には、生産物の出荷だけでなく、加工し、人を呼び込んで販売する。呼び込むために、たとえば、イベントや観光も結合して、都市住民との交流も図る。すなわち、①地域の特産物を地域外に出荷して「外貨」を増大させ、②地域内に来訪者を呼び込んで「外貨」を落としてもらい、③「外貨」が流出しないように地域内のものを最大限利用する、という三つの方向を具体化することである。要するに、地域に存在するすべての資源を有効に活用することである。以上の点を改めて強調しておきたい。

第二に指摘しておきたいことは、高齢者・女性の積極的活用ということである。高齢者問題についてやや立ち入って述べておこう。

人口の高齢化は、出生率の低下（少子化）と平均寿命の伸長とが生み出す。厚生省の「人口動態統計」によると、戦後の出生数は、一九四九年の第一次ベビーブームの二七〇万人をピークに減少し、七三年の第二次ベビーブームに二〇九万人となったものの、九六年には一二〇万人になった。女性が一生のうちに産む子供の数も、四七年には四・五四人であったが、九五年には一・四二人にまで減少した。

他方、平均寿命は着実に伸びている。四七年の平均寿命は、男五〇・〇六歳、女五三・九六歳であったのが、九五年には、男七六・三六歳、女八二・八四歳となった。二〇二五年には、七八・二七歳、八五・〇六歳になると予測されている。人口の高齢化は着実に進んでいる。

こうしたなか、九六年三月現在の総人口一億二四九一万人に占める六五歳以上の人口は、一八六二万人、一四・九％である（自治省の住民基本台帳調査結果）。ヨーロッパと比べると、わが国の高齢人口が突出しているわけではない。問題は増加の速度である。わが国の高齢化の進行があまりに急速なのである。高齢人口比率が七％から一四％に倍増するのに、わが国はわずか二四年（七〇年から九四年まで）であったが、イギリスは五〇年、ドイツは四五年、フランスは一三〇年もの長期間を要している。

厚生省人口問題研究所の将来人口推計によれば、六五歳以上の高齢人口は二〇二〇年には二五・二％に達し、ドイツとともに世界のトップ水準になるといわれている。

このように人口の高齢化が進み、高齢者比率も高まり、「人生八〇年の時代」となった。このなかの高齢者は、老人・定年者だからといって、何もせずに年金による「余生」などとは考えていない。九三年年九月総理府が行った「高齢期の生活イメージに関する世論調査」結果をみても、「第二の人生」「第二の青春」「ほんとうの人生」など、自由な時間を積極的に活用して楽しく健康的に暮らすための設計を志向している。「老後」もライフワークの一過程としての位置づけである。

定年退職後の生活を、「レジャーを楽しみ、自己を啓発し、ほんとうの自分の時間を取り戻せる生活」と捕らえている。定年退職後、演劇、陶芸、絵画、音楽などの創作活動を本格的に始め、なかには塾を開いて地域の住民に教えたり、サークルを結成して発表会や展覧会を開催したりと、六〇歳を過ぎて生き生きと毎日を送る人々が増えている。また料理が好きで、小料理屋を始める人もいる。本格的な家庭菜園を始める人も、「定年帰農」する人もいる。農家の高齢者も人生に意欲的で、サラリーマン世帯の高齢者とそうかわらない。

このような「高齢者」の生活意欲を生かすことが大切である。高齢者でなければ知らない知識や技能、高齢者でなければできない労働など、高齢者がもっているすばらしい能力を生かすことである。社会的には「余剰労働力」かもしれないが、能力を生かして働けば、何らかの収入になるだけでなく、やりがいが生まれて若々しくなり、健康にもいい。

気ままに農業を営む場合であれば、適度に体を動かすため病気予防になり、耕作放棄地も少なくなり、農村景観もよくなり、なにがしかの収入も得られる。農業、働くことは、病気の最大の予防薬であり、最大の福祉であり、生き甲斐の源泉となるのである。先にカントリービジネスの具体的取り組みを簡単に紹介したが、それらの事例すべては高齢者が主役である。

第三に指摘しておきたいことは、農村・農民と都市・消費者、両者の相互補完関係の拡大である。カントリービジネスが農村・農民の側からの積極的な取り組みとすれば、もう一つ重要なのが、都市・消費者の側からの取り組み、働きかけである。

生協が取り組んでいる稲刈りや田植えなどの農業体験による農協・農家との交流は、その一つの事例である。交流することによって、消費者は、農産物がどのような栽培方法で生産されているのか安全性の確認ができて安心感を得られ、レクリエーションにもなり、子供の教育にも役立つ。生産者にとっては、農業への理解者を増やし、都会の情報や消費者のニーズを知ることができ、生産者としての主体性や誇りを回復でき、また大きな励みになる。このようなメリットが、お互いの信頼関係を盤石なものにする。

たとえば、第三章で詳しく紹介したように、生活クラブ生協は、山形県のＪＡ庄内みどり遊佐支店と「共同開発米」の産地精米を一九八八年から始めている。(21)「共同開発米」とは、両者が品種、農法、品質、数量、価格について直接交渉して決定し、物流もそれに合わせた米である。有機質肥料を主体に、農薬は除草剤散布一回のみとし、価格は「生産原価方式」を基本にし、冷害などの災害時には両者が積み立てた基金から損害補償される。このような両者の協力・信頼関係の背景には、農産物の安全性、安定供給への生協からの強い働きかけがあったし、また毎年の農業交流などによる農業への理解の深まり、地域環境資源を守るための生協の協力などがあった。

また、都市・消費者からの働きかけで注目したいのが、神奈川県はじめいくつかの地方公共団体が始めている水源私有林への公的支援である。神奈川県の取り組みを紹介しよう。

神奈川県は、水源地の森林を「緑のダム」と位置づけて、一九九七年度から、水道料金の一部を森林の再生・保護に当てる「水源の森林づくり事業」を始めた。対象地域は、県の水源となる相模川と酒匂川《さかわがわ》の上流五万六〇〇〇ヘクタールの約七割に当たる私有林である。事業の内容は、①森林整備費用の助成、②所有者に代わって県が管理し、伐採時に収益を分け合う分収林事業、③山林を借り上げて管理する「水源林整備協定」、④水源保全の観点から森林の買い上げ、である。

九七年度から二〇年間継続し、総事業費は三二〇〇億円。財源は、水道料金一年分の収入五〇〇億円の一％、五億円が当てられる。これは、水道水一立方メートル当たり一円強に相当し、標準的な家庭で一カ月当たり二五円程度の負担となる。

このように、神奈川県の例が注目されるのは、都会の水道水を安定して供給するには、中山間地域の水源を保全しなければならないという農村と都市、農民と消費者との相互補完関係を県が仲立ちすることによって、水道水と水源を確保している点である。同様の事業は、国レベルも八〇年代半ばに、水源税（森林・河川緊急整備税）として浮上したこともある。森林の荒廃の現実と森林の公益的多面的機能の保全との関係をみたとき、一考の価値はある。

注

（1）矢口芳生「WTO農業協定下の農村社会・地域資源保全」『農業経済研究』第七〇巻第二号、一九九八年。

（2）農林水産物貿易問題研究会編『世界貿易機関（WTO）農業協定集』国際食糧農業協会、一九九五年、九八ページ。

（3）矢口芳生『食料と環境の政策構想』農林統計協会、一九九五年、七二〜一一八ページ、EC委員会編（矢口芳生訳）『条件不利地域農業をどうする』農林統計協会、一九九一年、是永東彦・津谷好人・福士正博『ECの農政改革に学ぶ』農文協、一九九四年、四八〜六四ページ、等。

（4）「ECの農業構造政策（一九九一年）」『のびゆく農業』農政調査委員会、第八〇七〜八〇八号、一九九二年。

（5）矢口、前掲『食料と環境の政策構想』、七二〜一一八ページ、田畑保編『中山間の定住条件と地域政策』日本経済評論社、一九九九年、三九一〜四〇八ページ、是永東彦『フランス山間地農業の新展開』農文協、一九九九年、二三九〜二五六ページ、井上和衛編『欧州連合の農村開発政策』筑波書房、一九九九年、等。

（6）矢口、前掲『食料と環境の政策構想』、一〇六〜一一〇ページ。

（7）金沢夏樹『農業経営学講義』養賢堂、一九八二年、一二七〜一三一ページ。

（8）注1文献。

（9）OECD News Release, Paris, 6 March 1998, SG/COM/NEWS (98) 22., *Agriculture in a Changing World : Which Policies for Tomorrow ?*

（10）注1文献、矢口芳生『地球は世界を養えるのか』集英社、一九九八年、一九九〜二一〇ページ。

（11）『食料・農業・農村基本問題調査会答申』（最終答申）一九九八年九月。

（12）森本智史「自治体によるデカップリング政策」『協同組合経営研究月報』一九九七年四月。

（13）日本農業研究所編『日本型デカップリングの研究』農林統計協会、一九九九年。

(14) 注1文献、矢口、前掲『食料と環境の政策構想』、二一九〜二三三ページ。
(15) 矢口芳生編著『資源管理型農場制農業への挑戦—圃場整備事業と農地保有合理化事業のパッケージング』農林統計協会、一九九五年。
(16) 矢口芳生『カントリービジネス』農林統計協会、一九九七年。
(17) 『農村工学研究』(第五三号)、一九九二年三月、五四〜五五、六九ページ。
(18) 『英国における農業と環境保全』(「海外農村開発資料」第三三号)農村開発企画委員会、一九九三年、三一〜三四ページ。
(19) 注16文献、六一〜一一八ページ。
(20) 注11文献。
(21) 矢口芳生「安全と環境を視野に入れた共同開発米の安定生産」『環境保全と農・林・漁・消の提携』(全農・全中編)家の光協会、一九九九年(第三章5)。

第五章　食料主権と消費者主権の確保のために

1　「食料主権の確保」は可能か

ＷＴＯ農業協定第二〇条によれば、「実施期間の終了（二〇〇〇年一二月三一日―筆者）の一年前にその過程（保護削減過程―筆者）を継続するための交渉を開始する」ことになっており、遅くとも二〇〇〇年一月一日からは開始できるようにしなければならない。

そのための会合が、一九九九年一一月三〇日～一二月三日、アメリカ・シアトルで開催された第三回ＷＴＯ閣僚会議であった。しかし、閣僚宣言の採択ができず、農業を含むラウンド交渉の立ち上げに失敗した。そのため、農業交渉は農業委員会の特別会合として、二〇〇〇年三月二三日（第一回会合）から独自に始まった。

二〇〇一年一一月九日～一四日には、カタールの首都ドーハにおいて第四回の閣僚会議が開催された。ここでは、新ラウンド立ち上げの閣僚宣言が採択された。すでに始まっている農業交渉は、新ラウンドの一部として、他の分野とともに一括して合意されるべきものとして位置づけられた。わが国で関心の高い非貿易的関心事項は、交渉において「考慮」されることになるなど、農業協定第二〇条を確認する宣言となった。また、会議では中国および台湾のWTO加盟が正式に承認され、交渉期限を二〇〇五年一月一日とした。

このような新たな農業交渉が進行するなか、わが国は新基本法がいう「農業の持続的発展」とそれが可能となるような農業構造を作り出すことができるであろうか。それには、やはり農政の国際的枠組み＝WTO農業協定の改定内容、すなわち、各国の農政・農業方向の選択の柔軟性をどれだけ確保できるかにかかっている。本章では、WTO体制下の日本農業を展望する。

まず、農業の持続性とWTO体制について考えてみよう。

各国の農業の持続性を確保するために重要なことは、農業協定における輸出入国間の国際的義務の不均衡（たとえば輸出国に与えられた輸出補助金、輸出規制など）を解消するとともに、食料安全保障や環境保護などの非貿易的関心事項を貿易ルールのなかに具体的に反映させ、各国の食料主権を確保することである。

ここでいう「食料主権」とは、「あらゆる諸国が、いかなる報復措置を受けることなく、自らが適切と考える食料自給並びに栄養品質の水準を達成するための主権」のことであり[(1)]、「自らの食料安全保障政策を決定する権限」のことである[(2)]。あるいは、「食料主権は、生産から販売、消費に至る戦略と政策を決定するための国家と地域社会の自由であり、力量である」[(3)]。簡単にいえば、国家自らが適切と判断する食料調達の在り方を決める権利のことである。

「食料主権の確保」を主張する背景には、とりわけ輸入国の様々な事情がある。国際競争力をもたない食料輸入国は、農産物の大量輸入により国内農業生産の継続を致命的なものにし、食料の安定供給上、また多面的機能の供給の上で大きな影響が生じる。正常な農業生産活動（持続可能な農業）を継続してそうした影響を回避するためには、関税などの適切な国境措置と適切な国内農業政策を実施できる、国家の裁量権を確保しておくことが何よりも重要である。

しかし、WTO農業協定のもとでは、こうした権利の確保、またそのための非貿易的関心事項の貿易ルールへの具体化は容易に実現し得るものではない。というのは、食料主権の履行自体が農業における貿易や生産を歪曲する可能性をもち、WTO農業協定に反することになるからである。貿易や生産を歪曲しないようにと、ウルグアイ・ラウンドにおいて七年余りをかけて農業協定という貿易ルールを定めた経緯を考えても、そのルールを変更することは容易でない。

確かに「食糧安全保障、環境保護の必要その他の非貿易的関心事項に配慮しつつ」（WTO農業協定前文）WTO農業協定が結ばれ、継続交渉の際にも非貿易的関心事項を考慮に入れることになっている（第二〇条）。しかし、他方、市場指向型の農業貿易体制の確立という「根本的改革をもたらすように助成及び保護を実質的かつ漸進的に削減する」（第二〇条）ことも確認されている。

では、WTO農業協定が非貿易的関心事項の貿易ルールへの具体化や食料主権の確保をまったく考慮できない国際的ルールかといえば、そうともいいきれない。右のように、新しく始まった継続交渉では非貿易的関心事項を「考慮」することになっているばかりか、農業貿易体制は単なる「市場指向型」ではなく、「公正で市場指向型の農業貿易体制を確立すること」（農業協定前文）になっている。これは、現実に立脚した「公正」な貿易ルールの実現が求められていると理解できる。

食料輸入国にとって、「現実に立脚した『公正』な貿易ルールの実現」を図ろうとすれば、国境調整措置も国内農業政策もともに必要なものである。

国境調整措置にのみ頼ろうとすれば国内農業構造の変革は遅れ、消費者に適正な価格で食料を供給することに支障が生じるかもしれないし、絶え間ない輸入圧力が続くことになろう。反対に、国境調整措置がないかまたはそれが機能しない場合には、大量の農産物輸入により国内農業に致命的な影響をもたらし、その対策のための財政負担が莫大なものとなり、現実的に対応しきれない状況になる。

したがって、現実的な対応が可能となるように、WTO農業協定は、非貿易的関心事項を考慮に入れつつ、「根本的改革をもたらすように助成及び保護を実質的かつ漸進的に削減する」(第二〇条)ことになっている。急進的ではなく「漸進的」な削減に意味がある。

この場合の問題は、国境調整措置と国内農業政策のバランスと両者の保護の水準について、国の違いを認めることができるか、または認めた場合どの程度の水準かということである。つまるところ「食料主権の確保」は、輸入国にとって具体的には「最小農業生産の権利」である。したがって、大切なことは「最小農業生産」を確定し(たとえば生産総量、自給率、農地面積など)、それを確保するための政策バランスと保護水準を明示することである。わが国は、基本計画においてこれらをすでに明らかにしている(第三章参照)。

2 貿易自由化と食料主権

(1) コメ関税化と食料主権

このような点を踏まえ、農業の持続性とWTO体制について、一九九九年四月より実施されたコメの関税化を例に具体的に考えてみよう。

わが国は一九九九年四月から、WTO農業協定に基づいてコメを特例措置から関税に移行した。その場合、税率はWTO農業協定の基準年である一九八六～八八年の内外価格差、すなわち輸入CIF価格平均(タイ米)と精米卸売価格(上米)との差から関税相当量を算出し、農業協定実施初年度の九五年はキロ当たり四〇二円、ここから毎年二・五%程度削減して、九九年に三五一円一七銭、最終二〇〇〇年度には三四一円(初年度から一五

%削減）となる（図5‐1参照）。

二〇〇一年度を待たずに、九九年度に関税に移行した理由は、短期的にも中長期的にみても、わが国稲作農業への影響を最小限にするためであり、具体的には次の点にあったといえる。(4)

第一に、現在のWTO農業協定の修正・改定にはコンセンサス方式ないし加盟国の三分の二の同意が必要で（WTO設立協定第一〇条）、修正・改定はほぼ不可能であり、特例措置か関税化のどちらかを選択せざるを得ないこと、また特例措置・関税化を免れるには脱退しか選択肢はないことである。

第二に、特例措置を継続するかどうかの交渉は、全体交渉の一部として行うことになっているが、関税化すれば特例措置に関する交渉はなくなり、農業貿易の市場アクセスに関する全体交渉のなかで、国際的認識となってきた農業の多面的機能などで他の加盟国もともに日本の主張が可能になることである。

第三に、九九年度に関税化すれば、二〇〇〇年度にはミニマムアクセス米は玄米ベースで七六万四〇〇〇トン（消費量の七・二％）、精米ベースで六八万二〇〇〇トンとなり、二〇〇〇年度まで特例措置を継続した場合よりも八万五〇〇〇トン（精米ベースで七万六〇〇〇トン）縮小できること、また次期交渉が数年かかる場合でも輸入義務量は最終年の七・二％ですむことである（図5‐2参照）。国内のコメ生産が過剰基調のもとでは、輸入義務量の増大が抑制されることは大きなメリットとなる。

第四に、関税化後の二次税率が、基準期間（八六〜八八年）の輸入価格と国内の代表的卸売価格との内外価格差で関税相当量を設定でき、かつ六年間で一五％、年率二・五％程度の削減で、大部分のコメについて特例措置と同様の効果（実質的な輸入禁止関税）が見通せることである。

ただし、関税への移行で日本の稲作農業は、長期的には様々な影響が予想されている。日本への輸入圧力の増大、価格下落、農家の激減と耕作放棄地の激増、大規模農家の経営不安定、多面的機能の大幅な後退などである。

図 5-1　コメのマーク・アップと関税相当量

基準年次	国際価格(A)	国際価格(B)	B−A
1986 年度	29 円/kg	438 円/kg	409 円/kg
1987 年度	31 円/kg	435 円/kg	404 円/kg
1988 年度	37 円/kg	429 円/kg	392 円/kg
			402 円/kg

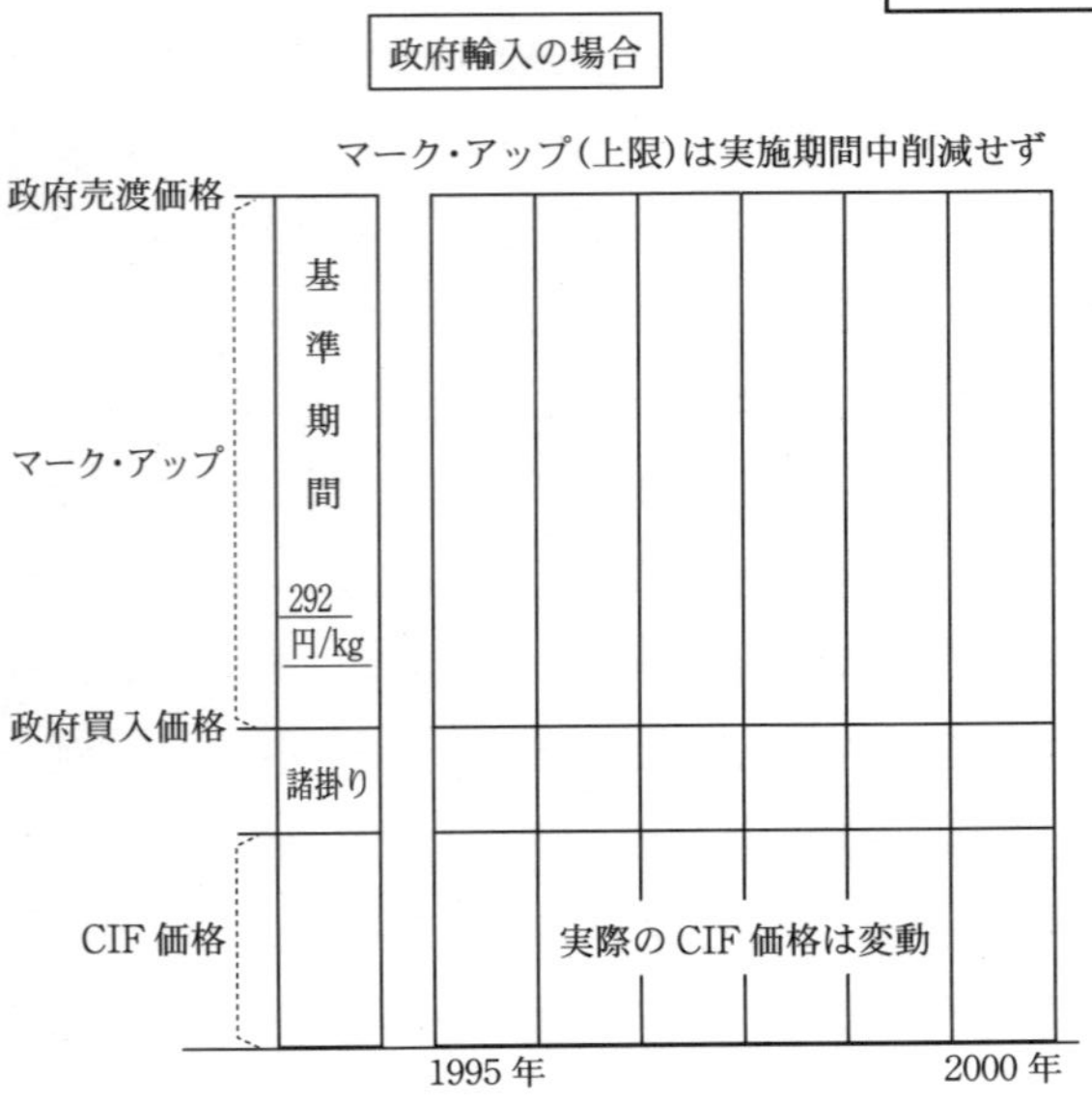

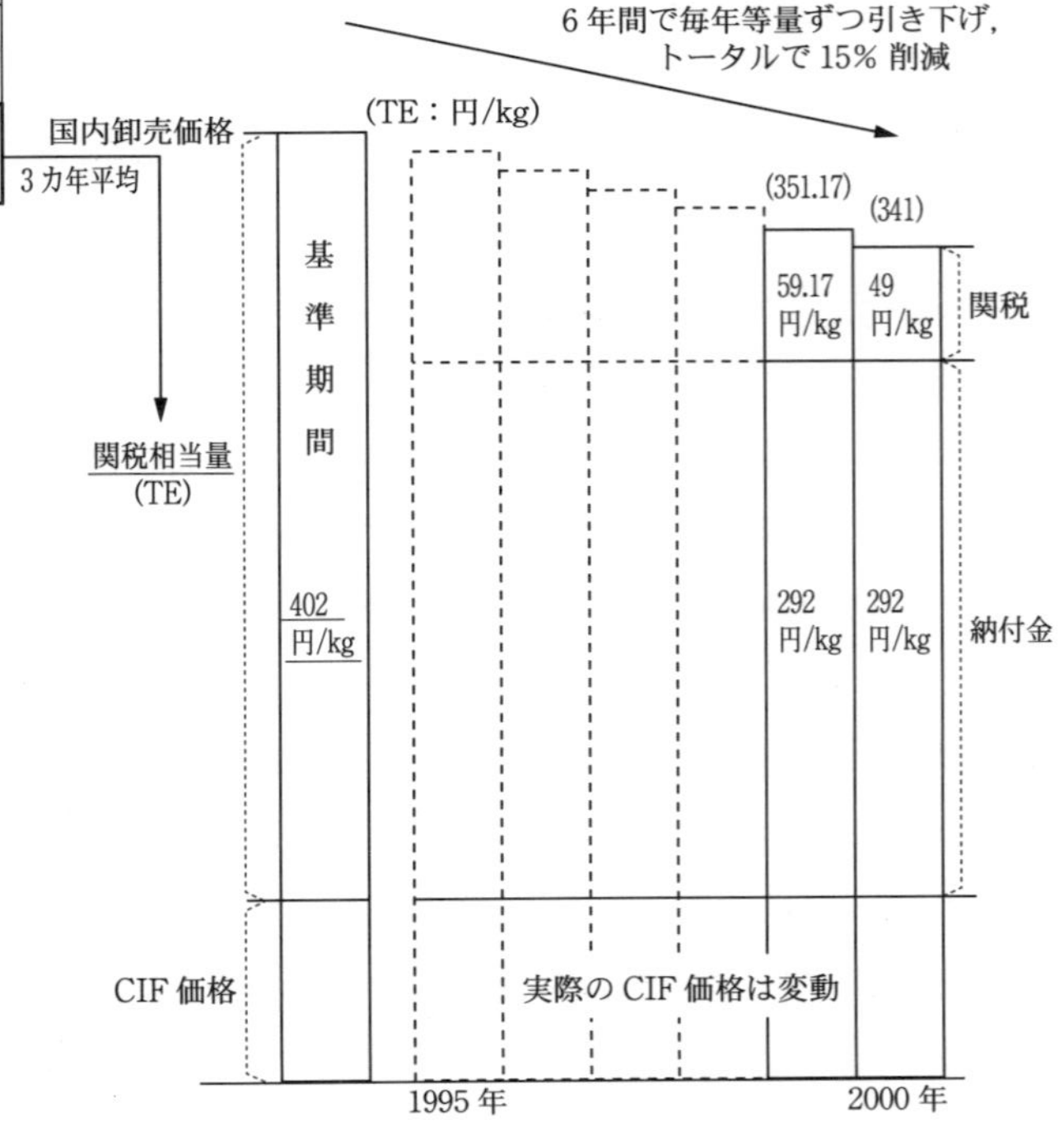

図 5-2　コメの関税化とミニマム・アクセス

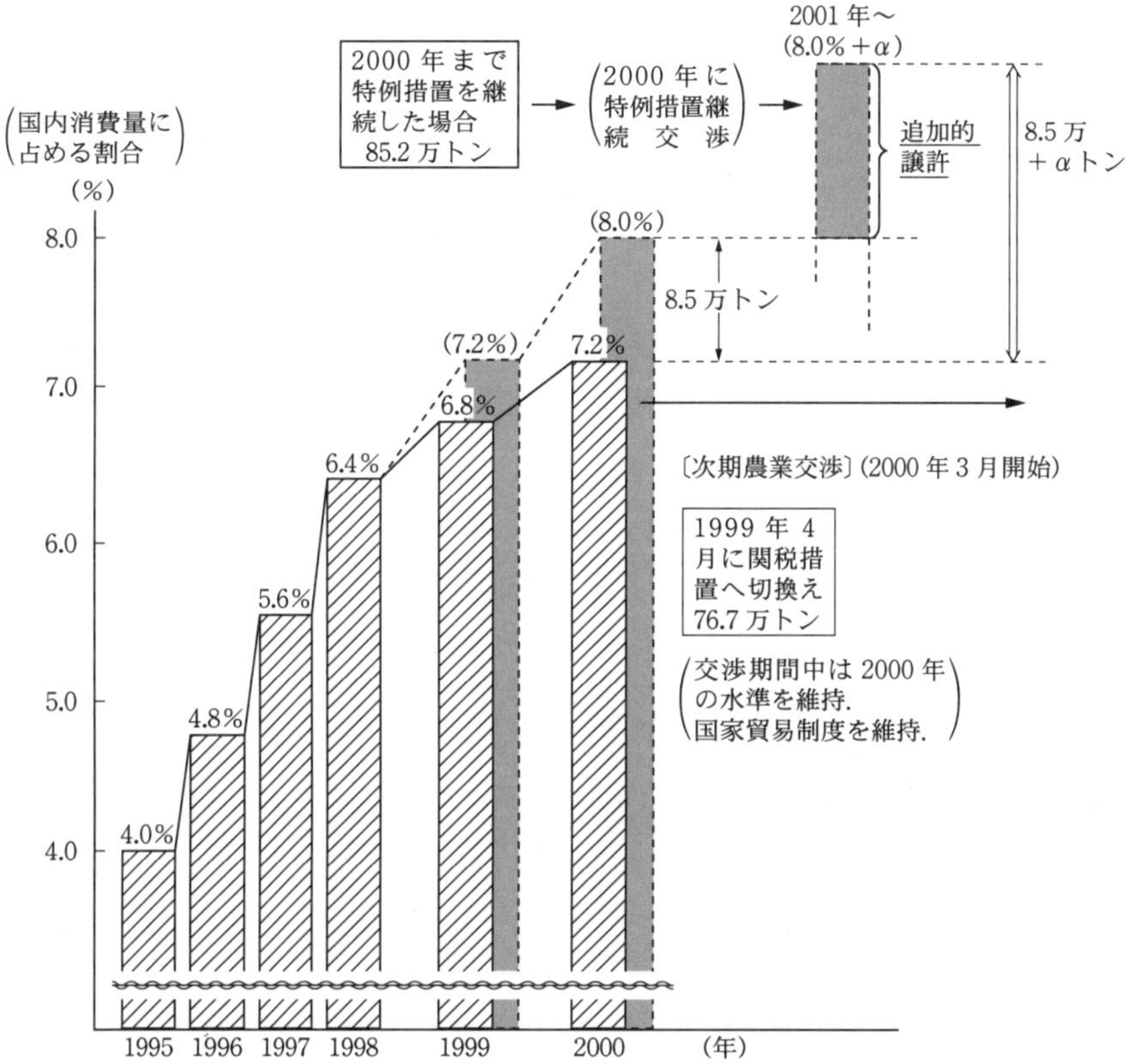

	1995	1996	1997	1998	1999	2000	
ミニマム・アクセス数量	42.6→	51.1→	59.6→	68.1→	72.4→	76.7	(1999 年 4 月に関税措置へ切換え)
					76.7→	85.2	(2000 年まで特例措置を継続した場合)

(単位：万玄米トンベース)

新しい「食料・農業・農村基本法」の検討過程で示された二〇一〇年の農業構造見通しでは、基幹的農業従事者、農家数ともに激減し、耕作放棄地は最大で七九万ヘクタール発生し、九五年に五〇四万ヘクタールあった農地面積は三九六万ヘクタールに減少するという。

しかし、国民の多くはそうした事態を望んでいない。九六年九月に総理府が実施した「食料・農業・農村の役割に関する世論調査」によれば、異常気象や災害、地球環境問題、国際情勢の変化などを理由に、国民の七割が「日本の食料事情に不安」を抱き、八割以上の国民が「生産性の向上を図りつつ、できるかぎり国内で生産する」ことを望んでいる（表3-2参照）。

こうした点を踏まえれば、コメ生産の持続性を確保するためには、わが国は新たに始まった農業交渉では、実効ある国境調整措置と正常な農業生産活動を促す国内農業政策の両者のバランスと水準を問うことになろう。具体的には次の諸点であろう。

第一に、二次税率を国境調整の役割を果たせる水準、つまり輸入禁止的関税が引き続き設定可能かどうかである。

一九九九年四月の関税への移行に際し、四カ国・地域が二次税率の算定方法に異議を唱えた。日本が関税化移行をWTOへ通報したのは九八年一二月二一日、この通報から三カ月以内（九九年三月二一日まで）に異議申し立てることができるが、EU、オーストラリア、ウルグアイ、アルゼンチンの四カ国・地域は、「二次税率は現在のコメ価格の三・九倍に相当し、不当に高い」とした。これに対し、日本政府は「WTO農業協定に基づいた計算で、協議の必要はない」とした。協定の手順に基づいたものであるため、結局異議申し立てを撤回したが、新交渉では税率の算定方法が議題に取り上げられる可能性がある。二次税率の水準いかんでは、日本稲作に致命的な影響が出る。

第二に、関税引き下げ率を、稲作農業の構造調整テンポを上回らない水準に設定が可能かどうかである。現行協定では、「合意された期間において農業に対する助成及び保護を実質的かつ漸進的に削減すること」(前文)になっており、市場アクセスについては最低年率二・五%程度の税率の引き下げが決まっている。「漸進的」であるはずの関税引き下げ率が構造調整テンポを上回れば、影響は必至である。

第三に、食料安全保障や環境保全など農業のもつ多面的機能を、貿易政策に反映させることができるかどうかである。この点は第二章で検討したが、後で再度検討しよう。

第四に、農業協定と同水準程度の国内農業保護措置が、引き続き採用できるかどうかである。農業協定で認められる国内農業保護措置は、貿易や生産に歪曲的な影響のないもしくはあっても最小限のもので、生産者への価格支持効果のないもので、なかでもデカップリング政策は重要である(農業協定附属書2)。

中山間地域の農業を維持するには必要な政策であり重要である。また、わが国の稲作減反助成金は、「緑の政策」の「環境対策」に分類されているが、これが引き続き「環境対策」となることも重要である。減反助成金に引き続き「環境対策」の性格をもたせるためには、第三章でも述べたが、「輪作助成金」に改め、農家に次のような趣旨を伝える必要がある。

第一に、輪作作物により土壌を保全し、作付けの継続により環境・景観・国土保全の役割を果たすことができる。第二に、麦、大豆など輪作作物を導入することで実質的な生産調整になり、コメの自給率は下がるが輪作作物の自給率は上げることができる。第三に、基礎的食料の生産基盤の確保と必要食料生産の一定の確保により、食料安全保障を確保することができる。第四に、休耕ではなくコメや輪作作物を生産するという行為の継続が、農民のプライド維持およびモラルハザード防止の役割を果たすことができる。

もっとも、コメの減反ではなく、飼料米やアルコール用米などの生産が可能ならばそれにこしたことはない。

飼料自給率を上げ、燃料用アルコールで環境にも優しく、そして水田が維持できる方法が一番いいのだが。

(2) 野菜等セーフガードの暫定発動と食料主権

コメのほかに、最近注目を集めているのが野菜等の輸入急増である[5]。二〇〇一年四月二三日、わが国政府は、ネギ、生シイタケ、畳表(イグサ)の三品目を対象に、わが国では初めてとなる一般セーフガードの暫定措置を発動した。期間は一一月八日までの二〇〇日間で、この間に輸入量が一定量を超えれば、国産並みの価格水準になるよう関税が引き上げられる関税割当制で実施される。割当数量は、ネギが二〇〇日分で五三八三トン、生シイタケが同八〇〇三トン、畳表が同七九四九トンであり、この割当数量の枠内では現行関税(各三%、四・三%、六%)を維持する。これを超えた分については、ネギの場合キロ二二五円(関税二五六%相当)、生シイタケの場合キロ六三五円(同二六六%相当)、畳表がキロ三〇六円(同一〇六%相当)の関税を加える。

わが国政府は、この暫定措置を発動するに際し、四月二〇日WTOに通報した。通報された内容は加盟国に回覧され、利害関係国は日本との協議ができるが、協議で解決できなければ紛争処理小委員会(パネル)に持ち込まれる。しかし、三品目の利害関係国は、主にWTO非加盟の中国であるため、WTOの手続きに基づく不服申し立てはできず、報復措置をとるとすれば中国政府独自の判断となる。このとき中国政府がとった措置は、日本製自動車、携帯・移動電話、空調機に対する一〇〇%の報復関税であった。

一般セーフガードは、表5-1のとおり、ウルグアイ・ラウンド交渉で関税化した豚肉や乳製品などの品目に適用される特別セーフガードとは違う。野菜などの農産物のほかに、鉱工業品を含めたすべての品目を対象にしている。

表 5-1　一般セーフガードと特別セーフガードの比較

	一般セーフガード（SG）	特別セーフガード（SSG）
措置内容	関税引き上げまたは輸入数量制限	関税引き上げ 数量ベース：通常関税の 1/3 の追加関税 価格ベース：下落率に応じて最大 52% の追加関税
対象品目	全品目（鉱工業品と農林水産物）	UR 合意関税化品目（農産物）
発動条件	・輸入の急増により，国内産業に重大な損害又はその恐れがあり，国民経済上緊急に必要があると認められるとき	・輸入基準数量を超える輸入の増大【数量ベース】 ・発動基準価格を下回る輸入価格の低下【価格ベース】
発動手続	・調査により立証 （財務，経済産業，農林省による調査）	・自動発動
発動期間	・原則 4 年以内（最長 8 年） （同品目について措置がとられた期間と同期間は発動不可）	・数量ベース：翌々月から当該年度末まで ・価格ベース：要件を満たした船荷ごとの単発
根　拠	・GATT　第 19 条 ・WTO セーフガード協定	・WTO 農業協定　第 5 条
	・関税引き上げ：関税定率法 ・輸入数量制限：外為法	・関税暫定措置法
備　考	・影響国に対し補償措置（他品目の関税下げ等）をとるよう努力する必要あり ・相手国から対抗措置の可能性あり（絶対輸入量の増加の場合，発動から最初の 3 年間はなし） ・SSG との併用は不可	・補償措置は必要なし ・対抗措置はとれない ・SG との併用は不可 ・改革過程の期間中，有効 ・国家貿易品目，関税割当品目（1 次）については，発動対象外.

特別セーフガードは、品目ごとの基準輸入数量を超えれば自動的に発動になるが、一般セーフガードは、調査により発動要件を満たすことを立証しなければならない。そのため政府は発動に先立ち、二〇〇〇年一二月一九日、大蔵・通産・農水の関係省庁が調査の実施を決定し、表5-2に示した「セーフガード検討開始暫定基準」に基づき一二月二二日から調査に入っていた。その結果、発動要件を満たすに十分な内容であり立証できるとして、暫定発動に踏み切ったのである。

一般セーフガードの発動は、WTO協定が締結されて以来

表 5-2　セーフガード検討開始暫定基準

以下の 1 から 3 までの要件を全てみたすこと．ただし，以下の基準によりがたい特別の事情がある場合には，個別に判断するものとする．

1．**輸入の増加**（以下の項目を全て満たすこと）

(1)　輸入量

原則として直近の 5 年間の輸入量が増加傾向で推移していること．

(2)　輸入増加率

当該物資の直近の国内市場占拠率が 20% 未満の場合，対前年の輸入増加率が 20% 以上であること．

当該物資の直近の国内市場占拠率が 20% 以上の場合，対前年の輸入増加率が 10% 以上であること．

(3)　輸入品の国内市場占拠率

原則として，直近の 3〜5 年間に，絶対値として概ね 3〜5% 以上の増加が見られるか，又は，国内市場占拠率が概ね 3〜5 倍以上の増加がみられること．

2．**国内産業への重大な損害**（以下の項目のいずれかを満たすこと）

(1)　粗収入額

原則として直近の 5 年間の粗収入額（＝販売又は卸売価格×販売量）で 15% 以上の低下がみられること．ただし，直近の販売量が把握できない場合は，粗収入額に代えて卸売価格を用いることも可能とする．

(2)　作付面積

対前年の作付面積の減少率が概ね 10% 以上であるか，または，対前々年の作付面積の減少率が概ね 20% 以上であること．

3．**1 及び 2 の相当因果関係**

1 及び 2 との間に，相当因果関係があることを証明できる客観的な資料のあること．

4．**備考**

(1)　林産物及び水産物等，1 及び 2 の基準の適用が困難な物資にあっては，1 及び 2 に準じて別途定める基準によるものとする．

(2)　上記基準については，農業情勢の変化等を踏まえ，随時見直すものとする．

現在（二〇〇一年三月）まで、表5-3のとおり七件ある。わが国がとった今回の措置は、「遅延すれば回復し難い損害を与えるような事態が存在する場合には、加盟国は、輸入の増加が重大な損害を与えているか又は与えるおそれがあることについての明白な証拠があるという仮の決定に基づき、暫定的なセーフガード措置をとること」（セーフガードに関する協定・第六条）にしたものである。

表5-4は、対象品目の輸入動向等に関して、各種統計および政府調査結果をもとに整理したものである。三品目ともこれまでにない輸入の急増、国内価格の急落をみることができる。

表 5-3　国別セーフガード措置発動状況（農産物）

発　動 年月日	発動国	対象品目	経　　緯	輸入増加・国内産業の損害状況(例)	措置内容
97. 3. 7	韓　国	脱脂粉乳，調製品	96. 5.28 調査開始 96.12. 2 損害等の認定 99. 6.21 パネルにて協定違反と裁定 99.12.14 上級委員会にて協定違反と裁定 00. 5.20 撤回	・輸入増加率（数量比） (95/93) 8.7 倍 ・輸入シェア (93 → 96 前半) 1.6%→ 14.1%	3 年間の 輸入数量制限
98. 6. 1	アメリカ	小麦グルテン	97.10. 1 調査開始 98. 2.11 損害等の認定 00. 7.31 パネルにて協定違反と裁定 アメリカは上級委員会に提訴中	・輸入増加率（数量比） (97/93) 1.4 倍 ・輸入シェア (93 → 97) 51.4%→ 60.2%	3 年間の 輸入数量制限
99. 7.22	アメリカ	子羊肉（生鮮，冷蔵，冷凍）	98.10. 7 調査開始 99. 3.13 損害等の認定 99.11.19 パネル設置 現在パネル審議中	・輸入増加率（数量比） (97/93) 1.5 倍 ・輸入シェア (93→98.1-9) 11.2%→23.3%	3 年間の関税割当
99. 9.20	チェコ共和国	砂糖（甘しゃ糖，てん菜糖等）	99. 3. 3 調査開始 99. 9.15 損害等の認定	・輸入増加率（数量比） (98.10-99.6)/(95.10-96.6) 1.9倍 ・輸入シェア (95 → 98) 5.65%→ 24.72% (砂糖年度 (10-9))	4 年間の関税割当 (暫定措置あり (99.3.12～))
99.12.18	ラトヴィア	豚肉	99. 5.20 調査開始 99.12.14 損害等の認定	・輸入増加率（数量比） (99.5.1-99.4.30/96) 1.4 倍 ・輸入シェア (96 → 98.5.1-99.4.30) 4.65%→ 7.16%	2 年間の緊急関税 (暫定措置あり (99.6.1～))
00. 1.22	チ　リ	小麦等	99. 9.30 調査開始 00. 1.18 損害等の認定	・輸入増加率（数量比） (99.1-10/98.1-10) 3.8倍 ・輸入シェア 明示なし	1 年間の緊急関税 (暫定措置あり (99.11.26～))
00. 6. 1	韓　国	にんにく	99.10.16 調査開始 00. 2.18 損害等の認定	・輸入増加率（数量比） (98/96) 3.8 倍 ・輸入シェア (93 → 99.1-9) 3.3%→ 12.2%	3 年間の緊急関税 (暫定措置あり (99.11.13～))

注：1）輸入の増加，国内産業の損害状況は WTO 通報文書による（2001 年 4 月現在）.
　2）損害等の認定日は SG 措置適用国の WTO 通報文書発出日とした.
　3）輸入増加率，輸入シェアについて数量比，価額比が WTO 通報文書上明らかなものは，カッコ内に説明を付した.

表 5-4　3 品目の輸入動向と国内への影響

			1996 年	97 年	98 年	99 年	2000 年
ネギ	輸入量　(A)	(t)	1,504	1,471	6,802	21,197	37,375
	対前年増減率	(%)	—	▲2.2	362.4	211.6	76.3
	対前年増加量	(t)	—	▲33	5,331	14,395	16,178
	国内市場占拠率　(A)/(A+C)	(%)	0.4	0.4	1.7	5.0	8.2
	販売額　(B)×(C)	(億円)	1,048	1,160	1,354	1,204	925
	対前年増減率	(%)	—	10.7	16.7	▲11.1	▲23.2
	国内平均価格　(B)	(円/kg)	252	278	340	300	222
	対前年増減率	(%)	—	10.3	22.3	▲11.8	▲26.0
	国内出荷量　(C)	(t)	415,900	417,300	398,200	401,400	416,600
	対前年増減率	(%)	—	0.3	▲4.6	0.8	3.8
	収入　(A)′　10a 当たり	(千円)	700.0	773.6	891.5	778.9	568.8
	対前年増減率	(%)	—	10.5	15.2	▲12.6	▲27.0
	経費　(B)′	(千円)	409.0	421.4	438.8	425.1	410.8
	対前年増減率	(%)	—	3.0	4.1	▲3.1	▲3.4
	収益性　(A)′−(B)′	(千円)	291.0	352.2	452.7	353.8	158.0
	対前年増減率	(%)	—	21.0	28.5	▲21.8	▲55.3
生シイタケ	輸入量　(A)	(t)	24,394	26,028	31,396	31,628	42,057
	対前年増減率	(%)	—	6.7	20.6	0.7	33.0
	対前年増加量	(t)	—	1,634	5,368	232	10,429
	国内市場占拠率　(A)/(A+C)	(%)	24.5	25.8	29.7	31.0	38.5
	販売額　(B)×(C)	(億円)	811	778	727	669	615
	対前年増減率	(%)	—	▲4.1	▲6.6	▲8.0	▲8.1
	国内平均価格　(B)	(円/kg)	1,079	1,041	980	949	915
	対前年増減率	(%)	—	▲3.5	▲5.9	▲3.2	▲3.6
	国内出荷量　(C)	(t)	75,157	74,782	74,217	70,511	67,224
	対前年増減率	(%)	—	▲0.5	▲0.8	▲5.0	▲4.7
	収入　(A)′	(億円)	822.2	786.9	736.8	683.6	628.3
	対前年増減率	(%)	—	▲4.3	▲6.4	▲7.2	▲8.1
	経費　(B)′	億円)	655.0	633.6	609.4	587.1	567.0
	対前年増減率	(%)	—	▲3.3	▲3.8	▲3.7	▲3.4
	所得　(A)′−(B)′	億円)	167.2	153.3	127.4	96.5	61.3
	対前年増減率	(%)	—	▲8.3	▲16.9	▲24.3	▲36.5
	生産者数	(戸)	50,772	46,438	43,244	37,810	34,130
	対前年増減率	(%)	—	▲8.5	▲6.9	▲12.6	▲9.7
タタミオモテ	輸入量　(B)	(千枚)	11,369	8,628	10,344	13,569	20,300
	対前年増減率	(%)	—	▲24.1	19.9	31.2	49.6
	対前年増加量	(千枚)	—	▲2,741	1,716	3,225	6,731
	国内市場占拠率　(B)/(A+B)	(%)	29.7	25.6	32.7	46.0	59.4
	国内総供給量　(A)+(B)	(千枚)	38,305	33,716	31,646	29,492	34,172
	対前年増減率	(%)	—	▲12.0	▲6.1	▲6.8	15.9
	国内生産量　(A)	(千枚)	26,937	25,088	21,302	15,923	13,872
	対前年増減率	(%)	—	▲6.9	▲15.1	▲25.3	▲12.9
	作付面積　(A)′	(ha)	5,540	5,340	4,690	3,680	2,890
	10a 当たり所得　(B)′	(千円)	284.8	172.3	101.5	123.7	75.6
	損益　(A)′×(B)′	(億円)	157.8	92.0	47.6	45.5	21.8
	対前年増減率	(%)	—	▲41.7	▲48.3	▲4.4	▲52.0
	農家数	(戸)	4,416	4,106	3,582	2,817	2,244
	対前年増減率	(%)	—	▲7.0	▲12.8	▲21.4	▲20.3

資料：貿易統計，植物検疫統計，野菜生産出荷統計，等.

気候変動などによって、野菜などは三年に一回の価格急騰があって、二回の損失を補填するのが常であった。しかし、輸入の常態化がこのサイクルを壊し、農家・産地の所得下落が著しい。

品目別にみてみると、ネギの場合、一九九八年に輸入量が前年比四・六倍にも達し、年々増大して二〇〇〇年には九七年比二五・四倍の三万七〇〇〇トンに急増した。これに伴い輸入ネギの国内市場占拠率は、九七年の〇・四％から八・二％に増大した。国内出荷量はほぼ横ばいのなか、国内価格は九九年から下落し、二〇〇〇年には九八年の六五％の水準になってしまった。そのため、農家の収入（一〇アール当たり）は九八年の六四％となり、経費を差し引いた収益水準は三五％に激減した。

価格下落の要因は、低価格化が国内産地間競争を生んだこと、デフレ気味の不景気下にあること、そして暖冬傾向による秋冬期の入荷量が増大していることなどとされている。しかし、中国産等の輸入急増が最大の原因、というのが関係者の一致した見方である。

ネギ栽培面積は、労力的に夫婦二人で四〇アールが限界だといわれる。この作付面積での所得はいい時で四〇〇万円、普通二五〇万円あるものが、二〇〇一年は八〇万円程度に落ち込んだという。この状況では生産の継続は難しい。セーフガードの発動が野菜輸入の常態化と国内市場の縮小に歯止めとなり、展望のもてる状況が生み出せるかどうか、高齢化と担い手不足が深刻な野菜産地は、ネギの今後の動向を注視している。

生シイタケも厳しい状況にある。輸入量は九八年と二〇〇〇年に急増し、二〇〇〇年には九七年の一・六倍となった。国内出荷量が減少するなか、輸入物の国内市場占拠率は九七年の二五・八％から三八・五％にまで増大した。国内価格はこの五年間で最低のキロ九一五円、九六年比八四・八％の水準に下落した。これにより、収入も九六年比七六・四％に、所得については三六・七％の水準まで下落してしまった。五万戸を数えた生産者（九六年）も、二〇〇〇年には三二・八％減少して三万四〇〇〇戸になってしまった。

畳表はさらに厳しい。国内総供給量がほぼ横ばいのなか、輸入量は二〇〇〇年で九六年比一・八倍、国内生産量は半減、その結果、輸入物の国内市場占拠率は、二九・七％から五九・四％とほぼ倍増した。国内価格の下落により、一〇アール当たり所得は九六年比二六・五％の水準に減少し、農家総所得ではさらに作付面積減少により一三・八％の水準にまで低下した。農家も半減してしまった。

あまりにも急激な輸入量の増大と国内生産の後退、そして農家の度重なる要求は、政府に「とにかく緊急事態」と判断させるのに十分であり、セーフガードの暫定発動を促し、踏み切らせた。しかし、期間は二〇〇日、本発動となっても二〇〇日を含めて四年間が限度であり、三品目の生産農家に限らず農家の生産への不安を拭うものではない。

わが国農業の本丸ともいうべき米が関税化され、ここにきて生産が一定量維持されてきた野菜類までもが、特別セーフガードより要件の厳しい一般セーフガードを発動せざるを得ないところまできてしまった。いま、ほんとうに「厳しい時こそチャンス」と思っている農家は、どれほどいるであろうか。

以上のような輸入量の急増に対処するためには、対外かつ国内の両面から検討しなければならない。まず、対外的側面を考えてみよう。

これまでの野菜等の輸入は、国産が不作のときの緊急的な輸入であったし、端境期を狙った輸入であったが、ここ数年の輸入は常態化してきた点に最大の特徴がある。考えられるその大きな原因は、開発輸入の増大、中国・韓国等の輸出戦略の形成である。

最近わが国の商社や大手量販店は、開発輸入や生産地加工などにより輸入野菜等を取り扱うことが急増している。農産物の開発輸入は、日本の企業が対日輸出を目的に、種子の提供や技術指導を行い、農産物を日本の規格にそって輸出するものである。輸出の際には一級品だけを選ぶため、国産品とは区別できない高品質の農産物が多い。さらに、その農産物の鮮度追求や低コスト化を目的として、生産地で加工され、日本に輸出される場合も多い。こうしたことが摩擦を生みだしているとすれば、これは日中問題ではなく日日問題である。

彼らの行動に対し何らかの規制ができれば幸いである。しかし、現在の法制度のもとでは難しいとされる。しかも、彼らが中国や韓国の輸出戦略の一翼を担うものであるとすれば、なおさら厳しい。(6)

中国は、『第一〇次国民経済・社会発展五カ年計画の策定に関する中国共産党の提案』(二〇〇〇年一〇月)において、「野菜などの労働集約型製品、特産品等の輸出を重点的に支援するとともに、ハイレベルの輸出基地を建設する」ことを明らかにしている。また、韓国は、農林部長官の『二〇〇一年度主要業務計画』のなかでは、「野菜等の五大戦略輸出農産物を集中的に育成するとともに、日本市場を集中攻略するために農産物輸出物流センターを設置して直接取引輸出を拡大する」ことになっている。

このような輸出戦略の一部を日本企業が担うのであれば、彼らを規制することは困難である。が、企業のモラルは問われるのではないか。ともかく、ここで考えられる対応は次の三点であろう。

第一に、輸入規制が四年間に及ぶ本発動措置への移行である。しかし、審査は厳しく期限付きであり、輸入規制数量の設定次第で大量輸入が恒常化する恐れもあり、また相手国の対抗措置も考慮すればハードルは高い。

第二に、二国間協議による自主規制である。しかし、少なくともセーフガードと同じくらいの輸入抑制効果がなければ意味がないし、相手国の輸出戦略が明確なだけに、どのような条件で自主規制となるかが問題である。

第三に、新たなセーフガードの提案の実現である。二〇〇〇年一二月に新たに提出したわが国の提案では、セーフガードに関して「季節性があり、腐敗しやすい等の特性を持った農産物については、輸入急増等の事態に機動的、効果的に発動できる特別の発動基準を設け、運用の透明性を高める」措置の提案を行った。季節性の高い野菜などは、発動のための調査に長期間を要しては、発動の時機を逸してしまうからである。提案の背景には、

表 5-5　セーフガード関連の農産物と工業製品

暫定発動	ネギ，生シイタケ，畳表（4 月 23 日発動）
政府調査決定	タオル（4 月 16 日開始）
調査要請中	タマネギ，トマト，ピーマン，ウナギ，ワカメ，木材
上記以外の監視対象	ニンニク，ナス，干しシイタケ，カツオ，合板，加糖調整品

注：2001 年 4 月現在.

三品目への対応だけではなく、表5-5にみるとおり、輸入急増で調査要請中の野菜等への対応も考慮されているのである。

次に、国内の対策について考えてみよう。

まず、農家・生産者団体レベルで講じなければならないことは、省力・低コスト化に基づく高品質・多収穫生産を目指すことであろう。消費者ニーズにそった生産である。その場合、安全性や食味で輸入物と差別化し、消費のうえでの住み分けも選択肢のひとつである。現在市場に出ている国産の野菜類は、新鮮で香り・味などで間違いなく勝っている。この点にもっと磨きをかけることである。

第二に、全国各地で「地産地消」の運動を展開することによって、地元農産物の消費拡大を図ることである。言い古されたことであるが、このことの定着がなければ生産者の生き残りは困難である。生産者と消費者の交流・パートナーシップの確立も含め、「地産地消」は正念場となった。生産者団体も消費者団体もその対応が試されている。

第三に、政府・地方公共団体レベルとしては、所得政策の充実が求められよう。当面の所得対策の実施は当然であるが、セーフガードの期間が切れ、対外措置が不十分となれば、期限切れ以後の所得政策のさらなる充実は避けられない。政府もしくは地方公共団体と協同で、前記二つの国内対策とその成果を踏まえつつも、第三章で検討したような所得補塡措置等の所得政策を充実させる必要があろう。

結局、セーフガードの暫定発動は本格発動には至らなかった。一一月八日に期限が切れて以降、次官級・閣僚級協議を重ね、一二月二一日本格発動の回避を決定した。中国は報復関税を撤廃(一二月二七日)、日中双方の民間組織は二〇〇二年二月に「農産物貿易協議会」を設立して話し合うことになった。

中国はWTOへの加盟、さらなる経済成長等により今後「元高」への圧力が強まり、農産物の競争力を急速に低下させることになろう。穀物等の大半が輸入に転じれば、農業構造の再編も大きな課題となる。わが国にたとえれば、北海道型の展開を遂げるのかそれとも本州型の展開を遂げるか、注視していくべき課題である。

(3) 「最小農業生産の権利」の検討課題

わが国農業は、いまや農業生産の持続性はもとより、生産の権利さえ失おうとしている。わが国は、少なくとも前述のような「最小農業生産の権利」は確保しなければならない。この「権利」にこだわる理由を確認しておけば、さしあたり次の三点である。すなわち、

①わが国農業は、国際的に条件不利地域のもとで、国民の食料事情への不安を取り除くために、食料の安定供給、食料安全保障を確保しなければならないこと(食料安全保障確保の問題)、

②モンスーン型気候地域に適した水田農業は、食料供給以外の公益的な多面的機能をもっていること(正常な農業生産活動維持の問題)、

③したがって非貿易的関心事項、すなわち、食料安全保障や環境保護などの多面的機能は、現実的には貿易ルールに組み込まざるを得ないこと(非貿易的関心事項の貿易ルール化の問題)である。

食料安全保障確保の問題

各国の食料の安定供給を脅かす中長期的要因は次の点にある。(7) 第一に、開発途上国における爆発的な人口増加と世界的な食料消費水準の高度化、穀物需要の拡大、第二に、中国やインドなど人口超大国の穀物需給の不安定、見通しの不透明さ、第三に、地球環境問題や農地不足などによる

生産制約、そして第四に、完全には否定できない食糧の戦略物資化、などである。

このような不安定要因が存在するなか、多くの国際機関は将来予測と対策を次のように述べている。二〇三〇年ごろまでに世界の人口は八五億人以上に達し、とりわけ途上国の危機は一層深刻になる。これを現実のものとしないためには、途上国では女性の地位向上や人口の抑制、貧困の克服、食料増産のための農業投資の促進と援助が必要であり、また世界各国は食料自給（力）を維持向上させ、環境破壊的農業を転換する必要がある。

このもとにあって、わが国農業の食料供給力は、食料消費構造の変化、労働力の減少や老齢化など生産諸力の劣弱化、輸入食料の急増などを背景に、急速に衰えつつある。食料自給率の傾向的低下にも歯止めがかかっていない。

私は、デカップリング政策をわが国に導入するに当たって、着目すべきわが国農業の危機的状況を次のように述べたことがある。[8]

生産量及び自給率の推移、農業所得、地形等からみた農業の国際競争力の弱さ、すなわち地球規模からみた我が国農業の条件不利地域的状況、また国内における工業との比較からみた農業の比較生産力の弱さ、すなわち我が国経済構造からみた農業展開の危機的状況、これが我が国農業の状況である。

このままでは国内の食料の安定供給に支障をきたし、世界の食料安全保障にもマイナスとなる。そうならないように、食料輸入超大国のわが国は自給、備蓄、輸入の適正水準を明らかにしてこれに責任をもち、世界の食料需給の不安定要因の除去に努め、途上国への食料自立のための農業協力・援助を推進すること、つまり、適正な自給力を維持できる各国の農業政策と、これを基礎とする協調的で集団的な食料安全保障の確保が必要である。

これに関し、私は次のような提案をしたことがある。[9]

……食料の過不足に対応できる新たな国際機関の設置、各国の食料自給力の一定の確保が必要である。たとえば、各国は自国の諸条件からみて責任のもてる国内食料生産量（自給率）・備蓄量等の目標を決め、それに必要かつ適合的な農業政策を採用し、さらにこれらを国際的に合意し、各国の目標実現に対応した新たな国連機関「国際穀物需給調整機構」（仮称）を新設すること、あるいはFAOの機能や権限を強化することである。

これにより食料輸入国は、合理的な食料自給力（率）と備蓄と確保し、自国内での一定の食料供給と環境保全に責任がもて、不足時の買いあさりのような国際的非難も受けない。食料輸出国にとっても、地球環境破壊的な輸出競争を避け、安定した食料輸出が可能となる。食料不足国は、食料自立のプログラムを策定するとともに、「機構」をとおして輸出余力国や経済大国から食糧援助や食料自立に役立つ援助を受ける。「機構」では、途上国の意向を踏まえ、国際商品協定等についても調整・検討できるような仕組みにする。

ここに南北問題を位置づける理由は、途上国の自立なしには先進国の持続可能性もないからである。先進国の独往的展開は、途上国を疲弊させ、たとえば難民、移民となって先進国に押し寄せてくる。南北ともに自滅の道をたどる。これは、食料問題にのみいえることではなく、すべての分野、問題に共通する道理である。

このように、いろいろな意味で、環境・生態系を配慮した（持続可能な農業を基礎とした）世界的な農業生産のシェアリングが必要になってくる。市場が成熟すればするほど、農業の場合、世界的な生産のシェアリングの重要性が増してくるであろう。

とりわけ食料輸入国の場合、輸入にのみ委ねられない理由は、国内的には何よりもありうる食料危機に対処できないこと[10]、また農業の多面的機能を著しく損ねることにある（第二章参照）。この点で、わが国が「基本計画」において、「自給率目標四五％」を明確にしたことは評価できる（第三章参照）。

農業は、貿易の対象となる農産物のみを生産しているわけではない。その「正常な」農業生産活動をとおして、市場をもたない、貿易の対象とならない農産物以外の多面的で公益的な価値も生産している。たとえば、保健・休養・教育の機能、国土・景観・環境の保全、生物多様性の保全、伝統・文化の維持・継承、食料安全保障などである。これらの価値生産を維持するには、正常な農業生産を保障し、維持しなければならない。

正常な農業生産活動維持の問題

正常な農業生産活動は、アジアとヨーロッパとの農業形態が異なるように、気候、地形、農地面積などの農業基礎条件、また時代時代の社会経済状況、農業技術水準などを踏まえ、長い時間をかけてその地域に最も適切な農業形態を創り上げてきた[11]。それは文化資源とも呼べる性格をもっている。

ヨーロッパは気候が温暖(冷涼)少雨型、土地利用形態が耕地面積多く大規模で畑地・牧草地型に対し、わが国のそれは温暖多雨型、耕地面積少なく小規模で水田・森林型である。水田や森林は、多雨で急峻な地形のもとでは最高の生産装置、国土保全装置であり、また水田は単位当たり人口扶養力が高く、環境適合的農業装置である。

水田は、灌漑や湛水をすることによって、干ばつや連作障害を回避し、肥沃度や地力の保持、雑草繁茂の防止など、生産の安定と持続に寄与するばかりか、水田の保水・貯水機能による洪水や土壌浸食の防止、また水中の窒素やリンを吸着することによる水質の浄化などの機能をもっている。これらの機能により水田農業の持続性が確保され、その持続性が国土・環境を保全することにもなり、したがって社会の安定と持続にも寄与している。

しかし、比較優位が支配する貿易のもとでは、輸出入国を問わず、環境や安全性に負荷の大きい化学物質が大量に投入され、そうした優れた生産装置も最後には生産不能な状態になる。これでは食料の安定供給も多面的価値の持続的供給もできない。歴史的に形成されてきた農業が、貿易により影響を受けるとすれば、何らかの政策的支援が必要であるが財政的に限界がある。したがって、高率関税などの国境調整措置も必要である。

たとえばEU農業は、輸出補助金・価格支持政策で農業を保護し、食料自給率一〇〇％を達成し、そのもとで美しい農村景観などの多面的機能が守られてきた。ところが、日本では、異常なまでの低い食料自給率のもと、耕作放棄地は増大し続け、今後も増えようとしている。

正常な食料農業生産と多面的価値生産がデカップリングできないことを考慮すれば、輸入の激増などによる自給率の現状以上の低下は、食料の安定供給はじめ農業の多面的機能にも悪い影響をもたらす。EU水準とはいわないまでも、一定水準への自給率引き上げないし正常な農業生産活動を保障する権利としての国際的認知が必要である。その意味でも、世界的な農業生産のシェアリングの重要性が明らかである。

非貿易的関心事項の貿易ルール化の問題

もちろん、ここでいう「正常な農業生産活動」の正常な水準・基準がどのような量的・質的な水準なのか、また、最近論じられる「環境保全型農業」も、どのような水準・基準をもって「環境保全」とするのかも検討すべき課題である。これらの点の検討はともかく、正常な農業生産活動が保障されずに、環境負荷の許容範囲を超えれば、公共の利益に反するのは間違いない。

公共の利益を守り、貿易の公正さを実現するためには、「正常な農業生産活動（持続可能な農業）のもとでの農産物のみを貿易の対象とする」という貿易原則が必要である（品質表示の問題にも関わる）。というのは、前記の他に次の理由にもよる。

すなわち、「健全な環境政策によって支えられる自由貿易は、環境によい影響を与え、持続可能な開発に貢献する」とか、「適切な環境政策が欠如している場合でも、自由貿易による利益は、農業増産によって生じる環境費用を償って余りある」といった「アジェンダ21」や経済協力開発機構（OECD）の認識は、論理的には可能でも非現実的だということである（第二章参照）。

経済活動は、貿易などによる利益を維持・増大させるために、環境コストも含め、生産コストを可能な限り削減して競争力を維持するのが常である。したがって、生産物価格に環境コストを内部化するとは限らないし、また貿易などによる利益が環境コストのすべてを償うとは限らない。市場は完全ではなく、むしろ「市場の失敗」が絶えずあるいは時として生じる不完全なものである。

政策介入の点をみても、そのときどきの社会の利益を代表する政権による政策介入が常に正しいとは限らない。また、環境コストを政策的に支援し得たとしても、環境コストのすべてではない。これが歴史の教訓である。

仮に、環境コストのすべてであるいは一部が経済活動に内部化されたとしても、その内部化は現実に何らかの影響が生じてからであり、多くの場合相当の時間が経過してからである。現実に環境に大きな影響が生じてからの修復コストは、内部化のコストを償って余りあるほど莫大なものである。

このように、「貿易は福祉の向上を図りうる」という前提に問題がないわけではない。貿易により経済活動が活発になり、人々に経済的富をもたらすが、その富が社会化されなければ環境コストの内部化にも向かわない。それだけではない。そもそも貿易がたえず経済的利益を生むとは限らないからである。

たとえば、途上国は、輸出品である一次産品の価格が低迷しているために、先進諸国との格差を是正することは絶望的にさえなっている。[12]途上国は、経済開発や債務返済の外貨を必要とするため、価格が下がっても生産量や輸出量を調整するだけの余裕がない。また、先進国の輸出補助政策による生産過剰など、八〇~九〇年代の構造的な供給過剰により価格が低落し、途上国は一次産品の貿易による外貨収入の増大はほとんど不可能になってしまった。

先進国においても、過剰生産による価格暴落にみられる農業危機の局面では、輸出も輸入も落ち込む。食料危機と農業危機を繰り返してきた歴史をみれば、各国の行き過ぎた輸出入の継続が必ずしも利益を持続的に確保できるとは限らないのである。

以上を踏まえるならば、貿易の公正さを実現するためには、正常な農業生産活動（持続可能な農業）を保障することにより食料安全保障、環境保護などの非貿易的関心事項・多面的機能を維持する貿易ルールの確立こそ必要なのである。たんなる「自由貿易」という枠組みだけでは、正常な農業生産活動の保障はない。もちろん、国内の農業構造の変革も忘れてはならない。土地利用型農業の場合、集落や数集落における農地集積を前提とした個別ないし組織経営体の育成が必要である。(13)

3　農業交渉のなかの「多面的機能」

(1)「多面的機能」とは何か

「最小農業生産の権利」に関して、わが国が避けることのできない事項は多面的機能の問題である。新ラウンドにおける取り扱い等、この問題についてもう少し検討してみよう。

一九九九年一一月にシアトルで開催されたWTO閣僚会議において、ラウンド交渉立ち上げに失敗して以降二〇〇一年末までに、わが国は二回の農業提案をしている。

第一回目は、一九九九年六月二五日のシアトル会合に向けての提案であり、二回目が、二〇〇〇年一二月二一日にWTOに提出したものである。二つの提案とも多面的機能と食料安全保障を明確に位置づけ、二回目の提案では新たに腐敗性作物のセーフガード等を追加した点が注目される。

ここでは、このうち多面的機能について、OECDの最新レポート等の分析を踏まえて、(14)その行方について考察しよう。前回のウルグアイ・ラウンド農業交渉が、OECDのレポートや討議を踏まえて決着している経緯をみても、OECDにおける討議等を分析することは意味がある。

まず、わが国の二回の農業提案のなかの多面的機能に関する部分を紹介しておこう。(15)

〈一九九九年六月二五日提出〉

(1) 農業は、自然環境と調和した生産活動を通じて、単に農産物の生産・供給を行なうのみならず、不測の事態や将来の食料需給逼迫の可能性に対するリスク軽減を通じた食料安全保障への貢献、国土・環境保全、良好な景観の形成、地域社会の維持等様々な役割、すなわち多面的機能を果たしている。

(2) このような農業の多面的機能については、

①その大部分が外部経済効果として発揮されるものであり、価値が価格に的確に反映されることが困難であるとともに、生産と密接不可分な機能であり貿易が不可能なこと、

②多面的機能を発揮させる農業生産手法は、市場メカニズムによっては実現が困難であること

等の性格を有している。

(3) したがって、国内農業生産を食料供給の基本に位置付け、これにより多面的機能の発揮を図るためには、何らかの政策的介入を行なうことが不可欠であるが、各国が多面的機能発揮の観点から行なう政策的介入を、国際規律上どのように位置付けるべきか、また、どの程度まで許容すべきかについて、今までの農業協定の実施の経験等を踏まえつつ十分な検討が行なわれることが必要である。

(4) なお、このような農業の多面的機能の内容には、様々なものがあるが、次のような要件に該当するものを農産物貿易との関係で検討の対象にすることが適当である。

①農業生産と密接不可分に発揮される機能であること

②一般的に営まれてきた農業生産活動に関連して発揮される機能であること

③発揮される機能の価値についての認識が、当該国の国民に共有されうるものであること

〈二〇〇〇年一二月二一日提出〉

前文

……（略）……

我が国の提案は、交渉に際しての基本的重要事項、市場アクセス、国内支持、輸出規律のあり方、国家貿易、開発途上国への配慮及び消費者・市民社会の関心への対応のそれぞれに関する提案で構成される。そして、その根底に存在する基本的哲学は、「多様な農業の共存」である。

日本国民は、二一世紀が、様々な国家、地域がそれぞれの歴史、文化等を背景にした価値観を互いに認め合い、平和と尊厳に満ちた国際社会において共存すべき時代でなければならないと確信する。

農業は、各国の社会の基盤となり、社会にとって様々な有益な機能を提供するものであり、各国にとって自然的条件、歴史的背景等が異なる中で、多様性と共存が確保されなければならない。このためには、生産条件の相違を克服することの必要性を互いに認め合うことこそ重要である。

我が国の提案は、以上の基本的な哲学に立つものである。そして、この共存の哲学の下、

①農業の多面的機能への配慮
②各国の社会の基盤となる食料安全保障の確保
③農産物輸出国と輸入国に適用されるルールの不均衡の是正
④開発途上国への配慮
⑤消費者・市民社会の関心への配慮

の五点を追求する内容となっている。

……（略）……

「一、交渉に際しての基本的重要事項」の(2)

(2) 世界的な農政上の課題としての農業の多面的機能、食料安全保障の追求

二一世紀は、様々な国や地域における多様な農業が共存できる時代であるべきである。

そのためには、各国が自然的条件や歴史的背景の違いを踏まえた多様な農業の共存を認め合い、その持続的な生産活動を通じて農業の多面的機能が十分に発揮できるようにしていくとともに、人類の生存にとって不可欠である食料の安定供給を確保していくことが基本となる。そのため、これらの課題を世界的な農政上の課題として認識した上で交渉を行なっていくことが必要である。

やや長い紹介となったが、以上が日本提案のなかの多面的機能であり、その取り扱いに対するわが国政府の考え方である。

二〇〇〇年一二月の提案では、九九年六月の提案に一歩踏み込んで、多面的機能の三つの性格を明らかにした。すなわち、農業生産活動と密接不可分に創り出されるという結合生産であること、対価を支払わずに享受することを排除できないという公共財であること、農産物市場における価格形成に反映するのが難しい外部経済効果として発揮されることである。これらの性格については、表5-6のとおり、多面的機能フレンズ国間では、ほぼ共通の認識になっている。

この多面的機能の内容は、WTO農業協定前文の「非貿易的関心事項」と重なっている。[16] すなわち、「食糧安全保障」、また、「環境保護の必要」については、国土の保全・景観の形成・水源の涵養・自然環境の保全など、「その他の事項」としては地域社会の維持活性化（文化の伝承・保健休養などを含む）が、多面的機能に該当する（図2-1参照）。EUなどがとくに主張している食品の品質・安全性や動物愛護などについては、多面的機能

表 5-6　多面的機能に関する各国の考え方

	多面的機能についての基本的な考え方	各国が重視する多面的機能の内容	多面的機能発揮のための政策のあり方
日　本	・外部効果として発揮されるもので，生産と密接不可分の機能で，貿易が不可能 ・多面的機能を発揮させる農業生産手法は，市場メカニズムでは実現が困難	・国土の保全，水源のかん養，自然環境の保全，良好な景観の形成，文化の伝承，保健休養，地域社会の維持・活性化，食料安全保障等	・一定水準の農業生産の維持により発現されることへの配慮が必要 ・何らかの政策的介入が不可欠であるが，生産から完全に切り離すことは困難
韓　国	・農村地域の経済生活上不可欠な役割 ・農業の外部効果であり，市場はその価値を内部化できない	・食料安全保障，景観形成，土壌保全，天然資源の持続的利用，生物多様性，農村の社会経済的活力等	・一定水準の国内農業生産の確保への配慮 ・生産とリンクした措置
E　U	・農業生産活動を通じた公共財の提供機能 ・農業は消費者の関心事である食品の品質・安全性にも対応	・農村環境の保全，農村景観の保全，地域社会の活力維持等	・貿易への影響がないか，あっても最小である直接支払い（農業環境支払い，条件不利地域直接支払い等）
ノルウェー	・農業生産に関連する正の外部効果・公共財	・食料安全保障，農村地域の活性化，環境の保全，景観の維持，生物多様性の保全等	・国境措置を含む，生産と結び付いた政策
スイス	・環境サービス，天然資源や景観の管理などは農業者により提供される公共財・正の外部効果	・環境保全，食料安全保障，農村地域開発，居住地の地方への分散等	・透明性，対象の絞り込み，必要最小の助成，柔軟性，公平性が政策選択の基準

とは別に配慮すべき事項として、多面的機能とは切り離して交渉に臨む方針である。

(2) 政府介入の可能性

このような多面的機能の概念やその保全のための政策介入の在り方等については、OECDが詳細な検討を行っている。『農業の多面的機能―分析的枠組みに向けて―』というOECD報告書がそれである[17]。

この報告書は、様々に使用されている多面的機能の概念を明確にし、共通の分析的枠組みや用語法等を確立するために書かれたものである。報告書では、多面的機能を「生産との密接不可分性 joint production」、「外部経済性 externality」（市場における価格形成に反映することが困難）、「公共財 public goods」（対価を支払わずに享受することを排除しない）の性格をもつものとし、政策介入が認められるかどうか、介入の方法・性格はどうあるべきか等が検討されている。

報告書によれば、多面的機能保全の政府介入（助成措置）が許容されるためには、次の三つの条件をすべてイエスでクリアしなければならないとされる。すなわち、

①生産の結合性――農業生産と多面的機能との間に、たとえば農法や技術を変えることによって、あるいはより低コストの多面的機能の供給によって、変更不可能な生産の結合性は存在するか。つまり、切り離すことが困難なので、農産物の生産は市場に任せ、多面的機能の維持に必要な補助金を投入すればよいというわけにはいかない。

②市場の失敗――もし生産の結合性が存在するならば、多面的機能に関連して市場の失敗が発生するか。つまり、貿易のために国内生産が減少することによる多面的機能の損失の方が、貿易による利益よりも大きいので、多面的機能の保全を目的とした農業生産の維持が必要である。

③政府以外による対策の可能性――もし市場の失敗が生じるならば、多面的機能の市場の創設や自発的対策のような政府以外の対策が、最も効果的である可能性について検討したか。つまり、農業生産維持のための政府補助や関税措置の方が、地域コミュニティや地方自治体よりも効果的である。

これら三つの設問ともイエスとならなければ政府介入はできない。しかし、これらの項目をすべてイエスで答えるのは困難である。

たとえば、わが国にとくに関係する多面的機能である洪水防止、水資源涵養、保健休養、食料安全保障について、①～③にそって検討すると次のような難点が明らかになる（表5-7参照）。

表 5-7　多面的機能の性質と論点

多面的機能の構成要素	公共財としての性質	主　要　論　点
景　観	・地域住民に主に享受される景観は，地域限定の純粋公共財． ・訪問者により享受される景観は，競合しうる公共財か私的財に分類される． ・景観の非利用価値（景観そのものを次世代へ残すことの価値）は純粋公共財．	景観は地方政府や地方の自発的な供給により確保され得る．この場合，景観保全の地域間のアンバランスを引き起こす可能性がある．
生物多様性/自然生息環境	・利用価値と非利用価値が存在する ・釣りや野鳥観察の利用価値は，競合性もある地域限定的な公共財． ・非利用価値は，地域限定的な公共財．	非利用価値は景観に比べ地域特定的と考えられる．
国土保全（洪水防止）	・地域限定的な純粋公共財． ・非利用価値は存在しない．	国土保全機能の価値は，国土保全機能が発揮されない場合の被害額や代替措置の費用により比較的容易に計測される．受益地を特定しその価値を計測しやすいため，地方政府が農家と国土保全機能の供給の契約を結ぶことが可能．
地下水涵養	競合性もある地域限定的な公共財の伝統的な事例．	地下水資源を地域共有資源として管理するための制度的・法的アレンジメントが必要．なければ，誰でも利用できる資源となり，過剰使用による資源の枯渇を招く．地下水資源の供給者と受益者の間でその供給や支払いについて協議することも可能．
食料安全保障	競合性のある公共財．人口が増加すれば，1 人当たりの食料安全保障は減少する．	特定の消費者グループと生産者が食料安全保障の契約を結ぶことで，排除性を導入することは可能．一方で，国民が食料安全保障を政府が供給すべき公共財と考えている場合は，そのようなアレンジメントに疑問がある．
農村雇用	地域における効率的な資源配分の維持という観点で言えば，地域限定的な公共財であり，都市の過密の軽減の観点で言えば，純粋公共財である．	OECD 諸国では，農村雇用の比率が低くなっており，都市の過密を緩和するような価値は少なくなっている．地方限定的な純粋公共財としての価値は比較的意義があるが，農業雇用の比率が下がっているため，そのような価値を持つ地域も少なくなっている．

注：農水省資料による．

①について、洪水防止・水資源涵養の機能は、水田であれば畦畔の維持や森林への転換で代替でき、米生産との結合性を説明するのに弱い。保健休養機能については、米等を生産して美しい景観を形成しており、またヨーロッパではこの点の大きな支持があり、ある程度の説得力をもっている。食料安保は、農地の維持により確保できるので、必ずしも生産を前提にしなくてもいいという考え方も可能となる。

②については、右記①とほぼ同様に考えられ、市場の失敗は少ないと推測される。そのため、政府措置の必要性が薄い。

③について、洪水防止・水資源涵養機能は、受益者・受益地が限定されるため、政府よりも自治体による補助金交付や利用者との直接契約といった可能性がある。これはすでに埼玉県草加市や千葉県市川市等で転作水田への助成措置として実施されている。保健休養機能についても、公共財の説明が十分でないと、たとえば棚田オーナー制度等の措置で十分との認識になりやすい。食料安保については、非排除性があり公共財の扱いが可能で、政府措置の必要性があるが、生産者と消費者が供給契約を結ぶことにより、排除性を導入することも可能。

このように多面的機能への政府助成を可能にするには、かなりの難点がある。これらの条件をクリアできた場合でも、政策手段としては、関税などの国境措置、生産に直結した政府補助金、市場歪曲度のないかあるいは少ない政府補助金等のどれを採用できるか、さらに検討しなければならない。

前述のような三つの設問は、もっともなことではあるが、実際にこれを当てはめて論証し、関税や政府助成の支払い水準を具体化するには困難を極めるであろう。(18)

第一に、そもそも①～③を裏づける数値の提示が可能なのかという問題である。多面的機能の評価額を計測しなければ議論は成り立たないが、その計測方法は確立していない。ヘドニック法、代替法、トラベルコスト法、CVMなど様々な計測方法が開発されてはいるが、それぞれに一長一短があり、総合的かつ精確に計測することは至難である。

第二に、市場・コスト主義（簡単にいえば低価格・低コストが最善・最良とする考え）が支配するもとで、貿易の利益が環境維持コストに回される保証はないということである。前述したとおりである。

ここでは輸出国の視点、すなわち輸出国における過剰な農産物輸出による多面的機能の後退の視点が欠落していることを指摘しよう。仮に設問②のように、貿易による利益の方が、貿易による多面的機能の損失よりも大きい場合、多面的機能保持のための農業生産の維持が必要ないかというと、必ずしもそうとはいいきれない。貿易の利益よりも多面的機能の損失が少ないとはいえ、損失累積を解消するための措置がない限り、絶えず損失は累積する。いずれ農業生産の是正が求められる。

第三に、多面的機能は、洪水防止機能や保健休養機能等が単独で成り立っているのではないということである。生産と結合して多面的な機能が結合した総体として成り立っているのであり、まさに多面的機能なのである。多面的機能を、一つ一つの単独の機能として問題にできない性格のものであり、総体として問題にしなければならない。

また、単独の機能が地域限定的であっても、その機能が全国の地域のいたるところにあって機能するものであるとすれば、政府の措置と地域の実情にそった措置の二重の対応が合理的である。地域の連続性を考慮する必要がある。

第四に、各国の農業は生態的、文化的、社会的、経済的、そして技術的条件等多様な条件を背景として存在しており、それら条件は市場・コスト主義ですべて律せられるものかどうかという問題である。各国農業の多様性を認めないルールは成立し難い。

仮に、多面的機能が計測できて貿易の利益の方が大きいとしても、貿易による農業生産の後退が、たとえば文化的・伝統的事柄の後退や生態的環境の悪化が生じることを国民は容認するであろうか。また、貿易の利益が環境コストに回されることがなければ、長期的には、利益の逆転により多面的機能の後退が顕在化してこよう。

第五に、前記の問題がすべてクリアしたとしても、各国のとり得る措置が納税者負担だけで可能かどうかという問題である。国内措置により予想される莫大な財政負担を考慮すれば、国内措置と国境措置との適宜の組み合わせも必要であろう。国境措置もなければ一定程度の国内農業生産の保障は不可能である。具体的には関税水準の在り方の問題である。

(3) プロダクション・シェアリングと新たな農業貿易原則

では、このような多面的機能を維持向上させるには、どのような政策手段によって可能か。生産活動と密接不可分であることを考慮すれば、正常な生産活動の維持が必要であり、そのためには国境措置のほかに、市場歪曲度の少ない国内措置も必要になる。

まず、国境措置の在り方である。

すなわち、関税水準をどの水準に定めるかである。国内農業生産と多面的機能を維持するための関税水準を決める基準として二つの方法が考えられる。

第一に、国内生産と多面的機能を維持するために必要な財政負担総額、そこから財政負担許容水準を超えた部分を、農業生産性向上、為替変動等を考慮して関税に反映させる方法である。国によって財政負担許容水準は異なるが、あまりに財政負担が大きければ限界も出てくる。常識的には、これまでの各国の財政負担実績や関税実績、すなわち農業協定で約束された最終削減実績が最も妥当な許容水準といえよう。

第二に、各国の諸条件を考慮した責任のもてる国内生産量を決め、この生産量を保障しあえるように関税に反映させる方法である。私は、各国が環境等に配慮して国内生産量・備蓄量等の目標を決め、この実現のために「国際穀物需給調整機構」の新設を提案している。[19]

この提案の背景には、環境・生態系保護を配慮した（持続可能な農業を基礎とした）世界的な農業生産シェアリングの考え方がある。市場・コスト主義が進めば進むほど、とりわけ環境・生態系を直接的に配慮せざるを得ない農業は、プロダクション・シェアリングなしには成り立ち得ないからである。

このようなことを考慮したうえで、前述のとおり、「正常な農業生産活動（持続可能な農業）のもとでの農産物のみを貿易の対象とする」貿易原則の確立が求められよう。貿易に過度に左右されない安定した農業生産が何よりも必要である。

それは、輸出国輸入国を問わない基本的なものである。先進国、途上国を問わず、国や地域の生態的、文化的、社会的、経済的、そして技術的条件を生かした「持続可能な農業」の実践が求められる。各国、地域は、そうした道の選択の権利をもっている。また、それを保障しなければ環境も農村地域社会も維持できない。そこでは「持続可能な農業」の保障が最大の課題なのである。

次に、国内措置の在り方である。

すなわち、財政の許容範囲のなかで、「緑の政策」をどのように具体化するかである。場合によっては、「青の政策」も考慮する価値はある（第一章4(1)および第三章4(2)参照）。

財政の許容範囲にも関係するが、支払い水準の在り方の検討が必要になる。その場合考慮しなければならないことは、多面的機能の精確な価格づけの困難性である。この点を考慮すれば、次のような二つの支払い水準の考え方が成り立つ。[20]

第一に、定住者がいてはじめて多面的機能が維持できることを踏まえて、その地域の人々の定住や集落の機能が維持可能となる水準、すなわち生活維持費代替評価による水準の補償である。もう一つは、正常な生産活動が可能となる水準、すなわち正常な農業生産維持費代替評価による水準の補償である。

これら二つの具体的現実的支払い水準は、その時々の納税者の農業・農村への理解度、財政状況、生産者の生活水準等が決めることになろう。また、支払い金は政府と地方自治体等とでのシェアリングも考えられていい。

4 「持続可能な農業」と消費者主権

(1) 「持続可能な農業」とは

「農業生産の権利」の保障のキーワードは「持続可能な農業」である。人と地球にやさしい社会が求められるなか、農業の分野でも、食品の安全性や環境保全型農業などに高い関心が集まり、そうした面を考慮しなければ生き残れないという段階にきている。

国連食糧農業機関(FAO)によれば、「持続可能な農業」とは、「天然資源の損失や破壊をくい止め、生態系を健全に維持しながら生産性向上をはかる農業」である。[21] また、OECDは、「農業生産力を確保しながら、農村アメニティや生態系を保全するなど環境上の目的も達成し、経済的にも成り立つような農業技術や農法の体系」と定義している。[22]

ちなみに、「持続可能な農業」という用語の元祖となった「持続可能な開発」とは、「将来の世代のニーズを満たす能力を損なうことなく、今日の世代のニーズを満たすこと」というもので、一九八七年の国連総会で確認された。[23]

また、一九九二年にリオデジャネイロで開催された地球サミットでは、農業生産も将来にわたりその持続性が確保できる在り方が求められた。そこでの採択文書の一つである「アジェンダ21」の第一四章では、一二項目の具体的行動が例示され、たとえば、農業政策の再検討、農地の保全や地力の回復、動植物遺伝資源の保存と持続可能な利用、食料増産のための持続可能な肥料の投入、などの実践の重要性が明らかにされた。(24)

このような「持続可能な開発あるいは農業」にとって重要な視点は、次の二点である。

第一に、環境保全と生産性向上との両立を目指しているということである。そもそも農業はこの二つの事柄を両立させなければ成り立たない産業である。農業は生産過程に土地や水などの自然を取り込んでいるために、生産あるいは生産性を向上させるには、科学技術の発展を前提にしながらも、自然への環境負荷許容量を超えないようにしなければ、持続性が保てない産業なのである。同時に、人間への健康負荷となるような使用価値をもたない食料生産、したがって経済価値を生まない食料生産も、農業の持続性を保つことはできない。

第二に、「持続可能な農業」は、各国及び各地域における幅広く多様な生態的、文化的、社会的、経済的、そして技術的条件を考慮に入れたものであり、しかもこれら諸条件が時代とともに変化するという動態的概念としてとらえられていることである。だから、たとえば、変動する生態系の潜在的生産能力と人口規模およびその増加率との調和が可能となるような農業でなければならない。

これらの点を踏まえれば、「持続可能な農業」とは、農業技術や資材の適正な利用によって、環境を保全しつつ農業生産力の向上を図り、農民には適正な利益を、消費者には安全で良質な食料や繊維を、将来にわたり安定して提供する産業、と定義できよう。(25) また、このような営みは、国土・環境の保全、景観・農村アメニティの保全などの多面的価値をも提供しているということが、一九九八年三月のＯＥＣＤ閣僚級会合で確認されている。

以上の認識にたてば、現在の農業は、先進国においても、また開発途上国においても、持続可能な状態とはとてもいえない。先進国では、化学肥料や農薬などの投入過剰のために環境上の汚染や食品の汚染が問題となるなか、穀物などが生産過剰となっている。反対に、開発途上国では、肥料や農薬などの有効な資材が適正に投入されないために、過耕作・過放牧をしても、人口の増加に対応できずに食料不足の状態が続いている。

こうした状況を背景に、絶えず頭をもたげる議論が「貿易の促進」である。「先進国では食料が余っており、世界で流通する食料の大半は先進国が生産しているのだから、食料の供給は先進国に任せたらどうか」といった議論である。しかし、強大な生産力をもつ先進国が食料増産に走れば、いまでさえも農業の持続性が脅かされているのに、状況はさらに深刻になるのは明白である。

問題はそれだけではない。食料をめぐる歴史は、次のことを明らかにしている。すなわち、いくつかの先進国に生産が集中し、これが常態化すれば市場の寡占化が進み、価格が大きく変動するということである。その悪い例は、七三・七四年、九六・九七年の価格高騰の時、また八五・八六年、九八・九九年の価格低落の時に経験している(26)。大幅な価格変動は先進国にとって都合のいいことではないし、開発途上国や食料不足国は先進国の生産に大きく左右されるようになる。

食料調達の方策は貿易だけではないし、世界の資源や環境の状況、食料需給構造をみれば、もはや二〜三の輸出国が貿易によって世界の人口を養える時代でもない。緊急ないし短期的には貿易が有効でも、長期的にはむしろ「持続可能な農業」によって、ある程度の自給体制を確立することが大切であろう。先進国、途上国とを問わず、国や地域の生態的、文化的、社会的、経済的、そして技術的条件を生かした「持続可能な農業」を実践すべき時代である。

(2) 「持続可能な農業」の定着条件

貿易を最良の方策とする議論の背景には、「安さこそ最善」という認識がある。しかし、消費者・国民の食料の価値尺度は、安さ・経済性だけではない。たとえば、図5-3はわが国の例であるが、八割以上の人々が国産の農産品を選択し、その選択基準の多くが安全性、新鮮さ、品質、おいしさであり、価格と答えた人は意外に少ないのである。

消費者の食料への価値尺度には、心配なく調達できる安心という尺度、また先進国ではとくに安全・環境保全という価値尺度もある。貿易では、安心も安全も得られない場合がある。このような消費者のニーズをみれば、生産者、地域、各国は主体的自覚的に「持続可能な農業」に取り組むことが求められる。

仮に「貿易の促進」が重要であるとはいっても、食料を買うためのお金がなければ、いくら安くても買うことはできない。人口が急増する途上国、そのもとでの飢えた人々は、そもそも市場にアクセスできないのである。なぜそうなったのか、その根本問題の解決へのプログラムと実践こそ大切であろう。この意味からも「持続可能な農業」の取り組みが求められる。

では、「持続可能な農業」を定着させるためには何が必要か。一つは、生産者、消費者、地域、各国の主体的自覚的取り組み、もう一つは各国・各地域の諸条件を尊重した「持続可能な農業」実現のための新しい国際的枠組みを創ることである。

新しい国際的枠組みとは次のようなものである。各国は自国の自然や経済などの諸条件を踏まえて、責任のもてる国内生産量（自給率）や備蓄量などの目標を決め、それに必要かつ適合的な「持続可能な農業」とそのための政策を実施し、さらに、これらを国際的に合意・認め合い、各国の目標を実現できるように、国際機関を強化したり、あるいは「国際穀物需給調整機構」といったような機関を新たに設置することである。(27)

このような国際的枠組みができれば、食料輸入国は、合理的な水準の食料自給力と備蓄、秩序ある輸入を確保し、自国内での一定の食料供給と環境保全に責任がもて、不足時の買いあさりもなくなり、国際的非難も受けな

図 5-3　食料に対する多様な価値尺度

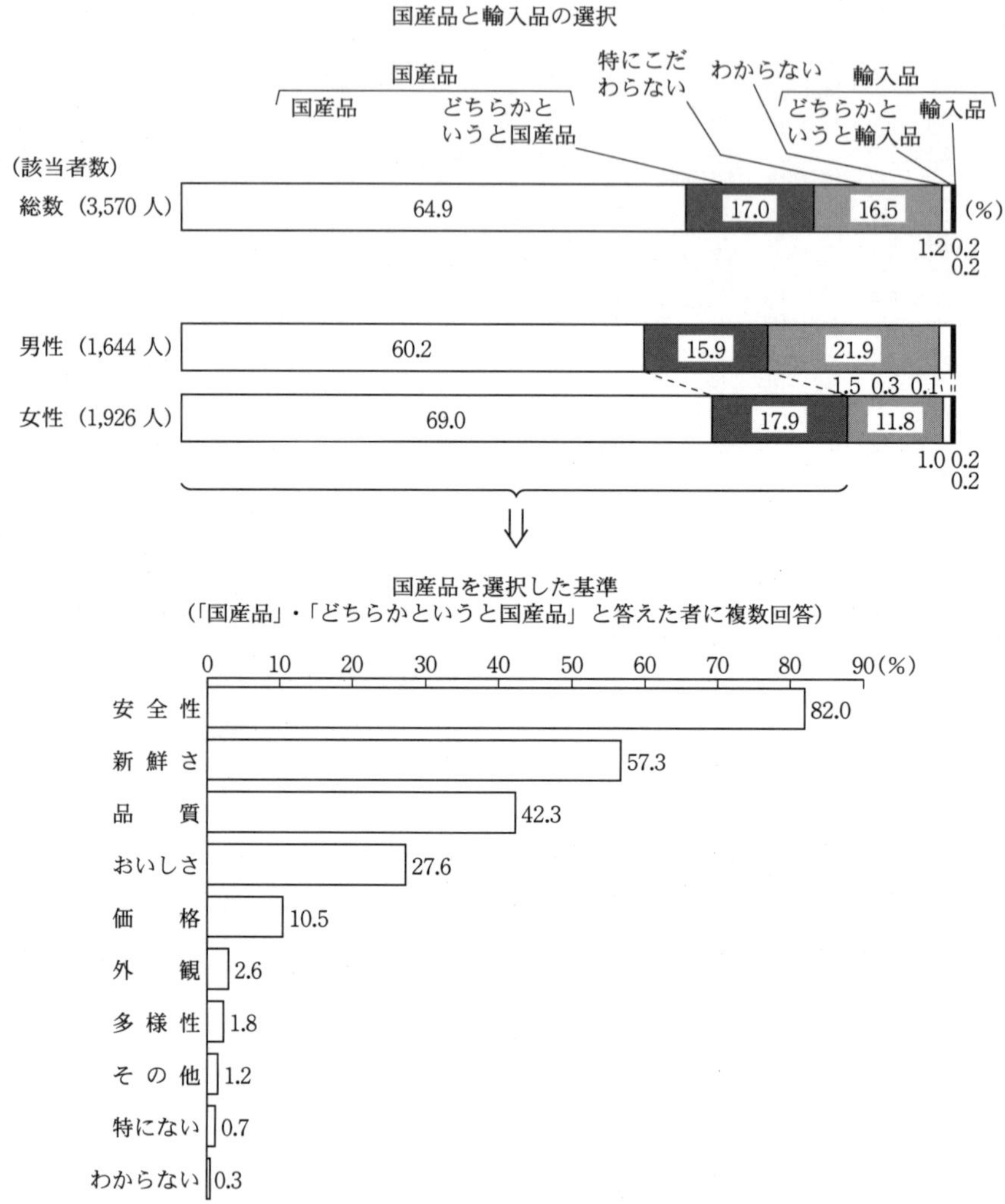

資料：総理府「農産物貿易に関する世論調査」(2000 年 7 月調査).

いようになるであろう。食料輸出国にとっても、地域環境あるいは地球環境破壊的な輸出競争を避け、安定した食料輸出が可能となるのではないか。

また、食料不足国は、食料自立のためのプログラムを作り実践する。たとえば、現在様々な国際機関が行っている食料不足国などへの援助なども、この新しい「機構」に統合し、総合的体系的に行う。また、国際商品協定なども、途上国の意向を汲んで問題を調整・検討できる仕組みにするなどである。

また、新しい「機構」では、次のような課題の一部を担うようにしてはどうだろうか。一九九六年一一月の世界食料サミットでは、八億人を超える栄養不足人口を二〇一五年には半減するという目標をたてた。(28) 目標達成のために、持続可能な生産と消費、また世界の人口増加の早期安定という枠組みのなかで食料増産すべきとし、途上国における人口増加の安定のためには、貧困の克服、女性の地位向上、教育の充実などが、同時に食料生産の自立への支援の重要性が指摘された。これら課題の一部を担うのである。

このような新しい国際的枠組みの制定は、やや理想的にすぎる提案かもしれない。しかし、現在あるWTO農業協定は、あくまでも貿易ないし経済に関する、しかも経済性に集約される国際的枠組みになっている。WTO農業協定では、先に述べたような食料の価値尺度の一つ、すなわち安さ・経済性が最優先され、安心や安全、環境といった価値尺度は二の次である。食料調達の在り方にしても、自給よりも貿易が優先され、生態系や環境の保全、安全性は貿易障壁となってしまうことが多い国際的枠組みである。

国や地域によって異なる食料生産の諸条件、また、食料の調達や価値尺度の多様性などを尊重ないし認め合える国際的枠組みが必要である。そのために、「環境・生態系保護を配慮した（持続可能な農業を基礎とした）世界的な農業生産シェアリング」を行い、貿易も「正常な農業生産活動（持続可能な農業）のもとでの農産物のみを貿易の対象とする」貿易原則の確立への取り組みを開始し、その実をあげることである。農協や生協など生産者団体や消費者団体は、行政に先駆けて実践すべきである。

(3) 食品の安全性と「持続可能な農業」

次に、「持続可能な農業」定着のもう一つの条件である生産者、消費者、地域等の主体的自覚的取り組みについて、食料の価値尺度の一つである安全性の問題をとおして考えてみよう。

食品の安全性は、いま世界的に熱い闘いが繰り広げられている。[29] たとえば、①ホルモン牛肉、②ダイオキシン汚染食品、③遺伝子組み換え食品、④またこれらの問題を背景とした食品の品質表示、⑤狂牛病（BSE）・口蹄疫の問題など消費者のニーズに根ざした問題となっているのが特徴的である。これらの問題を概観しておこう。

ホルモン牛肉　成長ホルモン剤は家畜の肥育効果が高く経費節減になり、現代の需要に適する赤身の多い柔らかい肉質になるが、「安全性に問題あり」と指摘されている。成長ホルモンの残留濃度の高い牛肉を原料としたベビーフードを食べた幼児に決定的な成長障害が出るという事件を契機に、EU（欧州連合）は一九八五年成長ホルモンの使用を禁止、八八年一月よりこれを実施、八九年一月からはホルモン使用牛肉の輸入も禁止している。

このようなEUの動きに対し、アメリカは「不当な貿易障害である」として厳しく対応してきた。[30] 最近も、アメリカとカナダが「不当な措置」としてWTOに提訴、九八年二月、WTOは「禁輸するには科学的根拠が乏しく、EUは一五カ月以内（九九年五月一三日まで）に改善すべし」との勧告を行った。

しかし、EUの調査では、アメリカ産「非ホルモン牛肉」から残留ホルモンが検出され、EU委員会は九九年六月一六日（一二月一五日からに延期）からアメリカ産牛肉の輸入を全面禁止すると発表。また、発ガン性があるとの調査報告書もあり、ホルモン牛肉の禁輸は続行されている。この対抗措置として、アメリカはEUからの輸入品、三四品目（年間一億一六八〇万ドル相当）に七月二九日から一〇〇％の関税を課すと発表した。このように、成長促進ホルモン剤を使った牛肉をめぐる欧米間の通商摩擦は、エスカレートする状況である。

ダイオキシン汚染食品

九九年五月、ベルギー産の鶏肉と鶏卵が、発ガン物質のダイオキシンに汚染されていることが明らかになった。配合飼料に使う油脂の生産過程で機械油が混入してダイオキシンに汚染された飼料が、ベルギー国内はじめオランダ、フランス、ドイツにまで流通し、その飼料によるとみられるベルギー産の鶏肉・鶏卵からダイオキシンが検出されたのである。

ベルギー政府はただちに出荷を禁止させるとともに、七月二九日、ダイオキシン汚染の疑いのある一七五戸の食肉生産農家を新たに閉鎖し、汚染のおそれのある在庫をすべて廃棄する対策を表明。EU委員会は、この飼料を使った疑いのある豚肉、牛肉、酪農製品の域内販売を禁止した。アメリカは六月三日からEU産の鶏肉、豚肉すべての輸入販売を禁止した。

わが国は六月一日にベルギー産の加工卵、四日にその加工卵を使った加工食品、五日にはベルギー産やフランス産の牛乳を使ったチーズやバターなど乳製品について、安全確認できるまで輸入手続きの留保を検疫所に指示した。ただし、ベルギー産、オランダ産の鶏肉の輸入実績はない。

遺伝子組み換え食品

別の植物の遺伝子を組み込むことによって、害虫や除草剤への耐性を強めるなど、省力やコスト低減などに役立つよう改良された作物がかなり普及してきた。なかでも遺伝子組み換え（GM）大豆は、アメリカでは九六／九七年度の大豆作付面積の約二％であったのが、九七／九八年度に一〇％を超え、わが国農水省の調査では九八年には作付面積の三四％にも達したとされる。わが国は、大豆消費量の約九八％を輸入に頼り、うち約八〇％をアメリカから輸入している。

こうした状況のなか、わが国は、アメリカに準じた「遺伝子組み換え作物の安全性評価指針」を九六年二月に作成して運用を始めた。GM技術によって開発された、除草剤に強い大豆一品種と菜種三品種、害虫に強いジャガイモ一品種とトウモロコシ二品種の計四作物七品種について、輸入取扱企業から九六年三月に安全確認の申請が出され、安全性の審査が行われ、七月には安全確認の報告があった。九九年八月現在、安全性を認めたGMは六作物二二品種に達する。

消費者は、安全性への不安からそれらを原料とした食品のGM表示の義務づけを求めている。EUは、九七年六月、GM農産物を使用した場合の表示の義務づけを決め、九八年九月に施行している。アメリカでは、安全性が確認されれば表示の必要はないとの考えが定着している。

ただ、アメリカ農務省は、九八年五月、GMなどのバイオテクノロジー、放射線照射、汚泥再生肥料を利用したものは有機農産物(オーガニック食品)と認めないとの見解を発表し、またコーデックス委員会も、同年六月、遺伝子組み換え農産物の「有機農産物」表示を認めないことを決めている。

食品の品質表示の問題

「農林物資の規格化及び品質表示の適正化に関する法律」(JAS法)の改正により、二〇〇〇年春からすべての生鮮食品や加工食品・飲料を対象に品質や原産地の表示が義務づけられることになった。違反すると改善命令のほか、事業者に五〇万円以下の罰金が科せられることになる。

現在表示が義務づけられているのは、品質では原材料や賞味期限について青果物、パン、ハムなど六四品目、原産地ではゴボウ、タマネギなど九品目である。有機農産物については、従来のガイドライン(農薬・化学肥料を三年以上使用していない農地で栽培)に沿い、GM種子を使わず、認証を受けたものが「有機」と認められることになる。

また、GM食品についても、JAS法の施行に合わせて、図5-4のとおり、二〇〇一年四月より「使用」「不分別」「不使用」の三つのタイプに分けて三〇食品に表示が義務づけられた。さらに二〇〇二年一月からは、組

図 5-4　遺伝子組み換え食品の表示ルール

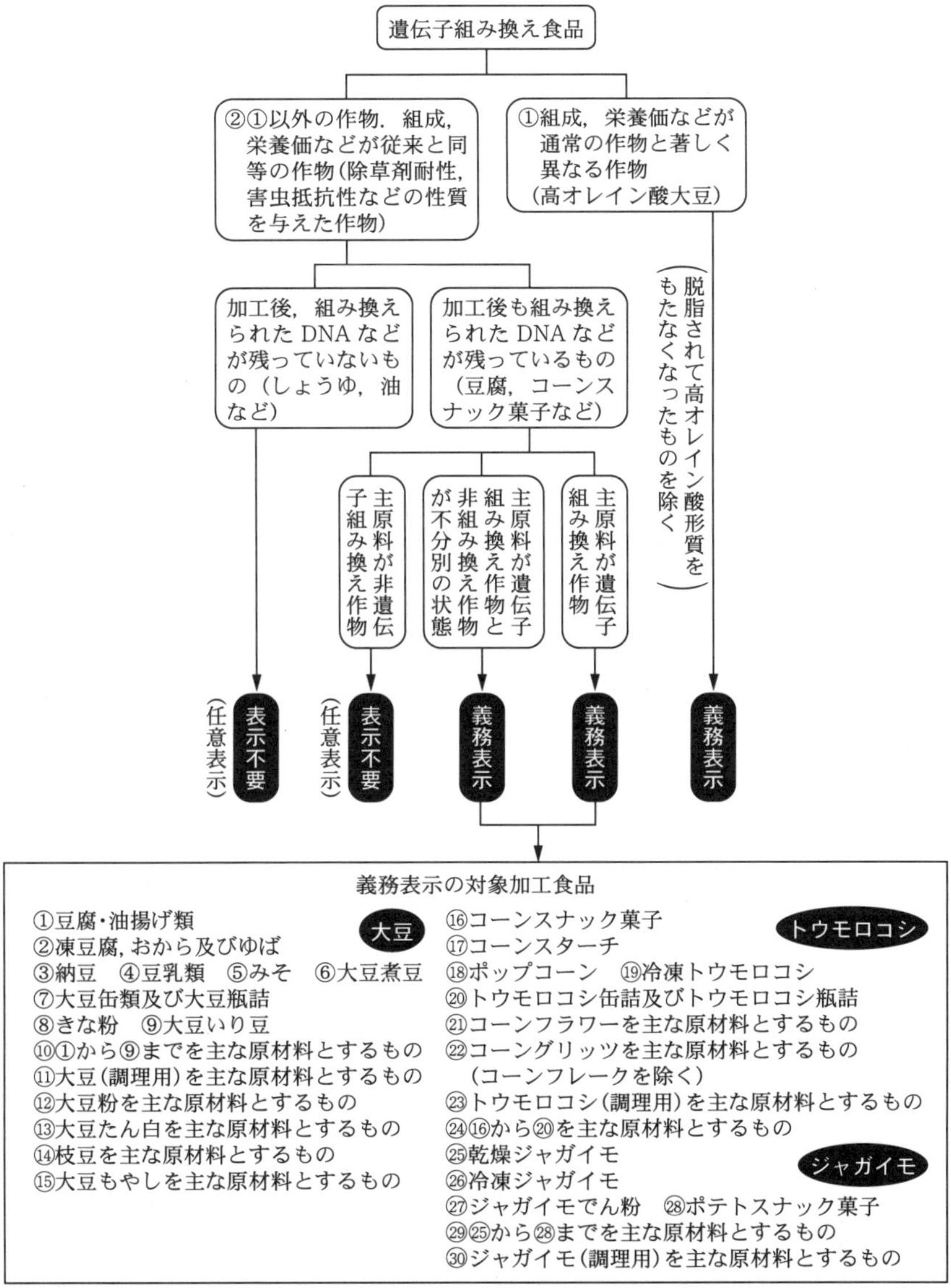

注：「義務表示の対象加工食品」の㉕～㉚は方針決定の段階で，適用は 2003 年の見通し．
資料：「朝日新聞」，2001 年 12 月 8 日，食品産業センター「流通マニュアル」等を参考に作成．

98	99	2000	2001年	計
3,197	2,281	1,428	461	180,019
0	0	7	94	107
6	3	9	22	41
0	0	1	3	5
0	0	2	54	56
18	31(1)	162	150	392
0	0	0	1	1
83	95	149	108	704
0	0	0	23	25
0	0	0	0	1
2	2	2	12	20
127	159	150(1)	45	575
236	290	482	512	1,927
3,433	2,571	1,910	973	181,946

フランス（8月29日），ギリシャ（7月1日），
（未確定値）），ポルトガル（7月31日（未確

成・栄養価などが通常の作物と著しく異なる作物にも表示が義務づけられた。たとえば、コレステロールを下げる効果があるとされるオレイン酸、これを多く含む遺伝子組み換え大豆が、あげられる。このほかに、今後研究が進むと予想される低タンパク米、低アレルゲン米なども、実用化すれば表示が義務づけられることになる。

また、表示が義務づけられた三〇品目は、科学的検査で特定できる最終食品である。ただし、義務表示は、実際には、対象を豆腐やポップコーンなど一部に限定しているため、大量に輸入されるGM大豆、GMトウモロコシの約九割は表示の網をくぐり抜けるといわれる。そのため消費者の反発は強い。消費者が知りたいのは科学的検査で判定できるかどうかではなく、GMを使っているかどうかである。

わが国に限らず、表示をめぐっては対立がある。EUは九八年九月から義務表示を施行、他方、アメリカ、カナダ、オーストラリア、ニュージーランドは農作物の輸入障壁になると警戒し、食品メーカーは表示コストの増大などの懸念を表明している。

BSE・口蹄疫の問題

異常プリオンに感染して発症するBSE（狂牛病、牛海綿状脳症）は、一九八六年イギリスで初めて確認されて以来、発生頭数は一八万頭以上に達し、最近まで発生していなかったデンマーク、スペイン、ギリシャなどでも発生が確認され、EU全土に拡大している（表5-8参照）。感染家畜が肉骨粉（家畜の骨や内臓など食肉以外の部位を原料とした飼料）に混入し、これがEU全土に流通したた

表 5-8　EU 諸国の狂牛病発生頭数

	~87	88	89	90	91	92	93	94	95	96	97
イギリス	442	2,473	7,166	14,294	25,202	37,056	34,829	24,290	14,475	8,090	4,335
ドイツ	0	0	0	0	0	(1)	0	(3)	0	0	(2)
ベルギー	0	0	0	0	0	0	0	0	0	0	1
デンマーク	0	0	0	0	0	(1)	0	0	0	0	0
スペイン	0	0	0	0	0	0	0	0	0	0	0
フランス	0	0	0	0	5	0	1	4	3	12	6
ギリシャ	0	0	0	0	0	0	0	0	0	0	0
アイルランド	0	0	15(5)	14(1)	17(2)	18(2)	16	19(1)	16(1)	74	80
イタリア	0	0	0	0	0	0	0	(2)	0	0	0
ルクセンブルグ	0	0	0	0	0	0	0	0	0	0	1
オランダ	0	0	0	0	0	0	0	0	0	0	2
ポルトガル	0	0	0	(1)	(1)	(1)	(3)	12	15	31	30
計(除くイギリス)	0	0	15	15	23	21	20	40	34	117	122
EU 総計	442	2,473	7,181	14,309	25,225	37,077	34,849	24,330	14,509	8,207	4,457

注：1)　(　) は輸入牛.
2)　2001 年は次の日までの累計.
ドイツ（8 月 22 日），ベルギー（8 月 28 日），デンマーク（8 月 22 日），スペイン（8 月 7 日），アイルランド（8 月 31 日），イタリア（8 月 21 日），オランダ（8 月 23 日），イギリス（8 月 24 日定値））
出所：国際獣疫事務局（OIE）等.

めとされる。肉骨粉は、カルシウムやタンパク質を多く含む安くて肥育・乳質向上効果のある飼料で、まさに効率農業を代表する資材の一つである。

わが国でも、二〇〇一年九月初めて確認された。イギリスと同様に九六年に肉骨粉の使用を禁止していれば防ぐことができたともいわれている。効率的な飼料ということなどもあり、行政指導にとどまったため、その使用・輸入は事実上野放し状態であった。

また、同じイギリスでは二〇〇一年二月に、口や蹄に水疱のできる豚の口蹄疫が大発生した。その後フランス、オランダにも拡大した。

わが国でも、二〇〇〇年三月に宮崎県、五月に北海道で肥育牛に発生が確認された。発生源として輸入稲わら・麦わらが疑わしいとされ、発生以降は検疫が強化されて実質的な輸入禁止措置がとられた。

以上の事例が示すように、いまや「安全性」は世界的に食料の価値尺度として決定的に重要なものとなっている。わが国においてもそうである。山形県遊佐の取り組みにみるように（第三章参照）、消費者が栽培方法等を注視し、適正な価格で購入できるシステムを、生産者とともに構築する事例も生まれているほどである。

食料・食品の安全性を確保するためには、農業技術や資材の適正な利用、つまり「持続可能な農業」の取り組みが前提になければ実現しない。たとえば、化学農薬にだけ頼るのではなく、適切な栽培法、病害虫耐性品種の採用、天敵・有用微生物の利用など、総合的な害虫管理システムなどにより、収量、収入、環境などの向上を目指すことである。

また、情報の公開、生産物が生産から消費まで追跡できるシステムの確立も必要である。そのためには、生産者、消費者双方の理解と協力の取り組みが何より大切である。

(4) 食料主権と消費者主権

前述のような「安全性」あるいは栄養といった有用性をもたない食品は、消費者、買う側からすれば使用価値がなく、したがって貨幣と交換されずに価値を生まないものである。このときに重要な役割をするのが、食品の情報である。GM食品に典型的にみられるように、消費者が知りたがっている情報は、科学的検査によるGMかどうかの判定ではなく、そもそもGM農産物を使用しているかどうか、生産者まで特定できるかといった、購入時の判断材料なのである。

このような消費性向あるいは消費者意識が、生産・流通あるいは生産者の在り方を変革・決定するところまできている。

EUでは、GM食品のボイコットが激しくなってきた。[31] オーストリアでは国民投票で一二〇万人がGM作物を拒否（九七年四月）。ギリシャのスーパーマーケット協会ではGM食品表示を自主決定（九七年一二月）。スイスではGM食品で国民投票するも、僅差で禁止ならず（九八年六月）。イギリスの地方自治体協議会は学校、庁舎、養老院での給食にGM食品を禁止した（九九年二月）。欧州六か国の大手スーパーは連合して非GM食品の供給体制を敷き（九九年三月）、イギリス・マクドナルド社はGM食品廃止を宣言した（九九年六月）。このような動きを背景に、イギリスではGM食品の表示義務を法制化（九九年三月）、フランスではGM菜種・テンサイの栽培禁止、EUでも新規制が導入されるまでGM食品の生産・流通を禁止した（九九年六月）。

アメリカでも、GM作物を原料として使うことの自粛や流通段階で区分して集荷する動きが広がってきた(32)。ハインツなど大手食品メーカー数社がGM作物の使用を控えたほか、カーギルなど穀物メジャー各社もGM分別集荷を強化している。また、GM作物の需要低迷を受け、穀物生産者のあいだには、GM作物の作付けを控える動きもでてきた。

わが国でも、GM食品への対応は速い。日本豆腐協会、全国納豆共同組合連合会など大豆関連業界の八団体は、「国産大豆使用」の表示を国産大豆一〇〇％の商品に限定することを決め、二〇〇〇年四月までに実施する。大手スーパーのジャスコは、九九年九月からGM食品の表示を徹底する。このほか、日清食品は二〇〇〇年二月から即席めんの油揚げや味噌など大豆を原料とする具材に、非GM原料を使用する。

このように、消費者のニーズを背景に、流通業界、食品業界、さらには生産者までもが、生産・流通の在り方を大きく変えようとしている。品質表示への最近の消費者ニーズは、これまでのような供給側の生産結果・生産物内容の開示だけではない。生産プロセス・生産要素の開示をも含んだ、多様で深化したニーズになっていることを忘れてはならない。

また、いまや生産者も特定作物を生産する以外は、実は消費者の一人であることも忘れてはならない。したがって、生産者は消費者ニーズ＝自分自身のニーズに応えるとともに、消費者のよきパートナーとなること、これがビジネスの成功の鍵を握ることになったといっていい。そうすることがわが国の食料供給基盤を確保することにつながるのである。

このように食料と食料生産をめぐる将来の在り方は、消費者のニーズの在り方にかかっているといっても過言ではない。食料の需給構造などの「量」の問題、安全性や栄養・新鮮さなど「質」の問題、ともに消費者の長期的利益にとって何が重要なのか、消費者自身が判断する時代になった。いわば、消費者主権、生活者主権の時代である。

「食」の領域で文字どおり消費者主権を確立するためには、生産者とともに新たなシステムを構築しなければならない。差し迫った課題としては、消費者の判断材料となる品質表示などの情報の公開、また農産物の生産から消費の全過程を追跡できるトレーサビリティ・システムの確立が必要である。安全性への信頼の回復である。そうしなければ、「持続可能な農業」の定着もあり得ないであろう。

消費者のこのようなニーズは、食料貿易の一つの指針にならざるをえないし、国家の食料調達のあり方を左右する問題でもある。いわば、食料主権の問題である。

とりわけ、食料輸入超大国にとって、「量」と「質」にかかわる食料貿易のあり方をどうするかは避けてとおれない問題である。先進国中最低の食料自給率の状況、また安全性の問題は、消費者・国民に大きな不安をもたらしている。

新しい農業交渉では、食料安全保障問題や食料の品質表示問題を、重要議題として取り上げられるよう努力していかなければならない。そして、各国、各地域の固有の農業方法、個性を尊重し合える共生の考え方を共有できるようにすることも重要である。

WTO農業協定の「公正で市場指向型の農業貿易体制の確立」という精神、また「持続可能な農業」の考え方や消費者ニーズも考慮に入れ、公共の利益を守り、貿易の公正さを実現するためには、次のような生産シェアリングと貿易原則の確立が必要である。「環境・生態系を配慮した（持続可能な農業を基礎とした）世界的な農業生産シェアリング」を行い、「正常な農業生産活動（持続可能な農業）のもとでの農産物のみを貿易の対象とする」貿易原則の確立である。市場が成熟すればするほど、こうした生産シェアリングと貿易原則の必要性が増してくるであろう。

これによって、「持続可能な農業」の定着をより確実なものにすることができるし、食の安全も確保できる。消費者主権を背景とした食料主権の確保こそ、食料の安定供給基盤、環境と生命と健康、そして安心して暮らすことができる社会規範を守る最大の力となる。これは万国に共通する力である。

注

（1）「世界食料サミットに対するNGOフォーラムの声明」、JA全中『世界食料安全保障問題に関する家族農業者サミット・NGOフォーラム報告書』、一九九六年一一月、三八～三九ページ。

（2）「食料安全保障問題に関する『家族農業者ローマ宣言』」、同右、四二ページ。

（3）「世界食料サミットNGO協議会の提言」、同右、八一ページ。

（4）JA全中『WTO農業協定次期交渉の基本的展望と米の特例措置の選択肢と対応』、一九九八年一一月、高野博「WTO次期交渉に向けて―JAの選択と対応方向―」『農業と経済』富民協会、一九九九年四月。

（5）『農業と経済』、二〇〇一年五月（野菜等セーフガードの特集記事）、『一般セーフガード関係資料』全国農業会議所、二〇〇一年三月、等参照。

（6）『農業共済新聞』、『日本農業新聞』、『全国農業新聞』、その他日経、朝日等、各種新聞。

（7）矢口芳生『地球は世界を養えるのか』集英社、一九九八年、一三～九六ページ。

(8) 矢口芳生『食料と環境の政策構想』農林統計協会、一九九五年、二二四ページ。
(9) 同右、二一六ページ。
(10) 矢口芳生「『食糧安全保障』論議の展望」『WTO次期農業交渉への戦略』農林統計協会、一九九八年（本書第二章）。
(11) 矢口、前掲『食料と環境の政策構想』、一一〇～一一八ページ。
(12) 矢口芳生「南北格差のなかの農産物貿易」『食料輸入大国への警鐘』農文協、一九九三年。
(13) 矢口芳生「農業構造の改革は可能か」同編著『農業経済の分析視角を問う』農林統計協会、二〇〇二年、矢口芳生『資源管理型農場制農業の存立条件』農政調査委員会、二〇〇一年、等参照。
(14) 注17文献以前に発表されたOECD等文献の検討については、矢口芳生「農業貿易と環境保護」『東京農工大学・人間と社会』第一〇号、一九九九年七月（本書第二章）を参照されたい。
(15) 『WTO農業関係資料』、『WTO農業交渉各国提案関係資料』ともに全国農業会議所、二〇〇一年三月、『農政対策ニュース』（No.9）全国農業会議所、二〇〇一年六月二〇日、等参照。
(16) 針原寿朗「WTO農業交渉の状況と想定される論点・課題」『農業構造問題研究』第二〇六号（二〇〇〇年、No.4）。
(17) OECD, *Multifunctionality ; Towards an Analytical Framework*, 2001.
(18) 非貿易的関心事項と農業保護との関係については、次を併せて参照されたい。矢口、前掲「農業貿易と環境保護」（本書第二章）、同「非貿易的関心事項と食料主権の行方」『WTOがわかる―世界貿易と日本農業―』（『地上』臨増）第五三巻第八号、一九九九年七月（本書第五章）。
(19) 矢口、前掲『食料と環境の政策構想』、二一六ページ。
(20) 政策の必要性と具体策については、矢口芳生「WTO農業協定下の農村社会・地域資源保全」『農業経済研究』第七〇巻第二号、一九九八年（本書第一章）、参照。
(21) FAO編『世界農業白書 一九八九年』（FAO協会訳）FAO協会、一九九〇年、二一一ページ。
(22) OECD環境委員会編『環境と農業―先進諸国の政策一体化の動向―』（農林水産省国際部監訳）農文協、一九九三年、一五〇ページ。
(23) 環境と開発に関する世界委員会『地球の未来を守るために』（大来佐武郎監修）福武書店、一九八七年。
(24) 『アジェンダ21実施計画（'97）』（環境庁・外務省監訳）エネルギージャーナル社、一九九七年、二二六～二五五ページ。
(25) 矢口、前掲『食料と環境の政策構想』、三六ページ。

(26) 矢口、前掲『地球は世界を養えるのか』、二八〜三八ページ。
(27) 矢口、前掲『食料と環境の政策構想』、二一四〜二一七ページ。
(28) FAO編『FAO世界の食料・農業データブック—世界食料サミットとその背景(上・下)』FAO協会、一九九八年参照。
(29) JETRO『Food & Agriculture』各号、新聞各紙。
(30) 矢口芳生『食料戦略と地球環境』日本経済評論社、一九九〇年、一四八〜一五二ページ。
(31) 日本農業新聞、一九九九年六月二一日付。
(32) 日本経済新聞、一九九九年九月一六日付。

図表一覧

あとがき

本書は、次の論文をもとに、加筆したり、不必要な部分を削除し、また書き下ろしも含め、本書のタイトルと目的に沿うように再構成したものである。

1 「WTO農業協定下の農村社会・地域資源保全」『一九九八年度日本農業経済学会大会報告要旨』(『農業経済研究』第七〇巻第二号、一九九八年九月)……第一章
2 「『食糧安全保障』論議の展望」『WTO次期交渉への戦略』(日本農業年報四五集)農林統計協会、一九九八年……第二章1〜3
3 「農業貿易と環境」『東京農工大学・人間と社会』第一〇号、一九九九年……第二章4〜5
4 「『食料自給率四五%』の実現可能性」『「食料・農業・農村基本計画」の点検と展望』(日本農業年報四七集)農林統計協会、二〇〇一年……第三章2〜4
5 「集中化・重点化すべきは農用地利用改善事業である」『週刊農林』第一八〇〇号、二〇〇一年一〇月五日……第三章4(2)
6 「安全と環境を視野に入れた共同開発米の安定生産」『環境保全と農・林・漁・消の提携』家の光協会、一九九九年……第三章5
7 「中山間地域振興の基本方向」『中山間地域振興の在り方を問う』農林統計協会、一九九九年……第四章
8 「非貿易的関心事項と食料主権」『WTOがわかる:世界貿易と日本農業』(『地上』臨時増刊)家の光協会、一九九九年七月……第五章1〜2

9　「野菜等セーフガード暫定発動の経緯と課題」『ＮＯＳＡＩ』第五三巻第六号、二〇〇一年六月……………第五章2(2)
10　「ＷＴＯ農業交渉のなかの『多面的機能』」『ＷＴＯ農業交渉の現段階と多面的機能』（日本農業年報四八集）農林統計協会、二〇〇二年……………………………………………………………第五章3
11　「『持続可能な農業』と消費者主権」『WEB Journal』第二七号、一九九九年一一月……………………第五章4

本書の内容がすでに政策として実現しているものや、まったく実現していないものまである。それは、実態の認識の違いや事態に対する解決アプローチの違いによるものである。大切なことは、そもそも実態が正確に把握されているかどうかである。実態の根本原因に応える政策でなければ政策の意味はない。

本書も、目的と課題に正確に応えることができたであろうか。読者の判断を仰ぐほかない。現実社会の実態そのものが複雑化し、錯綜し、したがってどの方向に向かっているのかも混沌とした状態にある。そうであるからこそ、実態の正確な把握が重要なのである。

最後になったが、シリーズものとして出版の機会を与えていただいた日本経済評論社と同編集部の清達二氏に感謝申し上げる。

二〇〇二年正月

矢口芳生

［マ行］

［ヤ行］

［ラ行］

［ワ行］

［タ行］

［ナ行］

［ハ行］

索　引

（項目は，目次の見出しとの重複を避けた）

［ア行］

［カ行］

［サ行］

[著者略歴]

矢口芳生《やぐちよしお》

1952年栃木県河内町生まれ．81年東京大学大学院修了，農学博士（東京大学）．同年国立国会図書館入館，調査及び立法考査局・主査を経て，98年東京農工大学農学部助教授，99年大学院農学研究科助教授，2004年同大学院教授．

主著『現代蚕糸業経済論』農林統計協会，1982
『食糧はいかにして武器となったか』日本経済評論社，1986
『食料と環境の政策構想』農林統計協会，1995
『地球は世界を養えるのか』集英社，1998
『資源管理型農場制農業の存立条件』農政調査委員会，2001
『農業経済の分析視角を問う』（編著）農林統計協会，2002
『食料輸入大国への警鐘』（共著）農文協，1993，ほか

WTO体制下の日本農業
「環境と貿易」の在り方を探る

現代農業の深層を探る[1]

2002年4月5日　第1刷発行
2006年5月25日　第4刷発行

定価（本体3300円＋税）

著者　矢口芳生
発行者　栗原哲也
発行所　株式会社日本経済評論社
〒101-0051 東京都千代田区神田神保町3-2
電話03-3230-1661　FAX 03-3265-2993
振替00130-3-157198

装丁・渡辺美知子　中央印刷・美行製本

落丁本・乱丁本はお取替えいたします　Printed in Japan

ISBN4-8188-1410-5

シリーズ「現代農業の深層を探る」（全5冊）

一九九五年一月のＷＴＯ発足以来、世界の農業も農業政策も市場指向型・効率主義へと大きく舵を切った。農業の工業化・グローバル化が急速に進行している一方で、食の安全性や環境に大きな影響が出ている。いま世界が注目しているのは「持続可能な農業」である。

わが国に眼を転じれば、深刻かつ急速に食の安全性への不信や環境への負荷、そして農業の衰退が深まっている。しかし、「持続可能な農業」への取り組みは極めて緩慢である。

ＢＳＥ（狂牛病）問題、遺伝子組み換え食品など、食の安全性への信頼は根底から揺らいでいる。食品の品質表示などをめぐって、行政の信頼性と食品流通・加工業者のモラルが問われている。農業生産の現場では、大規模経営体の形成にも、環境保全型農業の取り組みにも力強さが感じられない。目立つのは、農地の激減・遊休化、耕作放棄地の激増、農業労働力の高齢化・激減など衰退の姿であり、大量の農産物輸入である。

このまま私達の食料を海外に委ねていいものだろうか。ＷＴＯ体制のもとで日本農業は存立できるのだろうか。農村集落は、コメは、都市農地は、食品の安全性はどうなるのか。生産や消費の現場で何が起きているのか、どうしようとしているのだろうか。本シリーズは、輸入超大国日本の農業と食の現状を生産者および消費者の側から明らかにし、疑問やニーズに応えながら将来の方向を探るものである。

（企画編集代表　矢口芳生）

1 **矢口芳生／ＷＴＯ体制下の日本農業**――「環境と貿易」の在り方を探る　本体三三〇〇円

2 **長濱健一郎／地域資源管理の主体形成**――「集落」新生への条件を探る　本体三〇〇〇円

3 **後藤光蔵／都市農地の市民的利用**――成熟社会の「農」を探る　本体三〇〇〇円

4 **冬木勝仁／グローバリゼーション下のコメ・ビジネス**――流通の再編方向を探る　本体三〇〇〇円

5 **大山利男／有機食品システムの国際的検証**――食の信頼構築の可能性を探る　本体三〇〇〇円